工业和信息化普通高等教育"十三五"规划教材
普通高等学校计算机教育"十三五"规划教材

MySQL 基础与实例教程

MySQL Fundamentals & Practices

孔祥盛 主编

U0265076

人民邮电出版社
北 京

图书在版编目（ＣＩＰ）数据

MySQL基础与实例教程 / 孔祥盛主编. -- 北京：人民邮电出版社，2020.8
普通高等学校计算机教育"十三五"规划教材
ISBN 978-7-115-52785-1

Ⅰ. ①M… Ⅱ. ①孔… Ⅲ. ①SQL语言—程序设计—高等学校—教材 Ⅳ. ①TP311.132.3

中国版本图书馆CIP数据核字(2019)第267683号

内 容 提 要

MySQL数据库性能优越、功能强大，是广受欢迎的开源数据库之一。本书以"案例先行、任务驱动、增设场景、案例实训"为编写模式，由浅入深、循序渐进、系统地介绍了 MySQL 的相关知识及其在数据库开发中的实际应用，并通过具体案例，帮助读者巩固所学知识，以便更好地进行开发实践。全书共 11 章，内容涵盖了数据库设计、MySQL 基础知识、表管理、函数、存储过程、触发器、事务与锁机制、数据备份与恢复等。

本书内容丰富、讲解深入，适用于初级、中级 MySQL 用户，可以作为各类院校计算机相关专业的教材，也可作为广大 MySQL 爱好者的实用参考书。

◆ 主　编　孔祥盛
　　责任编辑　邹文波
　　责任印制　王　郁　陈　犇
◆ 人民邮电出版社出版发行　　北京市丰台区成寿寺路 11 号
　　邮编 100164　电子邮件 315@ptpress.com.cn
　　网址 https://www.ptpress.com.cn
　　固安县铭成印刷有限公司印刷
◆ 开本：787×1092　1/16
　　印张：20.5　　　　　　　　2020 年 8 月第 1 版
　　字数：539 千字　　　　　　2024 年 12 月河北第 7 次印刷

定价：59.80 元

读者服务热线：(010)81055256　印装质量热线：(010)81055316
反盗版热线：(010)81055315
广告经营许可证：京东市监广登字 20170147 号

前　言

作为教师，我一直坚信，每个学生都蕴藏着极大的学习潜能。"以学生为中心"的教学活动中，学生是学习的主体，学生的学习能力存在差异，教师最重要的任务就是最大限度地挖掘每一位学生的学习潜能，让每一位学生的学习能力都发挥到极致。

"以学生为中心"的教学改革，如果没有与之配套的"以学生为中心"的教材改革，改革基本沦为一句空话。为此，我尝试用"以学生为中心"的理念，编写了本书。

"以学生为中心"，要改变部分学生平时松懈、期末紧张的现象。学生的学习效果，最终掌握在自己平时的学习过程中、实践过程中。

"以学生为中心"，要承认学生学习能力存在差异，但也要坚持"底线思维"。本书采用"任务驱动"的模式编排章节内容，面向所有学生设置了"底线任务"，只有完成"底线任务"的学生，才能制作出类似实际应用的系统，才能考核合格。简而言之，学生完成的考核任务，可以"过"，但不可"不及"。

"以学生为中心"，要最大限度地挖掘每个学生的学习潜能。本书面向学有余力的学生增加了"拓展性实践任务"，学有余力的学生可以根据自身学习能力情况量力而行，自选拓展性知识，这样便于优秀学生挖掘自身潜能。

"以学生为中心"，要最大限度地激发学生的学习兴趣。本书尝试"案例先行、任务驱动、增设场景、案例实训"的编写模式，第1章便引出精心定制的案例；第2章～第9章将该案例分解成若干实践任务，每个实践任务增设若干场景，并将知识点固化到场景中、实践任务中、案例中；第10章、第11章利用前9章的学习成果，以案例实训的形式，指导学生开发出类似实际应用的系统，这不仅能培养学生运用知识进行实践操作的能力，还有利于提高学生的学习成就感，有利于提高学生的学习积极性，激发学生的学习兴趣。

"以学生为中心"，要努力提升学生的自学能力。本书将具体案例拆分成若干实践任务，每个实践任务目的明确，环境具体，步骤详细，学生按照提示即可自行完成实践任务。

本书尝试"知识点场景化、场景结论化、知识总结化"的内容组织模式，将知识点融入增设场景，每个增设场景都伴有知识点结论；将场景融入实践任务，每个实践任务都伴有知识汇总。这样既能提升学生的自学能力，又能提升学生在同一实践任务不同实践场景中发现问题、比较问题、分析问题、解决问题、总结问题的实践能力，以及对所学知识的总结能力。

"以学生为中心"，要能够差异化地考核每个学生。本书的每个实践任务制定了相应的内容差异化考核标准，提高学生对考核的自律性。"实践任务内容差异化考核"，简单地说，就是将具体案例拆分成若干实践考核任务，学生完成同一考核任务时，任务虽然相同，但不同学生完成的任务内容却不相同，便于教师差异化考核。一句话概括就是"相同任务、不同学生、内容不同"。

最后，"以学生为中心"，教师是"裁判员"，学生是"运动员"，这就需要教师能够腾出更多时间为不同层次的学生提供更多的理论辅导、实践指导。

除此之外，本书还保留了如下特色。

1. 入门门槛低

为了便于自学，本书内容编排由浅入深，即便读者没有任何数据库基础，也丝毫不会影响对数据库知识的学习。

2. 讲解细腻，便于实践操作

本书以案例为导向，将案例分解成若干实践任务，再将实践任务分解成若干场景，通过实践任务以及增设场景讲解 MySQL 各个知识点，讲解细腻，便于学生实践操作。

3. 案例虽小，五脏俱全

本书精心定制的案例大小适中，非常易于理解。本书将知识点场景化，不仅将字符集、存储引擎、全局变量等知识融入场景，还将全文检索、存储过程、触发器、函数、事务、锁等知识融入场景，并将场景封装成实践任务，最终实现了具体案例。学生无需太多技术基础，就可以在不知不觉中学习 MySQL 知识，还可以开发出类似实际应用的系统。

4. 注重设计

初学者通常存在致命的误区：重开发，轻设计。开发出来的数据库往往成了倒立的金字塔，头重脚轻。真正的数据库开发，首先强调的是设计。正因为如此，本书第 1 章详细讲解了数据库设计的相关知识。虽然第 1 章略显枯燥，内容却无比重要。

本书主要以 MySQL 8.0 版本为基础进行讲解，学生需要提前安装 64 位 Windows 操作系统。如果只安装了 32 位操作系统，也可以使用本书，可选择安装 MySQL 5.7.26 版本。本书详细介绍了 MySQL 5.7.26 和 MySQL 8.0 版本的安装区别与使用区别。

本书配套资源丰富且完善，包括 MySQL 安装程序（8.0 版本和 5.7.26 版本）、PPT 电子课件、案例源代码、电子教案、教学进度表、非笔试考核方案等，可以从"人邮教育社区（http://www.ryjiaoyu.com/）"免费下载。

说明：章节名后打"+"号的内容为拓展性知识，学有余力的学生可根据自身能力，自选学习。

本书由孔祥盛担任主编，赵芳、刘炜、贺怡、王国栋担任副主编。其中，孔祥盛编写第 1 章和第 2 章；王国栋编写第 3 章；刘炜编写第 4 章、第 5 章和第 6 章；贺怡编写第 7 章和第 8 章；赵芳编写第 9 章、第 10 章和第 11 章；孔祥盛设计了本书案例、组织架构，并进行了全书统稿。

编　者

2020 年 3 月

目　录

第1章
数据库设计概述

采用科学的方法开发、设计一个结构良好的数据库，是所有数据库开发人员应该掌握的最基本技能。本章抛开 MySQL 讲解关系数据库设计的相关知识，以"选课系统"为例，讲解"选课系统"数据库的设计流程。通过本章的学习，读者将具备一定的数据库设计能力。

1.1 数据库概述

简单地说，数据库（Database，DB）是存储、管理数据的容器；严格地说，数据库是"按照某种数据结构对数据进行组织、存储和管理的容器"。无论哪一种说法，数据永远是数据库的核心。

1.1.1 关系数据库管理系统

数据是数据库的核心。数据库容器通常包含诸多数据库对象，如表、视图、索引、函数、存储过程、触发器等，这些数据库对象最终都以文件的形式存储在外存（如硬盘）上。数据库用户如何才能访问到数据库容器中的数据库对象呢？事实上，通过"数据库管理系统"，数据库用户可以轻松地实现对数据库容器中各种数据库对象的访问（增、删、改、查等操作），并可以轻松地完成数据库的维护工作（备份、恢复、修复等操作），如图 1-1 所示。

数据库管理系统（Database Management System，DBMS）安装于操作系统之上，是一个管理、控制数据库容器中各种数据库对象的系统软件。可以这样理解：数据库用户无法直接通过操作系统获取数据库文件中的具体内容；数据库

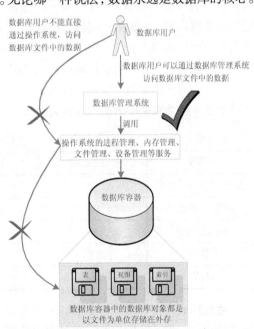

图 1-1　数据库管理系统与操作系统之间的关系

管理系统通过调用操作系统的进程管理、内存管理、设备管理以及文件管理等服务，为数据库用户提供管理、控制数据库容器中各种数据库对象、数据库文件的接口。

数据库管理系统通常会选择某种"数学模型"存储、组织、管理数据库中的数据，常用的数学模型包括"层次模型""网状模型""关系模型"和"面向对象模型"等。基于"关系模型"的

数据库管理系统称为关系数据库管理系统（Relational Database Management System，RDBMS）。随着关系数据库管理系统的日臻完善，目前关系数据库管理系统已占据主导地位。

目前成熟的关系数据库管理系统主要源自欧美数据库厂商，典型的有美国微软公司的 SQL Server、美国 IBM 公司的 DB2 和 Informix、德国 SAP 公司的 Sybase、美国甲骨文公司的 Oracle，然而这些数据库管理系统都是商业数据库管理系统，且价格昂贵。

与上述商业化的数据库管理系统相比，MySQL 具有成本低、开源、免费、易于安装、性能高效、功能齐全等特点。MySQL 不仅非常适合教学，而且非常适合商用，很多企业将 MySQL 作为首选数据库管理系统，MySQL 是全球最受欢迎的开源数据库管理系统之一。目前，淘宝、百度、新浪微博已经将部分业务数据迁移到 MySQL 数据库中，MySQL 的应用前景可观。

本章主要讲解关系数据库设计的相关知识，本书从第 2 章开始，才会讲解 MySQL 的相关知识。

1.1.2　关系

目前主流的数据库使用的"数学模型"是"关系"数据模型（简称关系模型），使用关系模型对数据进行组织、存储和管理的数据库称为关系数据库。关系数据库中所谓的"关系"，实质上是一张二维表。

以"选课系统"为例，教师申报课程相关信息（其中包括课程名、人数上限、任课教师及课程描述等信息），并将课程信息录入到"选课系统"数据库的课程表（二维表）中，如表 1-1 所示。管理员从课程表（二维表）中获取课程信息，并对课程进行审核（修改课程表中课程的状态信息）；接着学生可以从课程表（二维表）中获取已经审核的课程信息进行浏览，然后将自己感兴趣的课程填入选课表（二维表）中；期末考试结束后，任课教师把学生的考试成绩录入到选课表（二维表）中……越来越多的二维表就构成了"选课系统"数据库。可以看出，一个数据库通常包含多个二维表（称为数据库表或者简称为表），从而实现某个应用各类信息的存储和维护。

表 1-1　　　　　　　　　　　　　课程表（二维表）

课程名	人数上限	任课教师	课程描述	状态
Java 语言程序设计	60	张老师	暂无	未审核
MySQL 数据库	150	李老师	暂无	未审核
C 语言程序设计	60	王老师	暂无	未审核
英语	230	马老师	暂无	未审核
数学	230	田老师	暂无	未审核

数据库表是由列和行构成的，表中的每一列（也叫字段）都是由一个列名（也叫字段名）进行标记的；除了字段名那一行，表中的每一行称为一条记录。表 1-1 所示的课程表共有 5 个字段和 5 条记录。外观上，关系数据库中的一个数据库表和一个不存在"合并单元格"的电子表格（例如 Excel）相同。与电子表格不同的是：同一个数据库表的字段名不能重复。为了优化存储空间以及便于数据排序，数据库表的每一列必须指定某种数据类型。当然，数据库表与电子表格的区别并不局限于此，随着学习的深入，读者可以了解"关系"与"Excel 表"之间更多的区别。

需要注意的是，作为数据库中最为重要的数据库对象，数据库表的设计过程并非一蹴而就，表 1-1 所示的课程表根本无法满足"选课系统"的功能需求（甚至该表就是一个设计失败的数据库表）。事实上，数据库表的设计过程并非如此简单，本章的重点就是讨论如何设计结构良好的数据库表，否则其他数据库对象知识（触发器、存储过程、视图、索引、函数等）将无从谈起。

1.1.3　结构化查询语言

结构化查询语言（Structured Query Language，SQL）是一种应用最为广泛的关系数据库语言。该语言定义了操作关系数据库的标准语法，几乎所有的关系数据库管理系统都支持 SQL。使用 SQL 可以轻松地创建、管理关系数据库的各种数据库对象，以及维护数据库中的各种数据，例如，要删除"选课系统"中课程表（course）的所有记录，使用结构化查询语言"delete from course"语句就可以轻松地实现。

SQL 仅仅提供了一套标准语法，为了实现更为强大的功能，各个关系数据库管理系统都对 SQL 标准进行了扩展，典型的有 Oracle 的 PL/SQL、SQL Server 的 T-SQL。MySQL 也对 SQL 标准进行了扩展（虽然至今没有命名），例如，MySQL 的"show databases;"命令用于查询当前 MySQL 实例所有的数据库名，该命令是 MySQL 的特有命令，并不是 SQL 标准中定义的 SQL 语句。该命令在其他数据库管理系统中运行时将报错，例如，在 SQL Server 中运行该命令时，会显示"未能找到存储过程 'show'"的错误信息。这些扩展命令导致了各个数据库产品之间的差异，这种差异为同一个数据库在不同数据库产品之间的移植带来诸多不便。

SQL 并不是一种功能完善的程序设计语言，例如，不能使用 SQL 构建人性化的图形用户界面（Graphical User Interface，GUI），程序员需要借助 Java、VC++或者 HTML 的 FORM 表单构建图形用户界面。本书将在"第 10 章　网上选课系统的开发"中详细讲解如何使用 FORM 表单构建 GUI，以及如何使用 PHP 处理 FORM 表单中的数据和数据库中的数据。

1.2　数据库设计的相关知识

数据库设计是一个"系统工程"，要求数据库开发人员：

（1）熟悉"商业领域"的商业知识，甚至是该商业领域的专家；

（2）利用"管理学"的知识与其他开发人员进行有效沟通；

（3）掌握一些数据库设计辅助工具。

本书提到的数据库开发人员指的是能够从事各种应用系统的数据库开发工作的相关人员，主要包括能够从事需求分析、数据库建模、数据库设计、数据库实施，以及编写函数、存储过程或者触发器等数据库开发工作的相关人员。限于篇幅，本书将选择一个大小合适、认知度合适的案例展现数据库设计、开发的所有流程，并对该案例的应用程序使用软件工程的思想进行开发。

1.2.1　商业知识和沟通技能

数据库中存储的数据是"商业领域"的信息，使用数据库技术可以解决"商业领域"的"商业问题"。对于数据库开发人员而言，商业知识和沟通技巧永远是避不开的话题。数据库开发人员必须熟悉某个商业领域的商业知识，甚至是该商业领域的专家，才能使用数据库技术解决商业问题。试想一个不熟悉、不了解金融服务业（或者制造业、零售业等行业）运作流程的数据库开发人员，即便掌握了数据库开发的所有技能，也不可能设计一个结构良好的金融服务业（或者制造业、零售业等行业）数据库。

设计数据库时，数据库开发人员经常需要与其他开发人员（包括最终用户）一起工作，并且需要使用"管理学"的知识与其他开发人员进行有效沟通，获取所需商业信息，从而解决商业问题。因此，对于数据库开发人员而言，沟通的技巧也不能小觑。

熟悉一个"商业领域"的商业知识需要花费大量的时间，很多数据库开发人员用毕生精力研究某个特定行业，从而成为该"商业领域"的专家，继而可以成功地设计该"商业领域"的数据库。同样对于读者而言，必须了解某一"商业领域"的商业知识，才能将数据库技术应用到该"商业领域"，解决该"商业领域"的"商业问题"，进而才能更有效地学习数据库的相关知识。

鉴于多数读者有过"网上选课"的经历，本书选用"选课系统"作为案例，尽量避开"商业领域"和"管理学"相关知识的讲解，着重讲解数据库设计、开发过程中使用的各种数据库技术。通过该案例的讲解，读者能够在最短的时间内具备一定的数据库设计、开发能力，继而能够尽快地掌握使用数据库技术解决"商业问题"的能力。

1.2.2　数据库设计辅助工具

数据库设计是软件开发过程中一个非常重要的环节，甚至是一个核心环节。数据库设计过程中，数据库设计人员经常使用一些辅助工具提高数据库设计的速度与质量，典型的辅助工具包括模型、工具和技术。这些辅助工具由数据库设计专业人员根据自身经验提炼而成，且日益成熟。

1. 模型

模型是现实世界中事物特征与事物行为的抽象。数据模型可以描述事物的特征，常见的数据模型有 E-R 图，例如，可以使用 E-R 图描述学生的学号、学生的姓名。业务模型可以描述事物的行为，常见的业务模型有程序流程图，例如，可以使用程序流程图描述学生的选课行为、学生的调课行为。

一般而言，数据库设计更侧重于数据建模，程序设计更侧重于业务建模。E-R 图是关系数据库数据建模过程中经常使用的数据模型。

2. 工具

软件开发时经常使用一些工具，这些工具为创建模型或其他组件提供了软件支持。创建数据模型时，数据库设计人员经常使用 ERwin、PowerDesigner、Visio 等工具创建 E-R 图，甚至使用这些工具直接生成数据库表。

3. 技术

软件开发时使用的技术是一组方法，常用的技术包括面向对象分析和设计技术、结构化分析和设计技术、软件测试技术和关系数据库设计技术等。其中，关系数据库设计技术决定了关系数据库设计的质量，这也是本章着重讲解的内容。关系数据库设计技术包含 E-R 图绘制和关系数据库设计两方面的内容，这两方面的内容后续会进行详细讲解。

在制作 E-R 图的过程中，本章使用的数据建模工具是 PowerDesigner。部分读者可能没有使用过 PowerDesigner，但笔者认为数据库设计是一种高级脑力劳动，工具代替不了数据库设计人员的"智慧"及"思想"，掌握这些"智慧""思想"对于数据库设计人员至关重要，这也是本书着重阐述的观点。读者在学习本章内容时，可以使用笔、纸或者绘图工具(如 Word)设计 E-R 图。在掌握本章的知识后，有精力的读者可以自学 ERwin、PowerDesigner 或者 Visio 工具的使用。

1.2.3　"选课系统"概述

大多数读者有过网上选课的经历，熟悉"选课系统"的基本操作流程，多数读者可以称得上是"选课"领域的"专家"，这为设计一个结构良好的"选课系统"数据库奠定了坚实的基础。为了将"选课系统"案例融入数据库设计并全面介绍 MySQL 的基础知识，限于篇幅，本书在不影响"选课系统"核心功能的基础上，适当地对该系统进行"定制""扩展"和"瘦身"。"选课系统"的操作流程如图 1-2 所示。"选课系统"操作流程的文字描述如下。

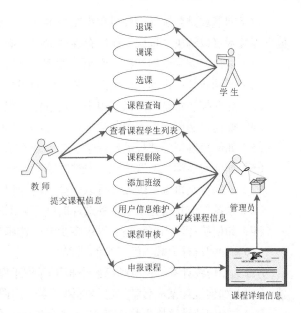

图 1-2　选课系统操作流程

（1）游客用户只能浏览"已审核"的课程信息。游客用户注册成为学生或者教师，成功登录"选课系统"后，才能享有"选课系统"提供的其他服务。

（2）教师成功登录"选课系统"后，可以申报选修课程，要求课程面向全校学生。

（3）为保证教学质量，每一位教师只能申报一门选修课程。由于很多课程需要在教室内完成教学，因此课程的人数上限受到教室座位数量的限制（共有 60 个座位、150 个座位和 230 个座位 3 种教室）。教师申报选修课程时需提供课程的详细信息，其中包括课程名、工号、教师姓名、人数上限、教师联系方式及课程详细描述等。

（4）教师申报课程信息后，经管理员审核通过才能供学生选修。

（5）学生成功登录"选课系统"后，才可以进行选课。学生选课时，每位学生可以浏览所有"已审核"的课程信息，并进行选修。为保证学习效果，限制每位学生最多选修两门课程。学生选课时需提供学号、姓名、班级名、所属院系名和联系方式等信息，由系统自动记录选择课程的时间。

（6）选课结束前，学生可以退课、调课。

（7）调课时，由系统自动记录调课的时间。

（8）选课结束后，当某一门课程的选修人数少于 30 人时，为避免教师、教室资源浪费，管理员有权删除该课程信息。某一门的课程信息删除后，选择该课程的学生需要重新选修其他课程。

（9）管理员负责审核课程，添加班级信息（班级名不能重复），以及维护用户信息。

（10）教师可以查看本人申报课程的学生信息列表，管理员可以查看所有申报课程的学生信息列表。

本书第 1 章介绍"选课系统"数据库的设计流程，第 2 章～第 9 章介绍"选课系统"数据库的开发流程，第 10 章介绍"选课系统"应用程序的开发流程。本书内容循序渐进，章节之间知识衔接非常紧密，并且章节之间尽量避免知识重复和交叉，建议读者按照本书章节的顺序学习本书内容。

1.2.4　定义问题域

定义问题域是数据库设计过程中重要的活动，它的目标是准确定义要解决的商业问题。使用数据库技术可以解决"选课系统"存在的诸多"商业"问题，其中包括以下内容。

（1）如何存储和维护课程、学生、教师、班级的详细信息？

（2）不同教师申报的课程名能否相同？如果允许课程名相同，如何区分课程？

（3）如何控制每位教师只能申报一门选修课程？

（4）如何控制每门课程的人数上限在（60、150、230）中取值？

（5）如何控制每门课程的选课学生总人数不超过该课程的人数上限？

（6）如何实现学生选课功能、退选功能和调课功能？

（7）如何控制每位学生最多可以选修两门课程，且两门课程不能相同？

（8）系统如何自动记录学生的选课时间、调课时间？

（9）如何统计每门课程还可以供多少学生选修？

（10）如何统计人数已经报满的课程？

（11）如何统计某一位教师已经申报了哪些课程？

（12）如何统计某一名学生已经选修了多少门课程，是哪些课程？

（13）如何统计选修人数少于 30 人的所有课程信息？

（14）如何统计选修每门课程的所有学生信息？

（15）课程信息删除后，如何保证选择该课程的学生可以选修其他课程？

（16）如何通过搜索关键字检索自己感兴趣的课程信息？

（17）如何进行数据的备份和恢复，防止数据的丢失？

上述所有"商业"问题，都可以在本书找到解决方案。

1.2.5　编码规范

结构化查询语言（SQL）是本书重点讲解的内容。一方面，数据库开发人员需要使用 SQL 编写部分业务逻辑代码（如触发器、存储过程、函数等）完成部分业务功能；另一方面，程序开发人员需要在应用程序中构造 SQL 语句，实现应用程序与数据库的交互。为了保证数据库能够在不同的操作系统平台上进行移植，甚至为了保证应用程序能够在不同的数据库管理系统之间进行移植，数据库开发人员和程序开发人员在书写 SQL 语句时需要遵循一些基本的编程原则，这些原则称为数据库编码规范。下面介绍一些常用的数据库编码规范，这些规范对任何一个追求高质量代码的人来说都是必需的。

1．命名规范

规范的命名方式是重要的编程习惯，描述性强的名称让代码更加容易阅读、理解和维护。命名遵循的基本原则是：以标准计算机英文为蓝本，杜绝一切拼音或拼音英文混杂的命名方式，建议使用语义化英语的方式命名。为了保证软件代码具有良好的可读性，一般要求在同一个软件系统中，命名原则必须统一。

常用的命名原则有两种。第一种：第一个单词首字母小写，其余单词首字母大写（驼峰标记法），如 studentNo、studentName。第二种：单词所有字母小写，单词间用下画线"_"分隔，如 student_no、student_name。本书使用第二种命名原则定义"选课系统"E-R 图中的实体名、属性名，以及 MySQL 数据库中的数据库名、表名和字段名等各个数据库对象名称。本书使用的其他数据库命名原则包括：函数名使用"_fun"后缀；存储过程名使用"_proc"后缀；视图名使用"_view"后缀；触发器名使用"_trig"后缀；索引名使用"_index"后缀；外键约束名使用"_fk"后缀等。

　　在 MySQL 数据库中，命名时应尽量避免使用关键字，例如 user、table、database、limit 等。

2. 注释

软件开发是一种高级脑力劳动，精妙算法的背后往往伴随着难以理解的代码。对于不经常维护的代码，时过境迁，开发者本人也会忘记编写的初衷，因此，要为代码添加注释，增强代码的可读性和可维护性。有时添加注释和编写代码一样难，但养成这样的习惯是必要的。请记住：尽最大努力把方便留给别人和将来的自己。

　　MySQL 代码单行注释以"#"开始，或者以两个短画线和一个空格（"-- "）开始。多行注释以"/*"开始，以"*/"结束。

3. 书写规范

每个缩进的单位约定是一个 Tab（制表符）。MySQL 中 begin-end 语句块中的第一条语句需要缩进，同一个语句块内的所有语句上下对齐。

4. 其他

在 MySQL 数据库中，关键字是不区分大小写的，例如，删除 course 表的所有记录，可以使用 SQL 语句 "delete from course"。其中 "delete" 与 "from" 为关键字，因此，该 SQL 语句等效于 "DELETE FROM course"。为了便于读者阅读，本书将 SQL 关键字书写为小写。

但这不意味着表名 "course" 等效于表名 "COURSE"，"course" 并不是 MySQL 的关键字。事实上，如果将 MySQL 部署在 Windows 操作系统中，表名和数据库名是大小写不敏感的（不区分大小写的）；如果将 MySQL 部署在 Linux 操作系统中，表名和数据库名是大小写敏感的（区分大小写的）。考虑到数据库可能在不同操作系统之间进行移植，数据库开发人员应该严格规范数据库的命名。

1.3　E-R 图

关系数据库的设计一般要从数据模型 E-R 图（Entity-Relationship Diagram，实体-关系图）设计开始。E-R 图设计的质量直接决定了表结构设计的质量，而表是数据库中最为重要的数据库对象，可以这样说：E-R 图设计的质量直接决定了关系数据库设计的质量。E-R 图既可以表示现实世界中的事物，又可以表示事物与事物之间的关系，它描述了软件系统的数据存储需求，其中 E 表示实体，R 表示关系，所以 E-R 图也称为实体-关系图。E-R 图由实体、属性和关系 3 个要素构成。

1.3.1　实体和属性

E-R 图中的实体用于表示现实世界具有相同属性描述的事物的集合，它不是某一个具体事物，而是某一种类别所有事物的统称。E-R 图中的实体通常使用矩形表示，如图 1-3 所示。数据库开发人员在设计 E-R 图时，一个 E-R 图中通常包含多个实体，每个实体由实体名唯一标记。开发数据库时，每个实体对应于数据库中的一张数据库表，每个实体的具体取值对应于数据库表中的一条记录。例如"选课系统"中，"课程"是一个实体，"课程"实体应该对应于"课程"数据库表；"课程名"为数学，"人数上限"为 230 的课程是课程实体的具体取值，对应于"课程"数据库表中的一条记录。

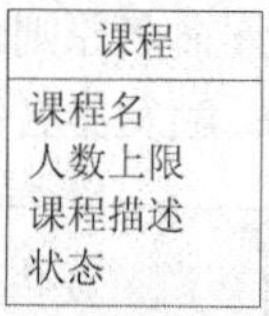

图 1-3　课程实体及属性

E-R 图中的属性通常用于表示实体的某种特征，也可以使用属性表示实体间关系的特征（稍后举例）。一个实体通常包含多个属性，每个属性由属性名唯一标记，所有属性在实体矩形的内部说明。E-R 图中实体的属性对应于数据库表的字段。例如，"选课系统"中课程实体具有课程名、人数上限等属性，这些属性对应于课程数据库表的课程名字段及人数上限字段。

在 E-R 图中，属性是一个不可再分的最小单元，如果属性能够再分，则可以考虑将该属性进行细分，或者可以考虑将该属性"升格"为另一个实体。例如，假设（注意这里仅仅是"假设"）学生实体中的联系方式属性可以细分为 E-mail、QQ、微信、电话等联系方式，则可以将联系方式属性拆分为 E-mail、QQ、微信、电话 4 个联系方式属性；也可以将联系方式属性"升格"成"联系方式"实体，该实体有 E-mail、QQ、微信、电话 4 个属性。这两种设计方案没有正确、错误之分，只有合适与不合适之分。

1.3.2　关系

E-R 图中的关系用于表示实体间存在的联系，在 E-R 图中，实体间的关系通常使用一条线段表示。需要注意的是，E-R 图中实体间的关系是双向的，例如，在班级实体与学生实体之间的双向关系中，"一个班级包含若干名学生"描述的是"班级→学生"的"单向"关系，"一个学生只能属于一个班级"描述的是"学生→班级"的"单向"关系，两个"单向"关系共同构成了班级实体与学生实体之间的双向关系，最终构成了班级实体与学生实体之间的一对多（$1:m$）关系（稍后介绍）。

理解关系的双向性至关重要，因为设计数据库时，有时"从一个方向记录关系"比"从另一个方向记录关系"容易得多。例如，在班级实体与学生实体之间的关系中，让学生记住所在班级，远比班级"记住"所有学生容易得多。这就好比"让学生记住校长，远比校长记住所有学生容易得多"。

在 E-R 图中，实体间的关系有 3 个重要概念：基数、元和关联。

1. 基数

在 E-R 图中，基数表示一个实体与另一个实体之间关联的数目。基数是针对关系之间的某个方向提出的概念，基数可以是一个取值范围，也可以是某个具体数值。当基数的最小值为 1 时，表示一种强制关系（mandatory），强制关系对应于本章即将讲到的非空约束（not null constraint）。例如，选修课程必须由一名教师申报后才存在，言外之意"对于选修课程而言，任课教师必须存在"，如图 1-4 所示。当基数的最小值为 0 时，表示一种可选关系（optional），例如，一名教师只能申报一门课程，言外之意，"对教师而言，申报课程不是必需的"，注意强制关系与可选关系的表示方法不同。

数据库开发人员为了区分各种关系，也可以为实体间的关系命名。

从基数的角度可以将关系分为一对一（1:1）、一对多（1:m）、多对多（m:n）关系。例如，在"选课系统"中，一名教师只能申报一门课程，而一门课程必须由一名教师申报，实体间双向关系的基数都是 1，此时教师实体和课程实体之间是一对一

图 1-4　教师实体与课程实体之间的关系

关系。一个班级包含若干名学生（基数为 m），而一名学生只能属于一个班级（基数为 1），此时班级实体与学生实体之间是一对多（1:m）关系。一名学生最多可以选修两门课程（基数为 $m \leq 2$），一门课程可以被多名学生选修（基数为 n≤课程的人数上限），此时学生实体与课程实体之间是多对多（m:n）关系。

2. 元

在 E-R 图中，元表示关系所关联的实体个数。上面叙述的每个关系都涉及两个实体，它们都是二元关系。E-R 图中二元关系最为常用。有时实体间可能存在一元关系（也称为回归关系），例如，在"婚姻"关系中，人实体与人实体之间存在的"夫妻"关系就是典型的一元关系，表示方法如图 1-5 所示。实体间的多元关系（如三元关系）稍后举例。

3. 关联

有时关系本身可能存在自身属性，例如，"夫妻"关系中存在"登记时间"属性。使用一条线段可以表示人实体与人实体之间存在的"夫妻"关系，却无法表示"夫妻"关系中存在的"登记时间"属性。对于这种关系，不再使用一条线段表示，可以使用关联（association）表示实体间关系的属性，表示方法如图 1-6 所示。

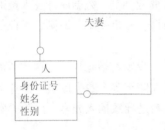

图 1-5　一元关系

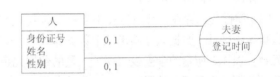

图 1-6　使用关联表示"夫妻"关系中存在的"登记时间"属性

关联也是一种实体间的连接。在 Merise 模型[①]方法学理论中，关联经常用于表示两个实体间发生的某种"事件"，这种事件通过实体往往不能明确表达。引入关联，可以方便地记录事件的状态、事件发生的时间和地点等属性。

有时实体间可能存在多元关系（如三元关系）。数据库开发人员经常使用关联表示多元关系。设想如下场景：以游客在旅游网站上预订房间为例。同一个房间可以在不同的旅游网站（如携程、去哪儿）上"被预订"，同一个房间可以被不同的游客预订；同一个旅游网站可以为不同的游客提供预订服务，同一个旅游网站可以展示不同的房间；同一个游客可以浏览不同的旅游网站，同一个游客可以预订不同的房间（预订房间时需提供入住时间和入住天数）。在该场景描述中，旅游网站、游客以及房间 3 者之间的关系为三元关系，可以使用关联表示这种多元关系，表示方法如图 1-7 所示。

---

① 在信息系统开发、软件工程或者项目管理等领域，Merise 是一种通用的建模方法。

图 1-7　三元关系示例

　　　如果两个实体间的关系（relationship）存在自身的属性，可以使用关联（association）表示实体间的这种关系（relationship）。如果实体间存在多元关系（如三元关系），同样可以使用关联表示实体间的多元关系。

1.3.3　E-R 图的设计原则

数据库开发人员设计的 E-R 图必须确保能够解决某个"商业领域"的所有"商业问题"，这样才能够保证由 E-R 图生成的数据库能够解决该商业领域的所有商业问题。数据库开发人员通常采用"一事一地"的原则从系统的功能描述中抽象出 E-R 图。所谓"一事一地"原则，可以从属性、实体两个方面进行解读。

（1）属性应该存在于且只存在于某一个地方（实体或者关联），反映在数据库中，这句话确保了数据库中的某个数据只存储于某个数据库表中，避免同一数据存储于多个数据库表，避免了数据冗余。表 1-2 所示的学生表出现了大量的数据冗余，而数据冗余是导致插入异常、删除异常、修改复杂等一系列问题的罪魁祸首（稍后介绍）。

（2）实体是一个单独的个体，不能存在于另一个实体中成为其属性。反映在数据库中，这句话确保了一个数据库表中不能包含另一个数据库表，即不能出现"表中套表"的现象。表 1-2 所示的学生表出现了"表中套表"的现象，而"表中套表"的现象通常也会引起数据冗余问题。

表 1-2　　　　　　　　　　　　存在大量冗余数据的学生表

学号	姓名	性别	课程号	课程名	成绩	课程号	课程名	成绩	居住地	邮编
2012001	张三	男	5	数学	88	4	英语	78	北京	100000
2012002	李四	女	5	数学	69	4	英语	83	上海	200000
2012003	王五	男	5	数学	52	4	英语	79	北京	100000
2012004	马六	女	5	数学	58	4	英语	81	上海	200000
2012005	田七	男	5	数学	92	4	英语	58	天津	300000

例如，在"选课系统"的功能描述中曾经提到，学生选课时，需要提供学号、姓名、班级名、所属院系和联系方式等信息。学号、姓名和联系方式理应作为学生实体的属性，那么，班级名和所属院系是不是也可以作为学生实体的属性呢？事实上，如果将班级名和所属院系也作为学生实

体的属性，此时学生实体存在 5 个属性（学号、姓名、联系方式、班级名、所属院系），学生实体中出现了"表中套表"的现象，反而违背了"一事一地"的原则。原因在于，学生属于班级，学生和班级联系紧密；班级属于院系，班级和院系联系紧密。应该将"班级名"属性与"所属院系"属性从学生实体中"抽取"出来放入"班级"实体中。将一个"大"实体分解成两个"小"实体，然后建立班级实体与学生实体之间的一对多关系，这样就得到了"选课系统"的"部分"E-R图，如图 1-8 所示。

图 1-8　E-R 图中尽量避免"表中套表"的现象

（3）同一个实体在同一个 E-R 图内仅出现一次。例如，同一个 E-R 图内，两个实体间存在多种关系时，为了表示实体间的多种关系，尽量不要让同一个实体出现多次。

以中国移动提供的 10086 人工服务为例，移动用户拨打 10086 申请客服人员服务；客服人员为手机用户提供服务后，手机用户可以对该客服人员进行评价打分。那么客服人员与手机用户之间就存在"服务-被服务""评价-被评价"等多种关系。由于客服人员可以为多位手机用户提供服务，手机用户可以享受多名客服人员提供的服务；手机用户可以为多名客服人员进行评价，客服人员可以接受多位手机用户的评价。因此，客服人员与手机用户之间的关系可以使用图 1-9 所示的 E-R 图或者图 1-10 所示的 E-R 图进行描述。手机用户实体与客服人员实体仅仅在 E-R 图中出现一次。

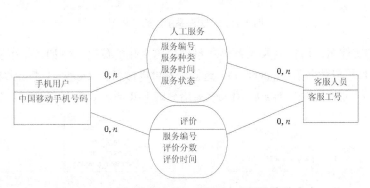

图 1-9　E-R 图：客服人员与手机用户之间的关系（1）

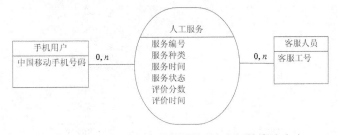

图 1-10　E-R 图：客服人员与手机用户之间的关系（2）

上述两种 E-R 图都可以描述客服人员与手机用户之间的关系，数据库开发人员可以根据项目的具体要求，选择其中一种进行项目实施。如果每一次的人工服务必须伴随一次评价，那么数据库开发人员可以选择第二个 E-R 图描述客服人员与手机用户之间的关系；如果每一次的人工服务不一定有评价，那么数据库开发人员可以选择第一个 E-R 图描述客服人员与手机用户之间的关系。可以看出，E-R 图的设计没有正确、错误之分，只有合适与不合适之分，更多时候考验的是数据库开发人员的经验、智慧。

基于"一事一地"的原则，逐句分析"选课系统"的功能描述，可以得到所有的"部分"E-R 图，然后将其合并成"选课系统"的 E-R 图。"选课系统"的 E-R 图共抽象出 4 个实体，分别是教师、课程、学生和班级，每个实体包含的属性以及实体间的关系如图 1-11 所示。

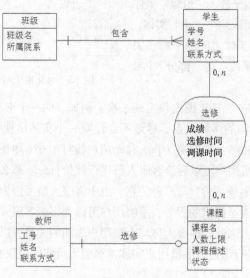

图 1-11 "选课系统"的 E-R 图

E-R 图中的实体名、属性名及关系名尽量使用语义化的英语。例如，学生实体可以命名为 student，学号属性可以命名为 student_no，选修关系可以命名为 choose（本书命名方法为所有单词字母小写，单词间用下画线分隔）。语义化英语后的 E-R 图，如图 1-12 所示。

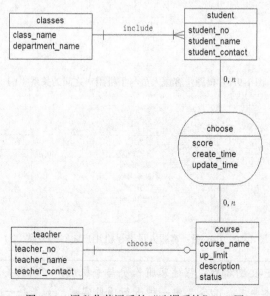

图 1-12 语义化英语后的"选课系统"E-R 图

 班级表名 classes 使用的是语义化英语 class 的复数形式 classes，目的是避免与面向对象编程中的"类"关键字 class 混淆。类似地，用户表推荐使用语义化英语 user 的复数形式 users，目的是避免与数据库管理系统中的 user 关键字混淆。

1.4　关系数据库设计

数据库表是数据库中最为重要的数据库对象，采用"一事一地"的原则绘制出 E-R 图后，可以采用如下几个步骤将 E-R 图生成数据库表。

（1）为 E-R 图中的每个实体建立一张数据库表。

（2）为每张表定义一个主键（如果需要，可以向表中添加一个没有实际意义的字段作为该表的主键）。

（3）增加外键表示一对多关系。

（4）建立新表表示多对多关系。

（5）为字段选择合适的数据类型。

（6）定义约束条件（如果需要）。

（7）评价数据库表设计的质量，并进行必要的改进。

结合"选课系统"的 E-R 图，下面将详细讨论每个步骤并介绍关系数据库设计的相关知识。

1.4.1　为每个实体建立一张数据库表

"选课系统"的 E-R 图共涉及 4 个实体，每个实体将对应于数据库中的一张表，实体名对应于表名，属性名对应于字段名。经此步骤，得到"选课系统"的 4 张表如下。

```
student(student_no,student_name,student_contact)
course(course_name,up_limit,description,status)
teacher(teacher_no,teacher_name,teacher_contact)
classes(class_name,department_name)
```

1.4.2　为每张表定义一个主键

关系数据库中的表由列和行构成，和电子表格不同的是，数据库表要求表中的每一行记录都必须是唯一的，即在同一张数据库表中不允许出现完全相同的两条记录。关系数据库中的表必须存在关键字（key），用以唯一标识表中的每行记录。关键字实际上是能够唯一标识表记录的字段或字段组合。例如，在 student 表中，由于学号不允许重复且学号不允许取空值（NULL），学号可以作为 student 表的关键字。假设（注意这里仅仅是"假设"）student 表中还存在身份证号字段，且身份证号不允许取空值（NULL），那么身份证号字段也可以作为 student 表的关键字。

设计数据库时，为每个实体建立一张数据库表后，数据库开发人员最为普遍、最为推荐的做法是：在所有的关键字中选择一个关键字作为该表的主关键字，简称主键（primary key）。数据库表中的主键有以下两个特征。

（1）表的主键可以是一个字段，也可以是多个字段的组合（这种情况称为复合主键）。

（2）表中主键的值具有唯一性且不能取空值（NULL）。当表中的主键由多个字段构成时，每个字段的值都不能取 NULL。例如，在电话号码中，区号和地方号码的组合才能标识一个电话号码，如果区号和地方号码共同构成电话号码的主键，那么对于"电话号码"而言，区号和地方号码都不能取 NULL。

NULL 表示值不确定或者不存在。例如，−∞（负无穷大）是一个不确定的值；除零操作的结果是 NULL；一个刚出生孩子的姓名是一个不确定的值（与空格字符及零长度的空字符的意义不同）；学生选课后，只要课程没有考试，该生该门课程的成绩就是 NULL（与零的意义不同，与缺考、作弊的意义也不同）。

主键和关键字的不同之处在于，一张表可以有多个关键字，但一张表只能有一个主键，且主键肯定属于关键字。

为表定义主键时，有几个常用的技巧需要读者了解。

技巧 1：主键字段值的长度越短越好。

例如，假设（注意这里仅仅是"假设"）student 表存在学号和身份证号两个字段，虽然学号或者身份证号都能够唯一标记一个学生，但数据库开发人员通常会选择学号作为学生表的主键，毕竟学号的取值要比身份证号的取值简单得多。另外，在"选课系统"中，由于班级名的取值不能为 NULL，也不允许重复，因此，classes 表的班级名字段可以作为该表的关键字，但班级名字段不适合作为 classes 表的主键，原因在于，有些班级的班级名（如"2012 级计算机科学与技术 1 班"）取值较为复杂。读者可以参看"技巧 3"为 classes 表添加主键。

技巧 2：主键字段的字段数目越少越好。

在设计数据库表时，复合主键会给表的维护带来不便，因此不建议使用复合主键。对于存在复合主键的数据库表，读者可以参看"技巧 3"为该表添加主键。

技巧 3：数据库开发人员如果不能从已有的字段（或者字段组合）中选择一个主键，那么可以向数据库表中添加一个没有实际意义的字段作为该表的主键。

例如，在 course 表中，考虑到课程名可能重复，course 表没有关键字，此时数据库开发人员可以在 course 表中添加一个没有实际意义的字段（如课程号 course_no）作为该表的主键。向表添加一个没有实际意义的字段作为该表的主键，这样做有以下两个优点。

（1）可以避免"复合主键"情况的发生，同时可以确保数据库表满足第二范式的要求（范式的概念稍后介绍）。

（2）可以避免"意义更改"导致主键数据被"业务逻辑"修改。这里举个反例，假设（注意这里仅仅是"假设"）课程名能够唯一标记课程（即课程名 course_name 是 course 表的关键字），并将课程名 course_name 选作 course 表的主键。如果某一门课程的课程名 course_name 因为某些特殊原因需要更正，那么选修该课程的所有学生选课信息将受到影响。一般而言，主键数据改动的概率越小越好，主键数据一旦修改将会导致"牵一发而动全身"的影响，不利于信息的维护。

技巧 4：数据库开发人员如果向数据库表中添加一个没有实际意义的字段作为该表的主键，建议该主键的值由数据库管理系统（如 MySQL）或者应用程序自动生成，避免人工录入时人为操作产生的错误。

向"选课系统"的 course 表和 classes 表中添加主键后，得到如下 4 张表，且每张表的第一个字段为主键（粗体字字段为主键），其中课程号 course_no 和班级号 class_no 的值由数据库管理系统（如 MySQL）自动生成。

```
student(student_no,student_name,student_contact)
course(course_no,course_name,up_limit,description,status)
teacher(teacher_no,teacher_name,teacher_contact)
classes(class_no,class_name,department_name)
```

1.4.3　增加外键表示一对多关系

如果表 A 中的一个字段 a 对应于表 B 的主键 b，则字段 a 称为表 A 的外键（foreign key），此时存储在表 A 中字段 a 的值，要么是 NULL，要么是来自于表 B 主键 b 的值。通过外键可以表示实体间的关系。

情形 1：如果实体间的关系为一对多关系，则需要将"一"端实体的主键放到"多"端实体中，然后作为"多"端实体的外键，通过该外键即可表示实体间的一对多关系。以班级实体和学生实体之间的一对多关系为例，需要将 classes 表的主键 class_no 放到 student 表中，作为 student 表的外键（灰色底纹的字段为外键）。修改后的 student 表为：student(student_no,student_name, student_ contact,class_no)。

其中，student 表中的 class_no 为外键，它的值要么为 NULL，要么来自于 classes 表中主键 class_no 的值，student 表与 classes 表之间的参照（reference）关系如图 1-13 所示。

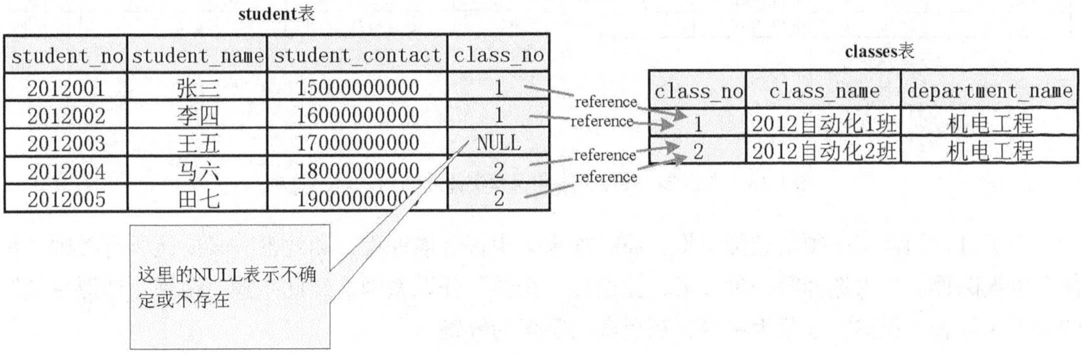

图 1-13　student 表与 classes 表之间的参照关系

前面曾经提到关系具有双向性，对于一个拥有几十名甚至上百名学生的班级而言，让学生记住所在班级，远比班级"记住"所有学生容易得多。在学生实体中添加 classes 表的主键 class_no，目的正是让每个学生记住所在的班级。

情形 2：实体间的一对一关系可以看成一种特殊的一对多关系。将"一"端实体的主键放到另"一"端的实体中，并作为另"一"端实体的外键，**然后将外键定义为唯一性约束（unique constraint）**。以教师实体和课程实体之间的一对一关系为例，可以选择下面任何一种方案。

方案 1：将 teacher 表的主键 teacher_no 放入 course 表中作为 course 表的外键，然后将 course 表的 teacher_no 外键定义为唯一性约束（唯一性约束的概念稍后讲解）。这种方案的目的在于让课程"记住"任课教师。经方案 1，修改后的 course 表如下（灰色底纹的字段为外键）。

```
course(course_no,course_name,up_limit,description,status,teacher_no)
```

其中，course 表中的 teacher_no 为外键，teacher_no 外键的值来自于 teacher 表中主键 teacher_no 的值，如图 1-14 所示。除此之外，还需要将 course 表中的 teacher_no 外键定义为唯一性约束。

方案 2：将 course 表的主键 course_no 放入到 teacher 表中，作为 teacher 表的外键，然后将 teacher 表的 course_no 外键定义为唯一性约束。这种方案的目的是让教师"记住"所教课程。经方案 2 后，修改后的 teacher 表如下（灰色底纹的字段为外键）。

```
teacher(teacher_no,teacher_name,teacher_contact,course_no)
```

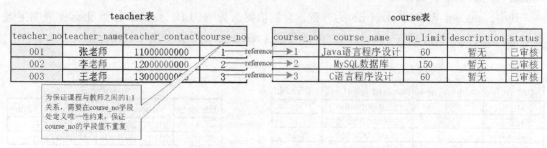

图 1-14　方案 1：教师实体和课程实体之间的一对一关系

其中，teacher 表中的 course_no 为外键，course_no 外键的值来自于 course 表中主键 course_no 的值，如图 1-15 所示。除此之外，还需要将 teacher 表的 course_no 外键定义为唯一性约束。

图 1-15　方案 2：教师实体和课程实体之间的一对一关系

由于每一门课程必须由教师申报，而教师未必申报选修课程，因此没有必要让所有教师"记住"申报课程。本书选择第一种方案，让课程"记住"任课教师。经此步骤，得到"选课系统"的如下 4 张表（粗体字字段为主键，灰色底纹字段为外键）。

```
student(student_no,student_name,student_contact,class_no)
course(course_no,course_name,up_limit,description,status,teacher_no)
teacher(teacher_no,teacher_name,teacher_contact)
classes(class_no,class_name,department_name)
```

1.4.4　建立新表表示多对多关系

情形 3：如果两个实体间的关系为多对多关系，则需要添加新表表示该多对多关系，然后将该关系涉及的实体的"主键"分别放入新表中（作为新表的外键），并将关系自身的属性放入新表中作为新表的字段。以学生实体和课程实体之间的多对多关系为例，需要创建一个 choose 表（选课表的表名 choose 来源于关联名 choose），且 choose 表至少包含 student 表的主键 student_no 和 course 表的主键 course_no 两个字段。由于选修关系自身存在成绩（score）属性、选修时间（create_time）属性、调课时间（update_time）属性，因此将这些属性一并放入 choose 表中，此时新产生的 choose 表如下（粗体字字段为主键，灰色底纹字段为外键）。

```
choose(student_no,course_no,score,create_time,update_time)
```

由于关系具有双向性，对于一个选修多门课程的学生而言，让学生记住所有选修课程实非易事；同样，对于一个拥有多名学生的课程而言，让课程记住所有学生也非易事。新建 choose 表的目的就是让 choose 表记录学生与课程之间的多对多关系。

choose 表中(student_no,course_no)两个字段的组合构成了该表的关键字，即(student_no, course_no)两个字段的组合可以作为该表的主键。前面曾经提到："在设计数据库表时，复合主键会给表的维护带来不便，不建议使用复合主键。"为了避免使用复合主键，这里给 choose 表添加一个没有实际意义的主键 choose_no（该字段的值由数据库管理系统自动生成）。经过这些步骤后，修改后的 choose 表如下（粗体字字段为主键，灰色底纹字段为外键）。

choose(**choose_no**,student_no,course_no,score,create_time,update_time)

其中，student_no 和 course_no 是 choose 表中的两个外键，student_no 外键的值来自于 student 表中主键 student_no 的值，course_no 外键的值来自于 course 表中主键 course_no 的值。

经过数据库设计的前 4 个步骤，可以得到"选课系统"的如下 5 张表，每张表第一个字段为主键（粗体字字段），灰色底纹的字段为外键，5 张表之间的参照（reference）关系如图 1-16 所示。

teacher(**teacher_no**,teacher_name,teacher_contact)
classes(**class_no**,class_name,department_name)
course(**course_no**,course_name,up_limit,description,status,teacher_no)
student(**student_no**,student_name,student_contact,class_no)
choose(**choose_no**,student_no,course_no,score,create_time,update_time)

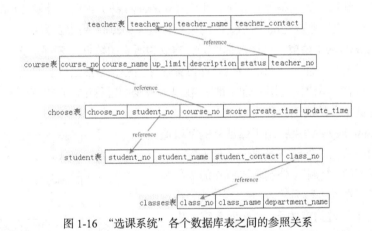

图 1-16　"选课系统"各个数据库表之间的参照关系

如果实体间存在一对一关系，且一对一关系存在自身属性，此时也可以将一对一关系看成一种特殊的多对多关系。以图 1-6 所示的夫妻关系为例，该 E-R 图可以生成如下两张表，并将男方身份证号与女方身份证号设置为唯一性约束也可实现夫妻关系，具体步骤不再赘述（粗体字字段为主键，灰色底纹字段为外键，且设置为唯一性约束）。

人（**身份证号**，姓名，性别）
夫妻（**登记证号**，男方身份证号，女方身份证号，登记时间）

1.4.5　为字段选择合适的数据类型

为每张表的每个字段选择合适的数据类型是数据库设计过程中一个重要的步骤。合适的数据类型既可以有效地节省数据库的存储空间（包括内存和外存），又可以提升数据的计算性能，节省数据的检索时间。数据库管理系统中常用的数据类型包括数值类型、字符串类型和日期类型。

数值类型分为整数类型和小数类型。小数类型分为精确小数类型（小数点位数确定）和浮点数类型（小数点位数不确定）。如果数据需要参与算术运算，则经常把这些数据保存为数值类型的数据，例如，学生某门课程的成绩设置为整数、员工的工资设置为浮点数等。

字符串类型分为定长字符串类型和变长字符串类型。字符串类型的数据外观上使用单引号括起来，例如，学生姓名'张三'、课程名'Java 程序设计'等。字符串类型的数据即便在外观上与数值类型的数据相同，通常也不会参与算术运算，例如，手机号码'13000000000'、学号'2012001'等外观上虽然与整数相同，但由于无须参与算术运算，因此会将手机号码、学号设置为字符串类型。

日期类型分为日期类型和日期时间类型。外观上，日期类型的数据是一个符合"YYYY-MM-DD"格式的字符串，如'2012-08-08'。日期时间类型的数据外观上是一个符合"YYYY-MM-DD hh:ii:ss"格式的字符串，如'2012-08-08 08:08:08'。日期类型本质上是一个数值类型的数据，可以参与简单的加、减运算。例如，日期类型数据'2012-08-31'执行加一操作后，产生的结果为日期类型数据'2012-09-01'；日期时间类型数据'2012-08-31 23:59:59'执行加一操作后，产生的结果为日期类型数据'2012-09-01 00:00:00'。

1.4.6 定义约束条件

设计数据库时，可以对数据库表中的一些字段设置约束（constraint）条件，由数据库管理系统（例如 MySQL）自动检测输入的数据是否满足约束条件，不满足约束条件的数据，数据库管理系统拒绝录入。常用的约束条件有 6 种：主键（primary key）约束、外键（foreign key）约束、唯一性（unique）约束、非空（not NULL）约束、检查（check）约束及默认值（default）约束。

主键（primary key）约束：设计数据库时，建议为所有的数据库表都定义一个主键，用于保证数据库表中记录的唯一性。一张表中只允许设置一个主键，当然这个主键可以是一个字段，也可以是一个字段组合（不建议使用复合主键）。在录入数据的过程中，必须在所有主键字段中输入数据，即任何主键字段的值不允许为 NULL。

外键（foreign key）约束：用于保证外键字段值与主键字段值的一致性，外键字段值要么是 NULL，要么是主键字段值的"复制"。外键字段所在的表称为子表，主键字段所在的表称为父表。父表与子表通过外键字段建立起了外键约束关系。"选课系统"中 5 张表之间的父子关系如图 1-17 所示，父表与子表通过外键关联。

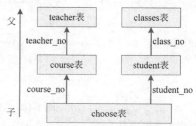

图 1-17 "选课系统"中各个表之间的父子关系

创建表时，建议先创建父表，再创建子表，并且建议子表的外键字段与父表的主键字段的数据类型（包括长度）相似或者可以相互转换（强烈建议外键字段与主键字段的数据类型相同）。例如，choose 表中 student_no 字段的数据类型与 student 表中 student_no 字段的数据类型完全相同，choose 表中 student_no 字段的值要么是 NULL，要么是来自于 student 表中 student_no 字段的值。choose 表为 student 表的子表，student 表为 choose 表的父表。

由于子表和父表之间的外键约束关系，如果子表的记录"参照"了父表的某条记录，那么父表这一条记录的删除（delete）或修改（update）操作可能以失败告终。言外之意：如果试图直接插入（insert）或者修改（update）子表的"外键值"，子表中的"外键值"必须要么是 NULL，要么是父表中的"主键值"，否则插入（insert）或者修改（update）操作将以失败告终。

MySQL 的 InnoDB 存储引擎支持外键（foreign key）约束；而 MySQL 的 MyISAM 存储引擎暂时不支持外键（foreign key）约束。对于 MyISAM 存储引擎的表而言，数据库开发人员可以使用触发器"间接地"实现外键（foreign key）约束，关于其具体实现，感兴趣的读者可以参看后续章节的内容。

唯一性（unique）约束：如果希望表中的某个字段值不重复，可以考虑为该字段添加唯一性约束。与主键约束不同，一张表中可以存在多个唯一性约束，并且满足唯一性约束的字段可以取 NULL 值。例如，classes 表中的班级名不能重复，可以为 class_name 字段添加唯一性约束。为了实现教师实体与课程实体之间的一对一关系，course 表中的 teacher_no 字段不允许重复，可以为该字段添加唯一性约束。

非空（not NULL）约束：如果希望表中的字段值不能取 NULL 值，可以考虑为该字段添加非空约束。例如，course 表中的 course_name 字段不允许为 NULL 值，可以为该字段添加非空约束。课程必须由教师申报，course 表中的 teacher_no 字段不允许为空值，可以为该字段添加非空约束。

　　同一个字段可以同时施加多种约束，例如，course 表中的 teacher_no 字段在施加唯一性（unique）约束的同时，又可以施加非空（not NULL）约束。

检查（check）约束：检查约束用于检查字段的输入值是否满足指定的条件。输入（或者修改）数据时，若字段值不符合检查约束指定的条件，则数据不能写入该字段。例如，课程的人数上限 up_limit 必须在（60,150,230）整数集合中取值；一个人的性别必须在（'男','女'）字符串集合中取值；choose 表中的 score 字段需要满足大于等于 0 且小于等于 100 的约束条件；course 表的 status 字段必须在（'未审核','已审核'）字符串集合中取值。这些约束条件都属于检查约束。

　　MySQL 暂时不支持检查（check）约束，数据库开发人员可以使用 MySQL 复合数据类型或者触发器"间接地"实现检查（check）约束。有关 MySQL 实现检查（check）约束的相关知识请参看后续章节的内容。

默认值（default）约束：默认值约束用于指定一个字段的默认值。如果没有在该字段填写数据，则该字段将自动填入这个默认值。例如，可以将 course 表的 status 字段的默认值设置为"未审核"。如果大部分教室的座位数是 60 个，可以将 course 表中的人数上限 up_limit 的默认值设置为 60。

1.4.7　评价数据库表设计的质量

基于"一事一地"的原则设计出来的 E-R 图，更多时候强调的是数据库开发人员的经验和直觉。对于经验丰富的数据库开发人员而言，使用该原则经上述步骤建立了一套数据库表，这些数据库表的质量基本上都可以得到保证。例如，经上述步骤得到的"选课系统"的 5 张表是一套结构良好的数据库表。

在设计数据库时，数据库开发人员的经验固然重要。然而，如果全凭数据库开发人员的经验、直觉，数据库表设计的人为因素等不确定因素将剧增，甚至有些时候，数据库表的设计结果根本就是数据库开发人员的一厢情愿。那么，如何避免人为因素、环境因素的影响？如何将数据库表设计的过程上升到一定的"理论高度"？

数据库开发人员有必要制定一套数据库表设计的"质量标准"。根据"质量标准"检测数据库表的质量，消除可能存在的任何问题，以免浪费后期所做的努力。不幸的是，现实情况中衡量数据库表"质量标准"的量化方法很少。不过，根据大多数数据库开发人员的经验，在设计数据库时，有两个不争的事实。

（1）数据库中冗余的数据需要额外的维护，因此，质量好的一套表应该尽量"减少冗余数据"。
（2）数据库中经常变化的数据需要额外的维护，因此，质量好的一套表应该尽量"避免数据经常发生变化"。

1.4.8 使用规范化减少数据冗余

冗余的数据需要额外的维护,并且容易导致"数据不一致""插入异常""删除异常"等问题的发生。这里举一个反例:假设存在表 1-3 所示的一张数据库表,该表的主键为复合主键(学号,课程号),且该表存在大量的冗余数据,需考虑如下几种场景。

表 1-3　　　　　　　　　　存在大量冗余数据的学生表

学号	姓名	性别	课程号	课程名	成绩	课程号	课程名	成绩	居住地	邮编
2012001	张三	男	5	数学	88	4	英语	78	北京	100000
2012002	李四	女	5	数学	69	4	英语	83	上海	200000
2012003	王五	男	5	数学	52	4	英语	79	北京	100000
2012004	马六	女	5	数学	58	4	英语	81	上海	200000
2012005	田七	男	5	数学	92	4	英语	58	天津	300000

场景 1:插入异常。假设需要添加一名学生信息(学号:2012006,姓名:张三丰,居住地:北京,邮编:100000),由于该生没有选择课程,课程号字段为 NULL,因此该生信息将无法录入到数据库表中,否则将违反"主键约束"规则(主键不能为 NULL)。

场景 2:修改复杂。假设需要将课程号为 5 的课程名修改为"高等数学",那么该表中所有课程号为 5 的课程名都需要修改为"高等数学"(维护工作量大),必须无一遗漏,否则将出现"数据不一致"问题。

场景 3:删除异常。假设需要将学号为"2012005"的学生信息删除,但不希望删除居住地"天津"与邮编"300000"之间的对应关系,然而,在这种表结构中不可能实现。因为"居住地"与"邮编"之间的对应关系,依赖于学生信息及课程信息。

上述异常问题可以看作是数据冗余的"并发症",如何检测和消除表 1-3 所示的学生表中的冗余数据呢?检测和消除数据冗余最普遍的方法是数据库规范化。规范化是通过最小化数据冗余来提升数据库设计质量的过程,它是基于函数依赖及一系列范式定义的,最为常用的是第一范式(1NF)、第二范式(2NF)和第三范式(3NF)。

函数依赖:在一张表内,两个字段值之间的一一对应关系称为函数依赖。通俗点儿讲,在一个数据库表内,如果字段 A 的值能够唯一确定字段 B 的值,那么字段 B 函数依赖于字段 A。

第一范式:如果一张表内同类字段不重复出现,则该表就满足第一范式的要求。不满足第一范式的数据库表将出现诸如插入异常、删除异常、修改复杂等数据冗余"并发症"。

这里举一个反例,表 1-3 不满足第一范式的要求,原因在于课程号、课程名、成绩字段重复出现。保留其中一个同类字段,删除其他同类字段,产生的新表即可满足第一范式的要求,如表 1-4 所示,该表的主键是复合主键(学号,课程号)。

表 1-4　　　　　　　　　　满足 1NF 的学生表

学号	姓名	性别	课程号	课程名	成绩	居住地	邮编
2012001	张三	男	5	数学	88	北京	100000
2012002	李四	女	5	数学	69	上海	200000
2012003	王五	男	5	数学	52	北京	100000

续表

学号	姓名	性别	课程号	课程名	成绩	居住地	邮编
2012004	马六	女	5	数学	58	上海	200000
2012005	田七	男	5	数学	92	天津	300000
2012001	张三	男	4	英语	78	北京	100000
2012002	李四	女	4	英语	83	上海	200000
2012003	王五	男	4	英语	79	北京	100000
2012004	马六	女	4	英语	81	上海	200000
2012005	田七	男	4	英语	58	天津	300000

第二范式：一张表在满足第一范式的基础上，如果每个"非关键字"字段仅仅函数依赖于主键，那么该表满足第二范式的要求。不满足第二范式的数据库表将出现诸如插入异常、删除异常、修改复杂等数据冗余"并发症"。

这里举一个反例，表 1-4 所示的数据库表不满足第二范式的要求，原因是该表的主键为复合主键（学号，课程号），并且"非关键字"姓名、性别字段不仅函数依赖于复合主键，而且还函数依赖于"学号"字段（注意该表中的学号字段是"非关键字"）。除此之外，"非关键字"字段"课程名"不仅函数依赖于复合主键，而且还函数依赖于"课程号"字段（注意该表中的课程号字段也是"非关键字"），因此，表 1-4 所示的表不满足第二范式的要求。为了将表 1-4 所示的表设计成满足第二范式要求的表，可以将该表分割成 3 张表，如表 1-5 所示。

表 1-5　　　　　　　　　　满足 2NF 的数据库表

学生表

学号	姓名	性别	居住地	邮编
2012001	张三	男	北京	100000
2012002	李四	女	上海	200000
2012003	王五	男	北京	100000
2012004	马六	女	上海	200000
2012005	田七	男	天津	300000

课程表

课程号	课程名
5	数学
4	英语

成绩表

学号	课程号	成绩
2012001	5	88
2012002	5	69
2012003	5	52
2012004	5	58
2012005	5	92
2012001	4	78

续表

学号	课程号	成绩
2012002	4	83
2012003	4	79
2012004	4	81
2012005	4	58

如果一张表的主键是一个字段（而不是一个字段组合），该表一般都满足第二范式的要求。前面得到的"选课系统"的 5 张表的主键仅仅包含一个字段，因此，5 张表都满足第二范式的要求。

第三范式： 如果一张表满足第二范式的要求，并且不存在"非关键字"字段函数依赖于任何其他"非关键字"字段，那么该表满足第三范式的要求。不满足第三范式的数据库表将会出现诸如插入异常、删除异常、修改复杂等数据冗余"并发症"。

这里举一个反例，表 1-5 所示的学生表不满足第三范式的要求，原因是该表中存在"非关键字"字段"邮编"函数依赖于"非关键字"字段"居住地"。为了将表 1-5 所示的学生表设计成满足第三范式要求的表，可以把该表分割成两张表，如表 1-6 所示。

表 1-6   满足 3NF 的数据库表（1）

学生表

学号	姓名	性别
2012001	张三	男
2012002	李四	女
2012003	王五	男
2012004	马六	女
2012005	田七	男

居住地表

居住地	邮编
北京	100000
上海	200000
天津	300000

表 1-3 所示的学生表经过 3NF 规范化后，被分割成了以下 4 张表（如表 1-7 所示），这 4 张表都满足 3NF 要求。

表 1-7   满足 3NF 的数据库表（2）

学生表

学号	姓名	性别
2012001	张三	男
2012002	李四	女
2012003	王五	男
2012004	马六	女
2012005	田七	男

课程表

课程号	课程名
5	数学
4	英语

成绩表

学号	课程号	成绩
2012001	5	88
2012002	5	69
2012003	5	52
2012004	5	58
2012005	5	92
2012001	4	78
2012002	4	83
2012003	4	79
2012004	4	81
2012005	4	58

居住地表

居住地	邮编
北京	100000
上海	200000
天津	300000

基于"一事一地"的设计原则得到的"选课系统"的一套表满足 3NF 的要求。根据第一范式（1NF）、第二范式（2NF）和第三范式（3NF）的定义，通过规范化方法得到的表 1-7 所示的 4 张表也满足三种范式的要求。可以看出，"一事一地"的原则更多强调的是数据库开发人员的设计经验，而规范化则是为经验提供了理论支撑。基于"一事一地"的设计原则与数据库规范化理论并不矛盾，更多时候两者相辅相成。

1.5 课堂专题讨论：冗余数据的弊与利

在设计数据库时，一个不争的事实就是，经常发生变化的数据需要额外的维护。例如，在统计学生的个人资料时，如果读者是一名数据库开发人员，是让学生上报年龄信息，还是让学生上报出生日期？问题虽然简单，但采用两种不同的处理方式，与之对应的数据维护工作量将有天壤之别。原因很简单，一个人的年龄每隔一年应该执行"加一"操作，但是一个人的出生日期不会随着时间的推移而发生变化，并且年龄可以由出生日期推算得出。对于这个问题，读者似乎已经找到了"标准答案"。当然这个问题比较简单，诸如此类的问题还有很多，且更为复杂，甚至没有"标准答案"。

例如，在"新生报到系统"中，给学生分寝室时，由于每个寝室的床位数有限，如何标记一个寝室是否有空床位？又如在"选课系统"中，学生选课时，由于每一门课程受到教室座位数的限制，且每一门课程设置了人数上限，如何确保每一门课程选报学生的人数不超过人数上限？诸如此类的问题还有很多，这里仅以"选课系统"为例，下面提供了此类问题的两种可行的解决方案，希望能给读者带来一些启发。

方案 1

为了实现学生选课功能，避免学生选课人数超过课程人数上限，需要在课程表 course 中添加一个字段 available，用于标记每一门课程"剩余的学生名额"。"剩余的学生名额" available 的初始值设置为课程的人数上限，第一个学生选择了这门课程后，"剩余的学生名额" available 的值减一。以此类推，当"剩余的学生名额" available 的值为零时，表示该课程已经报满，其他学生不能再选修该课程。增加了"剩余的学生名额" available 字段后，课程表 course 变为（粗体字字段为主键，灰色底纹字段为外键，斜体字字段为新增字段）：

```
course(course_no, course_no,course_name,up_limit,description,status,teacher_no, available)
```

不少读者可能觉得这种设计方案比较符合人的正常思维习惯，当然也会觉得实现起来应该简单易行，但事实并非如此。使用这种设计方案实现学生选课功能时，会有诸多不便。原因在于，一门课程的"剩余的学生名额"有点儿像一个人的"年龄"，随着学生对该课程的选择、退选、调课，"剩余的学生名额" available 的值时时刻刻发生变化，难以维护，并且在数据维护过程中容易出现数据不一致的问题（剩余的学生名额+已选学生人数≠课程的人数上限）。

方案 2

另外一些读者会觉得之前得到的一套数据库表已经实现了学生的选课功能，数据库表无须进行任何更改。原因在于，某一门课程的"剩余的学生名额"可以由"课程的人数上限-已选学生人数"计算得出，而某一门课程的"已选学生人数"可以通过选课表 choose 统计得出。并且，这一部分读者觉得方案 1 中课程表 course 的"剩余的学生名额" available 字段是冗余数据，因为"剩余的学生名额" available 字段的值可以通过计算得出（剩余的学生名额 = 人数上限-已选学生人数），根本没有必要把"剩余的学生名额" available 字段放入课程表 course 中，更没有必要修改"选课系统"中的任何表。

以上两种方案究竟哪一种可行？

对于方案 1，由于在 course 表中添加了"剩余的学生名额" available 字段造成冗余数据，当几十名甚至几百名学生同时通过网络查询哪些课程是否"报满"时，只需要进行简单的查询即可，数据的"检索"时间大大节省。然而，如果几百名学生同时通过网络"选课""调课""退课"，课程的"剩余的学生名额" available 值会时时刻刻发生变化，由冗余数据带来的额外维护工作量不可小觑，且容易发生数据不一致问题。因此，方案 1 更适用于数据的"检索"，不利于学生的"选课""调课""退课"等更新操作。

对于方案 2，当有几十名甚至几百名学生同时通过网络"选课""调课""退课"时，无须维护冗余数据，也不用担心数据不一致问题的发生，数据"更新"的时间大大节省了。然而，当几十名甚至几百名学生同时通过网络查询"未报满"的课程列表及每一门课程的"剩余的学生名额"时，面对"检索"，方案 2 却有点儿力不从心。因此，方案 2 更适用于学生的"选课""调课""退课"等更新操作，不利于数据的"检索"。

可以看出，没有一种数据库的设计方案是绝对完美的。对于上述两种设计方案，数据库开发人员还要依据网络环境做出选择。对于"选课系统"，由于单位时间内可能有几十名甚至几百名学生同时通过网络"选课""调课""退课"，为了减少数据维护的工作量，避免数据不一致问题的发生，本书将采用方案 2。然而为了讲解数据库中更为复杂的一些概念（例如触发器、存储过程、事务、锁机制等概念），**在这些章节中**，本书将采用方案 1。而方案 1 与方案 2 之间的唯一区别就是：方案 1 中的 course 表比方案 2 中的 course 表多了一个 available "冗余" 字段。

很多时候，数据库开发人员仅从范式等理论知识无法找到问题的 "标准答案"，此时考验的是数据库开发人员积累的经验。同一个系统，不同经验的数据库开发人员，仁者见仁智者见智，设计结果往往大相径庭。但不管怎样，只要实现了相同的功能，所有的设计结果没有对错之分，只有合适与不合适之分。

因此，数据库设计像一门艺术，数据库开发人员更像一名艺术家，设计结果更像一件艺术品。数据库开发人员要依据系统的环境（网络环境、硬件环境、软件环境等）选择一种更为合适的方案。有时为了提升系统的检索性能、节省数据的查询时间，数据库开发人员不得不考虑使用冗余数据，不得不浪费一点儿存储空间。有时为了节省存储空间、避免数据冗余，又不得不考虑牺牲一点儿时间。设计数据库时，"时间"（效率或者性能）和 "空间"（外存或内存）好比天生的一对 "矛盾体"，这就要求数据库开发人员保持良好的数据库设计习惯，维持 "时间" 和 "空间" 之间的平衡关系。

习　　题

1. 数据库管理系统中常用的数学模型有哪些？

2. 您听说过的关系数据库管理系统有哪些？

3. 通过本章知识的讲解，SQL 与程序设计语言有什么关系？

4. 通过本章的学习，您了解的 MySQL 有哪些特点？

5. 通过本章的学习，您觉得数据库表与电子表格（如 Excel）有哪些区别？

6. 您所熟知的模型、工具、技术有哪些？

7. 请您罗列出 "选课系统" 需要实现哪些功能，使用数据库技术能够解决 "选课系统" 中的哪些商业问题。

8. 您所熟知的编码规范有哪些？

9. 您是如何理解 "E-R 图中实体间的关系是双向的"？能不能举个例子？

10. 在 E-R 图中，什么是基数？什么是元？什么是关联？

11. E-R 图的设计原则是什么？您是怎么理解 E-R 图的设计原则的？

12. 关系数据库的设计步骤是什么？为每张表定义一个主键有技巧可循吗？主键与关键字有什么关系？

13. 在关系数据库设计过程中，如何表示 E-R 图中的 $1:1$、$1:m$、$m:n$ 关系？

14. 在数据库管理系统中，您所熟知的数据类型有哪些？每一种数据类型能不能各列举一些例子？

15. 您所熟知的约束条件有哪些？MySQL 支持哪些约束条件？

16. 数据库中数据冗余的 "并发症" 有哪些？能不能列举一些例子？

17. 如何避免数据冗余？什么是 1NF、2NF、3NF？

18. 根据本章的场景描述 —— "以游客在旅游网站预订房间为例" 的 E-R 图，请设计该场景描述的数据库表。

19. 如果将学生表设计为如下表结构：

(student_no,student_no,student_name,student_contact,class_no,department_name)

请用数据库规范化的知识解释该表是否满足 3NF 的要求？该表是否存在数据冗余？是否会产生诸如插入异常、删除异常、修改复杂等数据冗余"并发症"？

20. 在"选课系统"中，学生选课时，由于每一门课程受到教室座位数的限制，每一门课程设置了人数上限，如何确保每一门课程选报学生的人数不超过人数上限？有哪些设计方案？这些设计方案的区别在哪里？

21. "选课系统"有几张表？每个表有哪些字段？

22. 依据自己所掌握的知识，描述如何使用数据库技术解决"选课系统"问题域中的问题。

第2章
MySQL 基础知识

本章将向读者展示一个完整的 MySQL 使用流程：安装、配置和启动 MySQL 服务，设置字符集，连接 MySQL 服务器，创建数据库，创建表（设置存储引擎），表记录管理等内容。通过本章的学习，读者可以掌握一些常用的 MySQL 命令，继而可以对 MySQL 数据库进行一些简单的操作。

2.1　MySQL 概述

MySQL 是最受欢迎的开源关系数据库管理系统，由瑞典 MySQL AB 公司开发。MySQL 的命运可以说是一波三折，2008 年 1 月 MySQL 被美国的 SUN 公司收购，2009 年 4 月 SUN 公司又被美国的甲骨文（Oracle）公司收购。

2.1.1　MySQL 的特点

MySQL 是一个单进程多线程、支持多用户、基于客户机/服务器（Client/Server，C/S）的关系数据库管理系统。与其他数据库管理系统（DBMS）相比，MySQL 具有体积小、易于安装、运行速度快、功能齐全、成本低廉及开源等特点。目前，MySQL 已经得到了广泛的使用，并成为很多企业首选的关系数据库管理系统。MySQL 拥有很多优势，主要包括以下几点。

（1）性能高效：MySQL 被设计为一个单进程多线程架构的数据库管理系统，保证了 MySQL 使用较少的系统资源（如 CPU、内存），且能为数据库用户提供高效的服务。

（2）跨平台支持：MySQL 可运行在当前几乎所有的操作系统上，例如，Linux、UNIX、Windows 及 Mac 等操作系统。这意味着在某个操作系统上实现的 MySQL 数据库可以轻松地部署到其他操作系统上。

（3）简单易用：MySQL 的结构体系简单易用、易于部署，且易于定制，其独特的插件式（pluggable）存储引擎结构为企业客户提供了广泛的灵活性，赋予了数据库管理系统以卓越的紧致性和稳定性。

（4）开源：MySQL 是世界上最受欢迎的开源数据库，源代码随时可访问，开发人员可以根据自身需要量身定制 MySQL。MySQL 开源的特点吸引了很多高素质和有经验的开发团队完善 MySQL 数据库管理系统。

（5）支持多用户：MySQL 是一个支持多用户的数据库管理系统，确保多用户下数据库资源的安全访问控制。MySQL 的安全管理实现了合法账户可以访问合法的数据库资源，并拒绝非法用户访问数据库资源。

MySQL 是一个基于客户机/服务器（Client/Server，C/S）的关系数据库管理系统，MySQL 的使用流程如图 2-1 所示，流程描述如下。

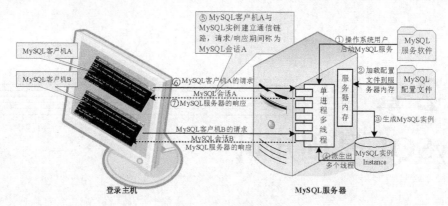

图 2-1 MySQL 的使用流程

① 操作系统用户启动 MySQL 服务。

② MySQL 服务启动期间，首先将 MySQL 配置文件中的参数信息加载到 MySQL 服务器内存中。

③ 根据 MySQL 配置文件的参数信息或者编译 MySQL 时参数的默认值生成一个 MySQL 实例。

④ MySQL 实例派生出多个线程为多个 MySQL 客户机提供服务。

⑤ 数据库用户访问 MySQL 服务器的数据时，首先需要选择一台登录主机，然后在该登录主机上开启 MySQL 客户机，输入正确的账户名、密码，建立一条 MySQL 客户机与 MySQL 服务器之间的"通信链路"。

⑥ 接着数据库用户就可以在 MySQL 客户机上"书写"MySQL 命令或 SQL 语句，这些 MySQL 命令或 SQL 语句沿着该通信链路传送给 MySQL 实例，这个过程称为 MySQL 客户机向 MySQL 服务器发送请求。

⑦ MySQL 实例负责解析这些 MySQL 命令或 SQL 语句，并选择一种执行计划运行这些 MySQL 命令或 SQL 语句，然后将执行结果沿着通信链路返回给 MySQL 客户机，这个过程称为 MySQL 服务器向 MySQL 客户机返回响应。

　　通信链路断开之前，MySQL 客户机可以向 MySQL 服务器发送多次"请求"，MySQL 服务器会对每一次请求做出"响应"，请求/响应期间称为 MySQL 会话。MySQL 会话（session）是某个 MySQL 客户机与 MySQL 服务器之间不中断的请求/响应序列。

　　在一台登录主机上可以开启多个 MySQL 客户机，进行多个 MySQL 会话。

⑧ 数据库用户关闭 MySQL 客户机，通信链路被断开，该客户机对应的 MySQL 会话结束。

　　本书为了区分 MySQL 服务、MySQL 实例以及 MySQL 服务器，进行如下定义。

　　（1）MySQL 服务，也称为 MySQL 数据库服务程序，它是保存在 MySQL 服务器硬盘上的一个服务软件，实际上是静态的代码集合。

　　（2）MySQL 实例是一个正在运行的 MySQL 服务，实质是一个进程，只有处于运行状态的 MySQL 实例才可以响应 MySQL 客户机的请求，提供数据库服务。同一个 MySQL 服务，如果 MySQL 配置文件的参数不同，启动 MySQL 服务后生成的 MySQL 实例也不相同。有些书籍将 MySQL 实例称为 MySQL 服务实例。

　　补充：程序是静态的，只占用外存空间；进程是由程序启动且运行后产生的，进程是动态的，进程运行过程中占用的 CPU、内存、网络等资源时时刻刻在发生变化。

　　（3）MySQL 服务器是一个运行有 MySQL 实例的主机系统，该主机系统还应该包括操作系统、CPU、内存及硬盘等软硬件资源。特殊情况下，同一台 MySQL 服务器可以安装多个 MySQL 服务，甚至可以同时运行多个 MySQL 实例，各 MySQL 实例占用不同的端口号为不同的 MySQL 客户机提供服务。简而言之，同一台 MySQL 服务器同时运行多个 MySQL 实例时，使用端口号区分这些 MySQL 实例。

（4）端口号：服务器上运行的网络程序一般都是通过端口号来识别的，一台主机上的端口号可以有 65536 个之多。典型的端口号的例子是某台主机同时运行多个 QQ 进程，QQ 进程之间使用不同的端口号进行辨识。读者也可以将"MySQL 服务器"想象成一部双卡双待（甚至多卡多待）的"手机"，将"端口号"想象成"SIM 卡槽"，每个"SIM 卡槽"可以安装一张"SIM 卡"，将"SIM 卡"想象成"MySQL 服务"。在手机启动后，手机同时运行了多个"MySQL 实例"，手机通过"SIM 卡槽"识别每个"MySQL 实例"。

2.1.2　MySQL 的版本选择和安装

MySQL 提供了 Enterprise（企业）版、Cluster（集群）版和 Community（社区）版安装软件，其中 Community（社区）版免费且开源。MySQL 官网有这么一句话：MySQL Community Server is the world's most popular open source database。意思是说：MySQL 社区版是世界上最受欢迎的开源数据库。

MySQL 具备跨平台支持，针对不同操作系统，MySQL 提供了 For Linux、For Windows、For MacOS 的安装软件。考虑到 Windows 操作系统的易用性，本书选用 MySQL For Windows 的社区版。

本书选用最新版本 MySQL 8.0 介绍 MySQL 的使用。注意，目前 8.0 版本只能安装在 64 位 Windows 操作系统上，读者需要提前准备 64 位 Windows 操作系统。为保持兼容性，读者也可以选用 8.0 的次新版本 5.7.26，该版本既支持 64 位 Windows 操作系统，又支持 32 位 Windows 操作系统。本书详细介绍了 MySQL 5.7 和 8.0 版本使用的区别及注意事项。

MySQL 安装有两种方法，分别是解压缩安装和图形化界面安装，其中图形化界面安装又分为在线安装和离线安装。为便于读者入门学习，本书选择图形化界面的在线安装方式。

读者可到本书前言指定的网址下载该安装程序。MySQL 图形化安装包下载完成后，MySQL 的具体安装过程如下。

① 双击"mysql-installer-web-community-8.0.15.0.msi"安装文件，进入"用户许可条款"界面，如图 2-2 所示，选中"I accept the license terms"复选框。

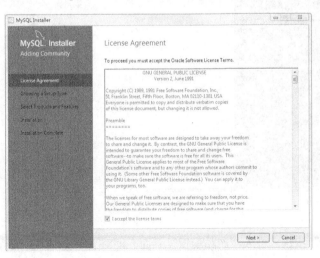

图 2-2　"用户许可条款"界面

② 单击"Next"按钮，进入"选择安装类型"界面，如图 2-3 所示。

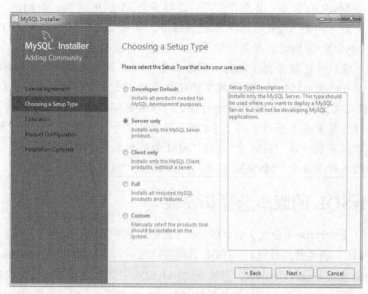

图 2-3 "选择安装类型"界面

安装类型分为默认开发者类型（Developer Default）、仅服务器类型（Server Only）、仅客户机类型（Client Only）、完全类型（Full）及自定义类型（Custom）。本书选择第二种仅服务器类型（Server Only），这种安装类型属于 MySQL 的最小化安装方式。

③ 单击"Next"按钮，进入"安装"界面，如图 2-4 所示。请读者耐心等待下载安装包，当下载进度达到 100%后，即完成了 MySQL 的安装。

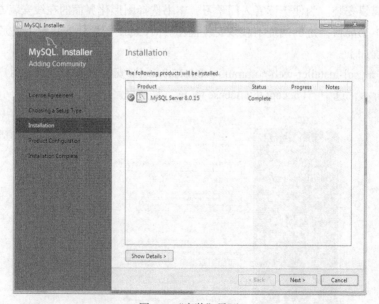

图 2-4 "安装"界面

④ 单击"Next"按钮，进入"产品配置"界面，即对 MySQL 服务进行相关配置，如图 2-5 所示。

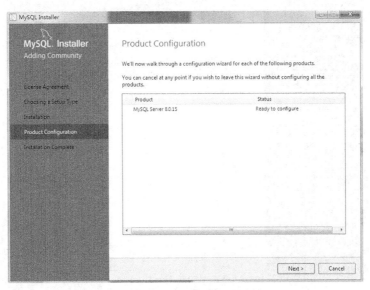

图 2-5　"产品配置"界面

2.1.3　MySQL 的图形化界面参数配置

图形化界面安装 MySQL 时，可以对 MySQL 服务进行可视化参数配置，这些配置参数将被写入 my.ini 配置文件中。有关 MySQL 配置文件 my.ini 的使用，稍后介绍。

进入"复制配置"页面，如图 2-6 所示。保持默认选项"Standalone MySQL Server/Classic MySQL Replication"。

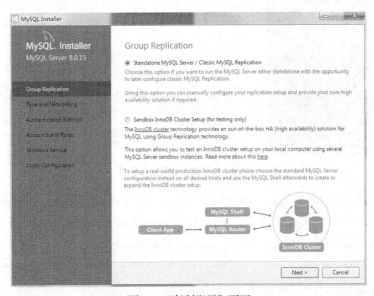

图 2-6　"复制配置"页面

单击"Next"按钮，进入"类型和网络配置"界面，如图 2-7 所示。保持默认选项。

单击"Next"按钮，进入"认证方式配置"界面，如图 2-8 所示。切记选择第二个选项"Use Legacy Authentication Method"，这是为了保持 MySQL 8.0 与 5.7 版本兼容。

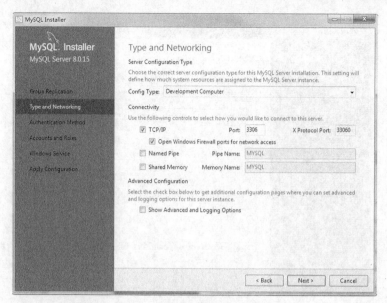

图 2-7 "类型和网络配置"界面

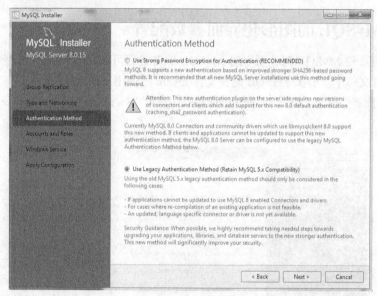

图 2-8 "认证方式配置"界面

补充：此配置界面是将 MySQL 配置文件 my.ini 中的 default_authentication_plugin 设置为 mysql_native_password。如果选择第一个选项"Use Strong Password Encryption for Authentication"，则是将 default_authentication_plugin 设置为 caching_sha2_password。

说明　　　安装 MySQL 5.7 版本时，没有认证方式配置界面。

单击"Next"按钮，进入"账户和角色配置"界面，如图 2-9 所示。输入 root 账户密码及确认密码。为便于记忆，本书将 root 账户密码设置为"root"字符串（注意密码两边没有双引号）。

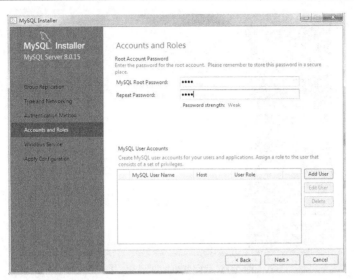

图 2-9 "账户和角色配置"界面

MySQL 服务的 root 账户类似于 Windows 操作系统的 adiministrator 超级管理员账户。

单击"Next"按钮，进入"Windows 服务配置"界面。如果读者主机安装了多个 MySQL 服务，为了区分每个 MySQL 服务，可以为每个 MySQL 服务命名以便区分。本书将本次安装的 MySQL 服务命名为"MySQL666"，如图 2-10 所示。

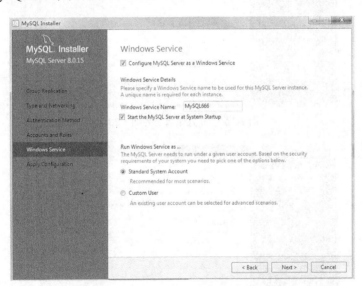

图 2-10 "Windows 服务配置"界面

保持默认选项，单击"Next"按钮，进入"配置生效"界面，如图 2-11 所示。

单击"Execute"按钮，将罗列的配置信息写入 MySQL 配置文件 my.ini 中，并可以看到每项配置的状态是否成功完成，如图 2-12 所示。

单击"Finish"按钮，重新回到"产品配置"界面，通过本界面可以看到配置信息已经完成，如图 2-13 所示。

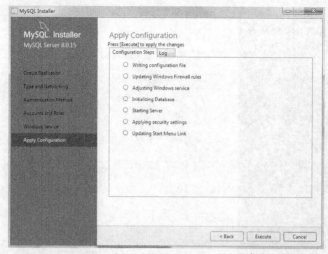

图 2-11 "配置生效"界面（1）

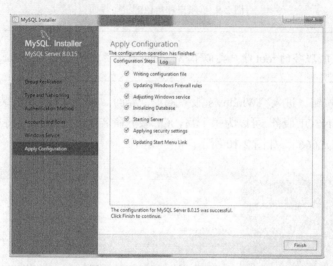

图 2-12 "配置生效"界面（2）

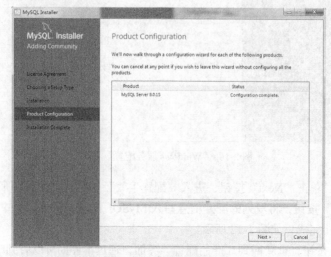

图 2-13 "产品配置"界面

单击 "Next" 按钮，进入 "安装完成" 界面，如图 2-14 所示。单击 "Finish" 按钮，完成 MySQL 的安装。

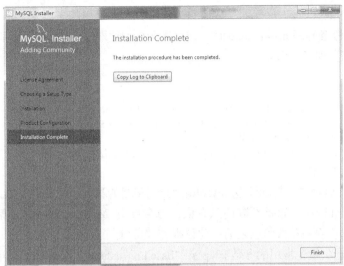

图 2-14　"安装完成"界面

2.1.4　MySQL 配置文件

成功安装 MySQL 后，MySQL 安装程序默认在 "C:\ProgramData\MySQL\MySQL Server 8.0" 目录中创建 my.ini，并将配置参数以 "参数名=参数值" 的方式写入该配置文件。

my.ini 配置文件包含了多种参数选项组，每个参数选项组通过 "[ ]" 指定，每个参数选项组配置多个参数信息，每个参数遵循 "参数名=参数值" 这种配置格式，参数名一般是小写字母，参数名大小写敏感。常用的参数选项组有[client]、[mysql]及[mysqld]参数选项组，其中[client]、[mysql]选项组用于配置 MySQL 客户机；[mysqld]选项组用于配置 MySQL 实例。

1. [client]参数选项组

MySQL 自带两个 MySQL 命令行窗口 MySQL 8.0 Command Line Client 和 MySQL 8.0 Command Line Client -Unicode。启动 MySQL 命令行窗口时，会自动读取[client]参数选项组的参数信息，默认配置如下：

```
[client]
port=3306
```

[client]参数选项组中的 "port" 参数，默认值是 3306（不建议修改）。修改该 port 值会导致 MySQL 命令行窗口无法启动。

2. [mysql]参数选项组

启动 MySQL 客户机程序 mysql.exe 时，该程序会自动读取[mysql]参数选项组中的参数信息，默认配置如下。

```
[mysql]
no-beep
```

设置了 no-beep 后，在 MySQL 客户机中编写 MySQL 语句即使有错误也不会发出报警的声音。

[mysql]参数选项组中常用的参数还有 "default-character-set"，用于设置 MySQL 客户机程序 mysql.exe 的字符集，稍后介绍。

3. [mysqld]参数选项组

启动 MySQL 服务程序 mysqld.exe 时，该程序会自动读取[mysqld]参数选项组中的参数信息，默认配置如下（仅罗列了一部分）。

```
[mysqld]
port=3306
datadir=C:/ProgramData/MySQL/MySQL Server 8.0/Data
default_authentication_plugin=mysql_native_password
default-storage-engine=INNODB
sql-mode="STRICT_TRANS_TABLES,NO_ENGINE_SUBSTITUTION"
max_connections=151
```

当 mysqld.exe 启动时，自动读取[mysqld]参数选项组的参数信息到服务器内存中，继而生成 MySQL 实例 mysqld.exe。如果参数信息有误，将会导致 MySQL 服务无法启动。因此，修改 "[mysqld]" 参数选项组的参数信息之前，建议提前 "备份"。

[mysqld]参数选项组中常用的参数有 "port" "basedir" "datadir" "character-set-server" "sql_mode" 及 "default_storage_engine" 等，这些参数将在后续章节中进行详细讲解。

 修改[mysqld]参数选项组的参数值，只有重新启动 MySQL 服务，新配置才会生效。修改[mysql]参数选项组的参数值，只有重新打开 MySQL 客户机 mysql.exe 才生效。修改[client]参数选项组的参数值，只有重新打开 MySQL 命令行窗口才生效。

2.1.5　启动与停止 MySQL 服务

在 Windows 操作系统中，安装 MySQL 时，如果将 MySQL 服务注册为 Windows 操作系统的一个系统服务，则可以采取如下几种方法启动、停止 MySQL 服务。

方法 1：单击 "开始" → "运行"，输入 "services.msc"，单击 "确定" 按钮，即可弹出图 2-15 所示的 "服务" 窗口，在 "扩展" 视图或 "标准" 视图中找到 MySQL 服务，按照图中标记部分的提示即可实现 MySQL 服务的启动、暂停、停止及重启。

方法 2：鼠标右键单击 "我的电脑"，在弹出的快捷菜单中单击 "管理"，在弹出的 "计算机管理" 窗口中双击 "服务和应用程序"，然后单击 "服务" 选项，也可弹出 "服务" 窗口，后面的步骤不再赘述。

方法 3：使用 Windows 操作系统的控制面板也可以找到 "服务" 窗口，这里不再赘述。

方法 4：在 "服务" 窗口中双击 "MySQL" 服务，即可弹出图 2-16 所示的 "MySQL 的属性" 对话框，在该对话框中除了可以看到当前 MySQL 服务的状态，还可以启动与停止 MySQL 服务，以及设置 MySQL 服务的启动类型（自动、手动或已禁用）。

方法 5：单击 "开始" → "运行"，输入 "cmd"，单击 "确定" 按钮，即可弹出 "CMD 命令提示符" 窗口，在该窗口中输入 "net start mysql666" 及 "net stop mysql666" 命令，即可启动 MySQL 服务以及停止 MySQL 服务，如图 2-17 所示，其中 "mysql666" 是服务名。

方法 6：使用任务管理器停止 MySQL 服务。

在默认情况下，MySQL 服务启动后，将在 Windows 操作系统中生成两个 mysqld.exe 进程，如图 2-18 所示。为了区分这两个进程，不妨将内存占用较多的称为 A 进程，占用较少的称为 B 进程。A 进程用于提供 MySQL 服务，A 进程一旦停止运行，则 MySQL 无法对外提供数据库服务；

B 进程负责监控 A 进程，B 进程是一个单独的控制进程，停止 B 进程，只要不停止 A 进程，MySQL 依然可以对外提供 MySQL 服务。

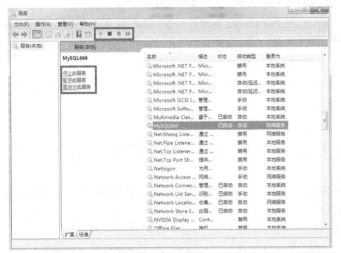

图 2-15　Windows 操作系统的"服务"窗口　　　图 2-16　"MySQL 的属性"对话框

采用默认选项安装 MySQL 后，mysqld.exe 进程对应于"C:\Program Files\MySQL\MySQL Server 8.0\bin"目录中的"mysqld.exe"可执行程序。该目录中还存在一个"mysql.exe"可执行程序，该程序是 MySQL 客户机程序。简而言之：mysqld.exe 是 MySQL 服务程序，mysqld.exe 是 MySQL 客户机程序。

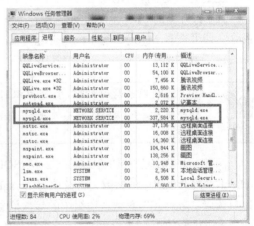

图 2-17　使用 CMD 命令提示符窗口开启、停止 MySQL 服务　　图 2-18　使用任务管理器停止 MySQL 服务

2.1.6　MySQL 客户机

MySQL 客户机可以是 MySQL 命令行窗口，也可以是 CMD 命令提示符窗口，还可以是图形化界面客户机程序（如 MySQL 自带的 Workbench 等），本书经常使用的 MySQL 客户机是 CMD 命令提示符窗口。

一台主机可以安装多种 MySQL 客户机程序，每一种 MySQL 客户机程序可以同时打开多个 MySQL 客户机。感兴趣的读者可以通过 Baidu 搜索引擎，搜索常用的 MySQL 客户机程序有哪些。

为了便于读者快速、有效地学习 MySQL 知识，本书所指的 MySQL 客户机是 CMD 命令提示符窗口及 MySQL 自带的 MySQL 命令行窗口。

1. MySQL 自带的 MySQL 命令行窗口——最方便快捷的 MySQL 客户机

MySQL 命令行窗口打开的方法是：单击 "开始" → "所有程序" → "MySQL" → "MySQL Server 8.0" → "MySQL 8.0 Command Line Client"（或者 "MySQL 8.0 Command Line Client-Unicode"）。

该客户机优点是：使用方便快捷，直接输入 root 账户的密码，即可使用。

该客户机缺点是：只能使用 root 账户；只能连接本地 MySQL 服务器，无法连接远程 MySQL 服务器。因此 MySQL 命令行窗口适合单机使用。

2. CMD 命令提示符窗口

该客户机缺点是：使用前需要进行配置，略显麻烦。连接 MySQL 服务器时，需要输入 "连接信息"（"连接信息" 稍后讲解）。

该客户机优点是：可以连接本地 MySQL 服务器，也可以连接远程 MySQL 服务器。连接 MySQL 服务器时，可以指定字符集等参数信息。

如果希望在 CMD 命令提示符窗口中直接启动 MySQL 客户机，需要经过下列配置。

（1）右键单击 "我的电脑"，在弹出的快捷菜单中单击 "属性"，单击 "高级系统设置"，在弹出的 "系统属性" 窗口中，选择 "高级" 选项卡，单击 "环境变量" 按钮，在 "系统变量" 区域找到 "Path" 变量后双击，打开图 2-19 所示的 "编辑系统变量" 对话框，将光标定位到变量值文本框的最后，输入 ";"，然后将目录 "C:\Program Files\MySQL\MySQL Server 8.0\bin" 添加到 "变量值" 文本框末尾。

图 2-19　配置 PATH 系统变量

（2）打开新的 CMD 命令提示符窗口，输入 "mysql --help" 命令，即可查看 MySQL 客户机是否配置成功（请注意查看命令结束标记 delimiter、命令提示符 prompt 参数的值）。

说明

在使用这两种 MySQL 客户机时，启动任意一种 MySQL 客户机，都会触发 mysql.exe 程序运行，该程序读取本地主机 "[mysql]" 参数选项组的配置信息，继而生成 mysql.exe 进程。

两种 MySQL 客户机的区别在于，MySQL 自带的 MySQL 命令行窗口启动时，首先需要读取 [client] 参数选项组中的参数，再读取 "[mysql]" 参数选项组中的参数信息。CMD 命令提示符窗口只读取 "[mysql]" 参数选项组中的参数信息。

本书推荐使用 CMD 命令提示符窗口作为 MySQL 客户机，若无特殊声明，本书使用 CMD 命令提示符窗口作为 MySQL 客户机。

2.1.7　使用 CMD 命令提示符窗口连接 MySQL 服务器

MySQL 服务启动后，使用 CMD 命令提示符窗口连接 MySQL 服务器，需要经历如下几个步骤。首先，开启 MySQL 客户机；接着，数据库用户在 MySQL 客户机上输入 "连接信息"；MySQL 服务器接收到 "连接信息" 后，需要对该 "连接信息" 进行身份认证；身份认证通过后，才可以建立 MySQL 客户机与 MySQL 服务器的 "通信链路"，继而 MySQL 客户机才可以 "享受" MySQL 服务。MySQL 客户机需要向 MySQL 服务器提供的 "连接信息" 包括以下内容。

（1）合法的登录主机：解决 "从哪里来" 的问题。

（2）合法的账户名及与账户名对应的密码：解决是"谁"的问题。

（3）MySQL 服务器主机名（或 IP 地址）：解决"到哪里去"的问题。当 MySQL 客户机与 MySQL 服务器是同一台主机时，主机名可以使用 localhost（或者 IP 地址 127.0.0.1）。

（4）端口号：解决"多卡多待"的问题。如果 MySQL 服务器使用 3306 之外的端口号，在连接 MySQL 服务器时，MySQL 客户机必须提供端口号。

　　localhost 是本地主机名，127.0.0.1 是本机 IP 地址，localhost 与 127.0.0.1 类似于第一人称"我"或"本人"的含义。在 Windows 7 操作系统中，它们之间的对应关系定义在"C:\WINDOWS\system32\drivers\etc"目录下的 hosts 文件中。

当 MySQL 客户机与 MySQL 服务器是同一台主机时，打开 CMD 命令提示符窗口，输入"mysql -h 127.0.0.1 -P 3306 -u root -proot"命令或"mysql -h localhost -P 3306 -u root -proot"命令，然后按"回车键"（注意-p 后面紧跟密码 root），即可成功连接本地 MySQL 服务器。成功连接 MySQL 服务器后，"CMD 命令提示符窗口"中的提示符变成了"mysql>"，如图 2-20 所示。

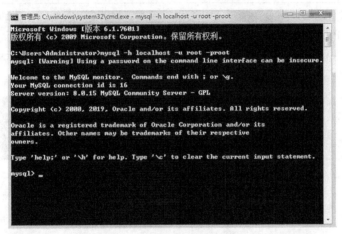

图 2-20　使用 CMD 命令提示符窗口连接 MySQL 服务器

　　在 mysql.exe 客户机程序中，-h 后面跟的是 MySQL 服务器的主机名或 IP 地址。-P 后面跟的是 MySQL 服务的端口号，如果是默认端口号 3306，则-P 参数可以省略。-u 后面跟的是 MySQL 账户名。-p 后面"紧跟"MySQL 账户名对应的密码（-p 与密码之间没有空格）。

从图中可以看出，MySQL 默认的命令结束标记 delimiter 是"；"或者"\g"（通常情况下，使用"；"表示每条 MySQL 命令的结束）；当前的 MySQL 连接 ID 为 16（实际上是会话系统变量 pseudo_thread_id 的值）；当前使用的 MySQL 服务版本为 8.0.15 MySQL Community Server - GPL；键入"help;"或者"\h"命令，即可查看帮助信息。

　　为了连接 MySQL 服务器，-p 后面"紧跟"密码并不是明智之举，建议使用命令"mysql -h 127.0.0.1 -u root -p"，然后输入 root 账户的密码连接 MySQL 服务器。

当 CMD 命令提示符窗口中的提示符变成了"mysql>"后，即可输入 MySQL 命令或 SQL 语句。例如，输入"status;"命令，可以查看当前 MySQL 会话的简单状态信息，如图 2-21 所示。

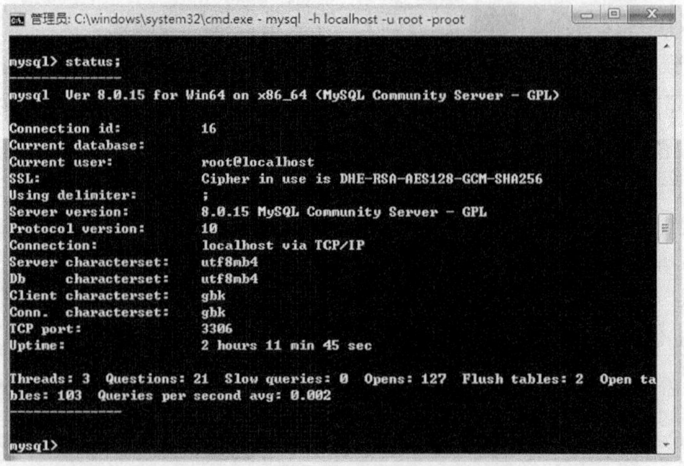

```
管理员: C:\windows\system32\cmd.exe - mysql  -h localhost -u root -proot
mysql> status;
--------------
mysql  Ver 8.0.15 for Win64 on x86_64 (MySQL Community Server - GPL)

Connection id:          16
Current database:
Current user:           root@localhost
SSL:                    Cipher in use is DHE-RSA-AES128-GCM-SHA256
Using delimiter:        ;
Server version:         8.0.15 MySQL Community Server - GPL
Protocol version:       10
Connection:             localhost via TCP/IP
Server characterset:    utf8mb4
Db     characterset:    utf8mb4
Client characterset:    gbk
Conn.  characterset:    gbk
TCP port:               3306
Uptime:                 2 hours 11 min 45 sec

Threads: 3  Questions: 21  Slow queries: 0  Opens: 127  Flush tables: 2  Open ta
bles: 103  Queries per second avg: 0.002
--------------

mysql>
```

图 2-21　MySQL 实例的简单状态信息

说明

启动 MySQL 服务，生成 MySQL 实例后，MySQL 实例将 mysqld.exe 进程 ID 号写入一个 PID 文件，该文件的文件名为 MySQL 服务器主机名（笔者的主机名为 YR190224-CQBF），扩展名为 pid。使用 MySQL 命令“show variables like 'pid_file';”即可查看该文件的保存路径，如图 2-22 所示。

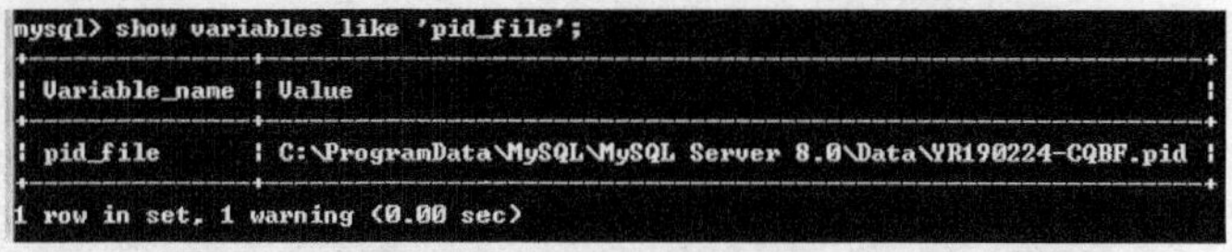

```
mysql> show variables like 'pid_file';
+---------------+-----------------------------------------------------------+
| Variable_name | Value                                                     |
+---------------+-----------------------------------------------------------+
| pid_file      | C:\ProgramData\MySQL\MySQL Server 8.0\Data\YR190224-CQBF.pid |
+---------------+-----------------------------------------------------------+
1 row in set, 1 warning (0.00 sec)
```

图 2-22　PID 文件

2.2　字符集与字符序的设置

使用 MySQL 时，字符集设置不当，可能导致 MySQL 数据库不支持中文字符串查询或者发生中文字符串乱码等问题。为了避免此类问题的发生，读者有必要深入了解字符集、字符序的相关概念，并进行必要的字符集、字符序设置。

2.2.1　字符集与字符序的概念

字符：字符（character）是人类语言最小的表义符号，如'A'、'B'等。

字符编码：给定一系列字符，并对每个字符赋予一个数值，用数值来代表对应的字符，这个数值就是字符的编码（character encoding）。例如，假设给字符'A'赋予整数 65，给字符'B'赋予整数 66，则 65 就是字符'A'的编码，66 就是字符'B'的编码。

字符集：给定一系列字符并赋予对应的编码后，所有这些“字符和编码对”组成的集合就是字符集（character set）。例如，{65=>'A', 66=>'B'}就是一个字符集。MySQL 支持多种字符集，如 latin1、utf8、gbk、big5、utf8mb4 等。其中 gbk 为中文简体字符集；big5 为中文繁体字符集；utf8 为万国码字符集；utf8mb4 是 utf8 字符集的超集，扩展了 emoji 表情字符。

新版 MySQL 为了解决 emoji 表情符号乱码问题，引入了新字符集 utf8mb4。同时，不再将 latin1 字符集设置为默认字符集。

字符序：字符序（collation）是指在同一字符集内字符之间的比较规则。只有确定字符序后，才能在一个字符集上定义什么是等价的字符，以及字符之间的大小关系，才能对字符进行排序、比较。一个字符集可以包含多种字符序，每个字符集有一个默认的字符序（default collation），每个字符序唯一对应一种字符集。MySQL 字符序命名规则是：以字符序对应的字符集名称开头，以国家名居中（或以 general 居中），以 ci、cs 或 bin 结尾。以 ci 结尾的字符序表示大小写不敏感，以 cs 结尾的字符序表示大小写敏感，以 bin 结尾的字符序表示按二进制编码值比较。例如，gbk 字符集存在两种字符序 gbk_chinese_ci 和 gbk_bin，其中 gbk_chinese_ci 规则中的字符'a'和'A'是等价的（大小写不敏感），gbk_bin 规则中的字符'a'和'A'不是等价的（大小写敏感）。

2.2.2　MySQL 字符集与字符序

MySQL 客户机成功连接 MySQL 服务器后，使用 MySQL 命令"show character set;"即可查看当前 MySQL 实例支持的字符集、字符集默认的字符序以及字符集占用的最大字节长度等信息，如图 2-23 所示，目前 MySQL 支持 41 种字符集。

```
mysql> show character set;

| Charset  | Description                  | Default collation   | Maxlen |

| armscii8 | ARMSCII-8 Armenian           | armscii8_general_ci |      1 |
| ascii    | US ASCII                     | ascii_general_ci    |      1 |
| big5     | Big5 Traditional Chinese     | big5_chinese_ci     |      2 |
| binary   | Binary pseudo charset        | binary              |      1 |
| cp1250   | Windows Central European     | cp1250_general_ci   |      1 |
| cp1251   | Windows Cyrillic             | cp1251_general_ci   |      1 |
| cp1256   | Windows Arabic               | cp1256_general_ci   |      1 |
| cp1257   | Windows Baltic               | cp1257_general_ci   |      1 |
| cp850    | DOS West European            | cp850_general_ci    |      1 |
| cp852    | DOS Central European         | cp852_general_ci    |      1 |
| cp866    | DOS Russian                  | cp866_general_ci    |      1 |
| cp932    | SJIS for Windows Japanese    | cp932_japanese_ci   |      2 |
| dec8     | DEC West European            | dec8_swedish_ci     |      1 |
| eucjpms  | UJIS for Windows Japanese    | eucjpms_japanese_ci |      3 |
| euckr    | EUC-KR Korean                | euckr_korean_ci     |      2 |
| gb18030  | China National Standard GB18030 | gb18030_chinese_ci |      4 |
| gb2312   | GB2312 Simplified Chinese    | gb2312_chinese_ci   |      2 |
| gbk      | GBK Simplified Chinese       | gbk_chinese_ci      |      2 |
| geostd8  | GEOSTD8 Georgian             | geostd8_general_ci  |      1 |
| greek    | ISO 8859-7 Greek             | greek_general_ci    |      1 |
| hebrew   | ISO 8859-8 Hebrew            | hebrew_general_ci   |      1 |
| hp8      | HP West European             | hp8_english_ci      |      1 |
| keybcs2  | DOS Kamenicky Czech-Slovak   | keybcs2_general_ci  |      1 |
| koi8r    | KOI8-R Relcom Russian        | koi8r_general_ci    |      1 |
| koi8u    | KOI8-U Ukrainian             | koi8u_general_ci    |      1 |
| latin1   | cp1252 West European         | latin1_swedish_ci   |      1 |
| latin2   | ISO 8859-2 Central European  | latin2_general_ci   |      1 |
| latin5   | ISO 8859-9 Turkish           | latin5_turkish_ci   |      1 |
| latin7   | ISO 8859-13 Baltic           | latin7_general_ci   |      1 |
| macce    | Mac Central European         | macce_general_ci    |      1 |
| macroman | Mac West European            | macroman_general_ci |      1 |
| sjis     | Shift-JIS Japanese           | sjis_japanese_ci    |      2 |
| swe7     | 7bit Swedish                 | swe7_swedish_ci     |      1 |
| tis620   | TIS620 Thai                  | tis620_thai_ci      |      1 |
| ucs2     | UCS-2 Unicode                | ucs2_general_ci     |      2 |
| ujis     | EUC-JP Japanese              | ujis_japanese_ci    |      3 |
| utf16    | UTF-16 Unicode               | utf16_general_ci    |      4 |
| utf16le  | UTF-16LE Unicode             | utf16le_general_ci  |      4 |
| utf32    | UTF-32 Unicode               | utf32_general_ci    |      4 |
| utf8     | UTF-8 Unicode                | utf8_general_ci     |      3 |
| utf8mb4  | UTF-8 Unicode                | utf8mb4_0900_ai_ci  |      4 |

41 rows in set (0.00 sec)
```

图 2-23　MySQL 支持的字符集

其中，支持中文简体的字符集包括 gbk、gb2312、utf8、utf8mb4 及 gb18030。一个 gbk 与 gb2312 中文简体字符占用 2 个字节空间（gbk 字符集是 gb2312 字符集的超集），一个 utf8 字符占用 3 个字节空间，一个 gb18030 中文简体字符占用 4 个字节空间；在实际开发过程中，较为常用的是 gbk

和 utf8。数据库中的数据最终存储于数据库表中。如果仅存储中文简体字符，只需将表的字符集设置为 gbk 即可；如果存储多国语言，则需将表的字符集设置为 utf8；如果需要存储 emoji 表情字符，则需将表的字符集设置为 utf8mb4。

 MySQL 为了节省存储空间，在默认情况下，一个 gbk 中文字符通常占用 2 个字节（16 位）的存储空间，但一个 gbk 英文字符仅占用 1 个字节（8 位）的存储空间；同样，一个 utf8 中文字符通常占用 3 个字节（24 位）的存储空间，但一个 utf8 英文字符仅占用 1 个字节（8 位）的存储空间。utf8mb4 是 utf8 的扩展，只有 emoji 表情字符才占用 4 个字节的存储空间。

使用 MySQL 命令 "show variables like 'character%';" 即可查看当前 MySQL 会话使用的字符集，如图 2-24 所示。为便于理解，本书将 MySQL 字符集分为四种，其中默认数据库的字符集及系统相关的字符集保持默认值即可，无须配置；为了避免乱码等问题，读者需要配置数据存储相关的字符集以及数据请求和响应相关的字符集。

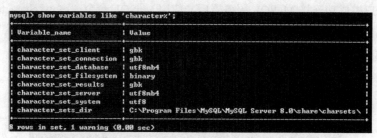

图 2-24　查看当前 MySQL 实例使用的字符集

1. 默认数据库的字符集

character_set_database：MySQL 的未来版本将取消该配置选项。它配置了默认数据库的字符集，默认值为 utf8mb4。

2. 系统相关的字符集

（1）character_set_filesystem：MySQL 服务器文件系统的字符集，该值是固定的 binary。

（2）character_set_system：元数据（字段名、表名、数据库名等）的字符集，默认值为 utf8。

3. 数据存储相关的字符集

character_set_server：用于配置 MySQL 实例字符集，安装 MySQL 后，默认值为 utf8mb4。

 在默认情况下，新建数据库的字符集，继承 character_set_server 定义的字符集；而新建表的字符集继承数据库的字符集。因此强烈建议将 character_set_server 设置为支持中文的字符集。

4. 数据请求和响应相关的字符集

（1）character_set_client：配置了来自 MySQL 客户机 SQL 语句的字符集，默认安装 MySQL 后，该值为 gbk。

（2）character_set_connection：向 MySQL 服务器发送请求数据时，来自 MySQL 客户机 SQL 语句的字符集，会被转换为 character_set_connection 定义的字符集。默认安装 MySQL 后，该值为 gbk。

（3）character_set_results：MySQL 服务器执行过 SQL 语句后，执行结果以 character_set_results

定义的字符集进行编码，然后再返回给 MySQL 客户机。默认安装 MySQL 后，该值为 gbk。

　　MySQL 还提供了一些字符序设置，这些字符序以字符序的英文单词 collation 开头。使用 MySQL 命令"show collation;"即可查看当前 MySQL 实例支持的字符序（目前支持 200+种字符序）。使用 MySQL 命令"show variables like 'collation%';"即可查看当前 MySQL 会话使用的字符序，如图 2-25 所示。

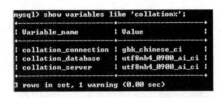

图 2-25　查看当前 MySQL 实例使用的字符序

　　MySQL 8.0 与 5.7 版本默认字符集与字符序略有不同，但字符集的转换过程、字符集的选择和设置方法全部相同。

2.2.3　MySQL 字符集的转换过程

　　了解 MySQL 的字符集转换过程，可以帮助我们理解中文字符乱码产生的原因及 SQL 中文字符串查询失败的原因。以 CMD 命令提示符窗口连接 MySQL 服务器为例，MySQL 的字符集转换过程如图 2-26 所示。

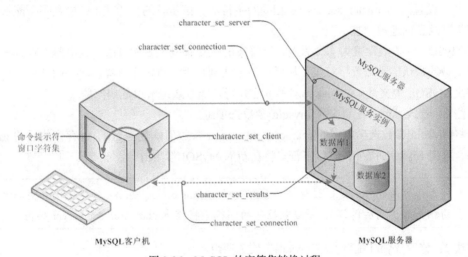

图 2-26　MySQL 的字符集转换过程

　　（1）打开 CMD 命令提示符窗口。CMD 命令提示符窗口自身存在某一种字符集，该字符集的查看方法是：在 CMD 命令提示符窗口的标题栏上单击鼠标右键，选择"默认值"→"选项"→"默认代码页"即可设置当前 CMD 命令提示符窗口的字符集。

　　在中文简体操作系统中，CMD 命令提示符窗口的默认字符集为 gbk 中文简体字符集。

　　（2）在 CMD 命令提示符窗口中输入 SQL 语句，这些 SQL 语句被转换为 character_set_client

定义的字符集。

（3）MySQL 客户机向 MySQL 服务器发送请求数据，SQL 语句被转换为 character_set_connection 定义的字符集。

（4）MySQL 服务器接收 SQL 语句，SQL 语句会被转换为 character_set_server 定义的字符集。

（5）MySQL 服务器执行 SQL 语句，将执行结果以 character_set_results 定义的字符集进行编码，返回响应。

（6）将执行结果转换为 character_set_client 定义的字符集，返回给 MySQL 客户机。

2.2.4　MySQL 中文简体字符集的选择和设置

考虑如下场景：

一个 utf8 中文简体字符（如中国的"中"字），存储在数据库表中，需要占用 3 个字节。但如果将 character_set_results 字符集设置为 gbk，显示字符时，占用 3 个字节的"中"字会按照 2 个字节为单位进行解析，继而以乱码形式显示"中"字。

事实上，MySQL 字符集设置不当，当请求数据（或者响应数据）中存在中文字符时，会导致诸多问题，这些问题将以实践任务的形式进行展现。对于初学者而言，需要记住如下两个步骤。

步骤 1：将 character_set_server 字符集设置为支持中文的字符集（如 gbk 或 utf8）。该步骤的目的在于，创建的数据库，默认继承 character_set_server 设置的字符集；而数据库表，默认继承数据库的字符集。

步骤 2：将 character_set_client、character_set_connection 及 character_set_results 的字符集设置为与步骤 1 设置的 character_set_server 相同的字符集。该步骤的目的在于，中文字符能够正确地被"解析"及正确地被"显示"。

以 MySQL 字符集设置为 gbk 为例，字符集的设置有以下 6 种方法，其中前 5 种方法通过修改系统变量的默认值来设置字符集；最后一种方法则是手动指定字符集。单一的某种方法并不能有效解决 MySQL 中文乱码的问题，多种方法并行才能有效地解决乱码问题。

方法 1：修改 my.ini 配置文件[mysqld]参数选项组。

若将[mysqld]参数选项组中的 character_set_server 参数值修改为 gbk，保存修改后的 my.ini 配置文件，重启 MySQL 服务，默认字符集将在新的 MySQL 实例中生效。

　　　　该方法的目的是，设置全局系统变量 character_set_server 的默认值（全局系统变量的相关知识稍后讲解），新建数据库的字符集将继承 character_set_server 的值。

方法 2：修改 my.ini 配置文件[mysql]参数选项组。

将[mysql]参数选项组中的 default_character_set 参数值修改为 gbk，保存修改后的 my.ini 配置文件，启动 MySQL 自带的 MySQL 命令行窗口后，character_set_client、character_set_connection 及 character_set_results 参数的默认值修改为 gbk。

　　　　该方法的目的是，设置全局系统变量 character_set_client、character_set_connection 及 character_set_results 的默认值。

方法 3：使用 MySQL 命令"set names gbk;"可以"临时一次性地"设置 character_set_client、character_set_connection 及 character_set_results 的字符集为 gbk，该命令等效于下面的 3 条命令。

```
set character_set_client = gbk;
set character_set_connection = gbk;
set character_set_results = gbk;
```

区别于方法 2，该方法将会话系统变量 character_set_client、character_set_connection 及 character_set_results "临时"设置为 gbk。

所谓"**临时**"，是指使用该方法设置字符集（或者字符序）时，字符集（或者字符序）的设置仅对当前的 MySQL 会话有效（或者说仅对当前的 MySQL 服务器连接有效）。

方法 4：MySQL 提供下列 MySQL 命令，可以"临时地"修改 MySQL "当前会话的"字符集及字符序。

```
set character_set_client = gbk;
set character_set_connection = gbk;
set character_set_results = gbk;
set character_set_server = gbk;
show variables like 'character%';
show variables like 'collation%';
```

执行上述 MySQL 命令后，使用 MySQL 命令"show variables like 'character%'"，以及使用 MySQL 命令"show variables like 'collation%'"即可查看 MySQL "当前会话"的字符集及字符序。

方法 5：连接 MySQL 服务器时指定字符集。

使用 CMD 命令提示符窗口连接 MySQL 服务器时，可以选择某种字符集连接 MySQL 服务器，语法格式如下。

```
mysql --default-character-set=字符集 -h 服务器 IP 地址 -u 账户名 -p 密码
```

例如，打开 CMD 命令提示符，键入如下命令，以 gbk 字符集方式连接 MySQL 服务器。

```
mysql --default-character-set=gbk -h localhost -u root -p
```

MySQL 自带的 MySQL 命令行窗口 MySQL Command Line Client -Unicode 连接 MySQL 服务器，实际上等效于打开 CMD 命令提示符，键入如下命令。

```
mysql --default-character-set=utf8mb4 -h localhost -u root -p
```

方法 6：创建数据库或者表时强行指定字符集（具体用法请参看后续章节内容）。

创建数据库时，向 create database 语句末尾添加[default] charset 选项，设置该数据库的字符集；创建数据库表时，向 create table 语句末尾添加[default] charset 选项，设置该表的字符集。default 关键字可以省略。语法格式如下。

```
[default] charset=字符集类型
```

数据库中的数据最终存储在数据库表中的某个字段内，MySQL 字符集的设置可以细化到表，甚至是表的各个字段。创建数据库表时，如果没有指定字段的字符集，那么字段将沿用表的字符集；如果没有指定表的字符集，那么表将沿用数据库的字符集；创建数据库时，如果没有指定数据库的字符集，那么数据库将沿用 MySQL 实例的字符集 character_set_server。

由于"选课系统"的数据库表只存储中文字符。本书所使用的字符集，若不特殊说明，都将使用 gbk 中文简体字符集。

字符集的修改影响的仅仅是数据库表中的新数据，影响不了数据库表中的原有数据。

2.2.5　SQL 脚本文件

在 CMD 命令提示符窗口上编辑 MySQL 命令或者 SQL 语句有诸多不便，数据库开发人员通常将它们写入 SQL 脚本文件中（SQL 脚本文件的扩展名一般为 sql），然后在 MySQL 客户机上运行该 SQL 脚本文件中的所有 MySQL 命令。SQL 脚本文件的制作及使用步骤如下。

在某个目录（例如 C:\mysql\）中创建一个以 sql 为扩展名的 SQL 脚本文件（如 init.sql），以记事本方式打开该文件后，写入 2.2.4 节方法 4 中的 MySQL 命令，保存该 SQL 脚本文件。打开 CMD 命令提示符窗口，成功连接 MySQL 服务器后，输入 MySQL 命令"\. C:\mysql\init.sql"或"source C:\mysql\init.sql"即可执行 init.sql 脚本文件中的所有命令。

MySQL 命令"\. C:\mysql\init.sql"后不能有分号，否则将执行"C:\mysql\init.sql;"脚本文件中的 SQL 语句，而"init.sql;"脚本文件是不存在的。

为了让 MySQL 更好地支持中文简体字符，建议读者随身携带 init.sql 脚本文件，执行其他 MySQL 命令或者 SQL 语句前，首先执行 init.sql 脚本中的 MySQL 命令，将 MySQL 的字符集设置为 gbk 字符集。

2.3　MySQL 数据库管理

数据库是存储数据库对象的容器。MySQL 数据库的管理主要包括查看数据库、创建数据库、选择当前操作的数据库、显示数据库结构及删除数据库等操作。

2.3.1　查看数据库

一个 MySQL 实例可以同时承载多个数据库，使用 MySQL 命令"show databases;"即可查看当前 MySQL 实例上所有的数据库，如图 2-27 所示。这些数据库全部是系统数据库，系统数据库由 MySQL 实例自动维护，普通用户建议不要修改系统数据库的信息。

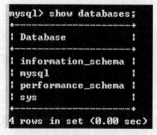

图 2-27　查看 MySQL 实例上所有的数据库

mysql 数据库记录了 MySQL 的账户信息及 MySQL 账户的访问权限，进而实现 MySQL 账户的身份认证及权限验证，避免非法用户"越权"执行非法的操作，确保了数据安全。

performance_schema 数据库用于收集 MySQL 服务器的性能参数，以便数据库管理员了解产生性能瓶颈的原因。

information_schema 数据库定义了所有数据库对象的元数据信息，例如，所有数据库、表、字段、索引、约束、权限、存储引擎、字符集和触发器等信息都存储在 information_schema 数据库中。

sys 数据库中的数据以视图形式将 performance_schema 和 information_schema 数据库中的数据展示给数据库管理员。

元数据是用于定义数据的数据（也叫数据字典），它的作用有点类似《现代汉语词典》。例如，一本内容涉及几十万字的中文简体书籍，每个汉字都可以在《现代汉语词典》中查到，若某个字查不到，则这个字有可能是"错别字"。同样的道理，元数据定义了数据库中使用的字段名、字段类型等信息，对数据库中的数据起到约束作用，避免数据库出现"错别字"现象。

2.3.2 创建数据库

使用 SQL 语句 "create database database_name charset=gbk;" 即可创建新数据库（字符集设置为 gbk），其中 database_name 是新建数据库名（注意：新数据库名不能和已有数据库名重名）。例如，创建"选课系统"数据库 choose，使用 "create database choose charset=gbk;" 语句即可，如图 2-28 所示。

```
mysql> create database choose charset=gbk;
Query OK, 1 row affected (0.00 sec)
```

图 2-28　创建数据库

成功创建 choose 数据库后，MySQL 实例自动在 "C:\ProgramData\MySQL\MySQL Server 5.7\Data" 目录中创建 "choose" 目录，choose 目录称为 choose 数据库目录。

MySQL 8.0 与 MySQL 5.7.26 的区别：在 MySQL 5.7.26 中创建数据库时，MySQL 会自动在数据库目录生成 db.opt 文件，该文件存放了数据库字符集以及字符序的相关信息。

MySQL 中的数据库操作及表操作最终会转换为操作系统的数据库目录操作以及表文件操作。Windows 操作系统中文件名以及目录名不区分大小写，但是 Linux 操作系统中文件名及目录名区分大小写，因此，数据库开发人员及应用程序开发人员应该尽量规范数据库、表的命名（包括大小写），以便于 SQL 代码能够在不同的操作系统之间进行移植。

在 my.ini 配置文件的[mysqld]参数选项组中，参数 datadir 配置了 MySQL 数据库文件存放的路径，本书将该路径称为 "MySQL 根目录"，使用命令 "show variables like 'datadir';" 可以查看参数 datadir 的值。

在 my.ini 配置文件的[mysqld]参数选项组中，参数 basedir 配置了 bin 目录所在的目录，本书将该路径称为 "MySQL 安装目录"。使用命令 "show variables like 'basedir';" 可以查看参数 basedir 的值，如图 2-29 所示。

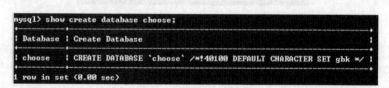

图 2-29   数据库根目录

2.3.3   选择当前操作的数据库

在某个文件夹中新建文件时，通常首先打开这个文件夹。同样的，在对某个数据库进行操作时，通常首先打开该数据库。使用 SQL 语句 "use database_name;" 即可打开该数据库，将名为 database_name 的数据库修改为当前操作的数据库。例如，执行 "use choose;" 命令后（见图 2-30），后续的 MySQL 命令及 SQL 语句将默认操作 choose 数据库中的数据库对象。

图 2-30   选择当前操作的数据库

2.3.4   显示数据库结构

使用 MySQL 命令 "show create database database_name;" 可以查看名为 database_name 数据库的结构，例如，使用 MySQL 命令 "show create database choose;" 可以查看 choose 数据库的相关信息（例如，MySQL 版本 ID 号、默认字符集、字符序等信息），如图 2-31 所示。

图 2-31   显示数据库结构

/*!40100 ...*/是一段注释，该注释表示：当 MySQL 版本大于 4.1.00 时，这部分注释会被执行。

2.3.5   删除数据库

使用 SQL 语句 "drop database database_name;" 即可删除名为 database_name 的数据库。例如，删除 choose 数据库，使用 SQL 语句 "drop database choose;" 即可，如图 2-32 所示。删除 choose 数据库后，MySQL 实例会自动删除 choose 数据库目录，数据库一旦删除，保存在该数据库中的数据将全部丢失（该命令慎用！）。

图 2-32   删除 MySQL 服务
进程上的数据库

2.3.6　if exists 条件运算符

若再次执行 SQL 语句 "drop database choose;"，由于 choose 数据库已经被删除，MySQL 将出现 "ERROR 1008 (HY000)" 错误，提示不能删除 choose 数据库，该数据库不存在，如图 2-33 所示。

```
mysql> drop database choose;
ERROR 1008 (HY000): Can't drop database 'choose'; database doesn't exist
```

图 2-33　删除不存在数据库时的错误提示

在删除数据库语句中，加入 if exists 条件运算符，可以避免出现上述错误。例如，使用下列 SQL 语句删除 choose 数据库，如图 2-34 所示。

```
drop database if exists choose;
```

```
mysql> drop database if exists choose;
Query OK, 0 rows affected, 1 warning (0.04 sec)
```

图 2-34　避免"错误提示"的删除操作

反过来说，创建数据库时，加入 if not exists 条件运算符，可以避免 "ERROR 1007 (HY000)" 错误。例如，使用下列 SQL 语句创建 choose 数据库，如图 2-35 所示。。

```
create database if not exists choose charset=gbk;
```

```
mysql> create database choose charset=gbk;
ERROR 1007 (HY000): Can't create database 'choose'; database exists
mysql> create database if not exists choose charset=gbk;
Query OK, 1 row affected, 1 warning (0.00 sec)
```

图 2-35　创建数据库时的相关操作

if exists 可以应用于所有 drop 命令中，if not exists 可以应用于所有 create 命令中。

2.4　MySQL 表管理

MySQL 数据库中典型的数据库对象包括表、视图、索引、存储过程、函数、触发器等，其中，表是数据库中最为重要的数据库对象。一个完整的表包括表结构及表数据（也叫记录）两部分内容，MySQL 表管理包括两部分内容：表结构的管理及表记录的管理（增、删、改、查）。创建数据库表之前，不仅要明确表的字符集，还要明确表的存储引擎。

2.4.1　MyISAM 和 InnoDB 存储引擎

与其他数据库管理系统不同，MySQL 提供了插件式（pluggable）的存储引擎，存储引擎是基于表的。同一个数据库，不同的表，存储引擎可以不同。甚至，同一个数据库，表在不同的场合，可以应用不同的存储引擎。

使用 MySQL 命令 "show engines;" 即可查看 MySQL 实例支持的存储引擎,如图 2-36 所示。从图中可以看到,当前 MySQL 主要支持(Support= "YES" 或 "DEFAULT")8 种存储引擎,其中,InnoDB 是默认的(default)存储引擎。从 MySQL 5.5 版本开始,MySQL 已将默认存储引擎从 MyISAM 更改为 InnoDB。

```
mysql> show engines;

| Engine             | Support | Comment                                                        | Transactions | XA   | Savepoints |
| FEDERATED          | NO      | Federated MySQL storage engine                                 | NULL         | NULL | NULL       |
| MRG_MYISAM         | YES     | Collection of identical MyISAM tables                          | NO           | NO   | NO         |
| MyISAM             | YES     | MyISAM storage engine                                          | NO           | NO   | NO         |
| BLACKHOLE          | YES     | /dev/null storage engine (anything you write to it disappears) | NO           | NO   | NO         |
| CSV                | YES     | CSV storage engine                                             | NO           | NO   | NO         |
| MEMORY             | YES     | Hash based, stored in memory, useful for temporary tables      | NO           | NO   | NO         |
| ARCHIVE            | YES     | Archive storage engine                                         | NO           | NO   | NO         |
| InnoDB             | DEFAULT | Supports transactions, row-level locking, and foreign keys     | YES          | YES  | YES        |
| PERFORMANCE_SCHEMA | YES     | Performance Schema                                             | NO           | NO   | NO         |

9 rows in set (0.00 sec)
```

图 2-36　MySQL 支持的存储引擎

 在 my.ini 配置文件的[mysqld]参数选项组中,参数 default_storage_engine 配置了 MySQL 实例的默认存储引擎。默认安装 MySQL 后,default_storage_engine 的参数值为 InnoDB,这就意味着创建数据库表时,表的默认存储引擎为 InnoDB。

MySQL 中的每一种存储引擎都有各自的特点。对于不同业务类型的表,为了提升性能,数据库开发人员应该选用更合适的存储引擎。MySQL 最为常用的存储引擎是 InnoDB 存储引擎及 MyISAM 存储引擎。

1. InnoDB 存储引擎

与 MyISAM 存储引擎相比,InnoDB 存储引擎是事务(transaction)安全的,支持事务处理,并且支持外键(foreign key)。InnoDB 存储引擎主要面向在线事务处理(On-Line Transaction Processing,OLTP)方面的应用。如果某张表主要提供 OLTP 支持,需要执行大量的增、删、改操作(即 insert、delete、update 语句),出于事务安全方面的考虑,InnoDB 存储引擎是更好的选择。

由于"选课系统"的数据库表需要执行大量的增、删、改操作,因此"选课系统"的数据库表设置为 InnoDB 存储引擎。本书所创建的数据库表,如果不做特殊声明,都将使用 InnoDB 存储引擎。

对于支持事务的 InnoDB 表,影响速度的主要原因是打开了自动提交(autocommit)选项,或者程序没有显示调用 "begin transaction;"(开始事务)和 "commit;"(提交事务),导致每条 insert、delete 或者 update 语句都自动开始事务和提交事务,严重影响了更新语句(insert、delete、update 语句)的执行效率。让多条更新语句形成一个事务,可以大大提高更新操作的性能(有关事务的概念将在后续章节进行详细讲解)。

2. MyISAM 存储引擎

MyISAM 存储引擎以高速而著称,主要面向在线分析处理(On-Line Analytical Processing,OLAP)方面的应用,MyISAM 暂不支持事务处理及外键约束。如果某张表主要提供 OLAP 支持,建议选用 MyISAM 存储引擎。MyISAM 具有检查和修复表的大多数工具;MyISAM 表可以被压缩,而且最早支持全文索引,但 MyISAM 表不是事务安全的,也不支持外键(foreign key)。如果某张表需要执行大量的 select 语句，出于性能方面的考虑，MyISAM 存储引擎是更好的选择。

当然任何一种存储引擎都不是万能的，不同业务类型的表需要选择不同的存储引擎，只有这样才能将 MySQL 的性能优势发挥至极致。

OLTP 与 OLAP 是数据库技术的两个重要应用领域。

OLTP 是传统关系型数据库的主要应用领域，主要是基本的、日常的事务处理，其基本特征是 MySQL 服务器可以在极短的时间内响应 MySQL 客户机的请求。银行交易（例如，存款、取钱、转账、查询余额等银行业务）是典型的 OLTP 应用。

OLAP 是数据仓库的主要应用领域，支持复杂的分析操作，侧重决策支持，并且提供直观易懂的查询结果，其基本特征是 MySQL 服务器通过多维的方式对数据进行分析、查询和报表。股票交易分析、天气预测分析是典型的 OLAP 应用。

2.4.2　创建数据库表

创建数据库表的 SQL 命令是 "create table 表名"。注意：在同一个数据库中，新表名不能和已有表名重名。

执行下列 SQL 语句，创建 test 数据库，再在该数据库中创建 test 数据库表，并将 test 数据库表的字符集设置为 gbk，存储引擎设置为 InnoDB。该表仅有一个 name 字段，数据类型为字符串类型。

```
drop database if exists test;
create database if not exist test charset=gbk;
use test;
create table test(name char(10)) engine=InnoDB charset=gbk;
```

成功创建名为 test 的表后，MySQL 实例会在 test 数据库目录中自动创建一个名为表名、后缀名为 ibd 的独享表空间文件 test.ibd，如图 2-37 所示。

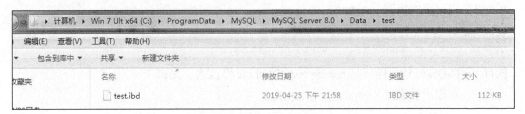

图 2-37　InnoDB 存储引擎的表空间文件 test.ibd

2.4.3　显示表结构

使用 MySQL 命令 "show tables;" 即可查看当前操作的数据库中所有的表。

使用 MySQL 命令 "describe table_name;" 即可查看表名为 table_name 的表结构（describe 也可以简写为 desc）。例如，可以使用 MySQL 命令 "desc test;" 查看 test 表的结构，执行结果如图 2-38 所示。

使用 MySQL 命令 "show create table table_name;" 可以查看表名为 table_name 的表更为详细的信息。例如，使用 MySQL 命令 "show create table test;" 可以查看 test 表的存储引擎及字符集等信息，如图 2-39 所示。

MySQL 8.0 与 MySQL 5.7.26 的区别：在 MySQL 5.7.26 中创建数据库表时，MySQL 会自动在数据库目录生成该表对应的 frm 文件，该文件存放了数据库表的表结构信息。

图 2-38　查看表的结构

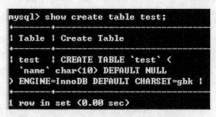

图 2-39　查看表的存储引擎和字符集

2.4.4　表记录的管理

使用 create table 命令创建的表结构，只是定义了一个"外壳"，只有向这个"外壳"填充了"血液"（记录），才更具意义。作为数据库中最为重要的数据库对象，表由两部分构成：表结构和表记录。表记录的管理包括表记录的"增、删、改、查"，其中"增、删、改"称为表记录的更新操作，"查"称为表记录的查询操作或检索操作。

步骤 1：表记录的插入，也叫记录的增加（insert 操作）。

```
use test;
insert into test values('test1');
insert into test values('test2');
```

执行上述 SQL 语句，向 test 表中插入两条记录。

步骤 2：表记录的查询（select）。

```
use test;
select * from test;
```

执行上述 SQL 语句，即可查看 test 表的所有记录。

步骤 3：表记录的修改（update）。

```
use test;
update test set name='测试 1' where name='test1';
```

执行上述 SQL 语句，即可将 name='test1'的 name 修改为"测试 1"。

步骤 4：表记录的删除（delete）。

```
use test;
delete from test where name='test2';
select * from test;
```

执行上述 SQL 语句，即可删除 name='test2'的记录，并查看 test 表的所有记录。

2.4.5　删除表结构

使用 SQL 语句"delete"，删除的仅仅是"外壳"中的"血液"，若想删除"外壳"，则需使用 SQL 语句"drop table table_name;"。表结构一旦删除，表中的数据也随之删除（该命令慎用！）。

例如，删除 test 数据库中的 test 表，使用 SQL 语句"drop table if exists test;"即可。删除表后，MySQL 实例会自动删除与该表对应的文件（包括表结构的定义、表数据和表索引等）。

2.4.6　共享表空间与独享表空间+

InnoDB 存储引擎的数据库表，存在表空间的概念，InnoDB 表空间分为共享表空间与独享表空间。全局系统变量 innodb_file_per_table 的值是 ON 时，新创建的数据库表使用独享表空间；值是 OFF 时，新创建的数据库表使用共享表空间。

> 这里的系统变量值 ON 和 OFF 意指两种状态。ON 表示"开启"状态，MySQL 中，"开启"状态也可以使用整数 1 或者布尔值 true 表示；OFF 表示"关闭"状态，MySQL 中，"关闭"状态也可以使用整数 0 或布尔值 false 表示。

1. 独享表空间

MySQL 最新版本中，全局系统变量 innodb_file_per_table 的默认值为 ON，新创建的数据库表使用独享表空间，该表对应的数据信息、索引信息、元数据信息以及事务的回滚（UNDO）信息都将保存在独享表空间文件中。例如，test 表对应的 test.ibd 文件就是独享表空间文件。

2. 共享表空间

MySQL 早期版本中，全局系统变量 innodb_file_per_table 的默认值为 OFF，所有 InnoDB 表的数据信息、索引信息、各种元数据信息以及事务的回滚（UNDO）信息，全部存放在共享表空间文件中。默认情况下，该文件位于 MySQL 根目录下，文件名是 ibdata1，且文件的初始大小为 12MB。可以使用 MySQL 命令 "show variables like 'innodb_data_file_path';" 查看共享表空间文件的属性（文件名、文件的初始大小、自动增长等属性信息），如图 2-40 所示。

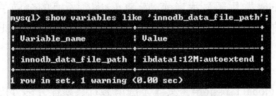

图 2-40　查看共享表空间文件的属性

2.5　系统变量

在 MySQL 数据库中，变量分为系统变量（以 "@@" 开头）以及用户自定义变量。本章主要介绍系统变量的使用方法。

一辆奔跑在不同路况的汽车，我们可以通过设置发动机、变速箱不同的参数，使得汽车更好地适应雪地、沙地、山地及公路等各种路况。类似地，MySQL 的系统变量定义了当前 MySQL 实例的属性、特征，每个系统变量都有一个默认值，修改这些默认值，重启 MySQL 服务，就可以方便地对 MySQL 实例量身定制，适应多变业务场景。

2.5.1　系统变量作用域

MySQL 服务启动后，自动生成 500 多个全局系统变量，这些全局系统变量描述了当前 MySQL 实例的"状况"信息，全局系统变量名大小写不敏感。通过 MySQL 命令 "show global variables;" 可以查看当前 MySQL 实例共有多少个全局系统变量。全局系统变量的默认值要么是编译 MySQL

时参数的默认值，要么是 my.ini 配置文件中的参数值。

每一个 MySQL 客户机成功连接 MySQL 服务器后，都会产生与之对应的会话，会话系统变量记录了每个 MySQL 会话的"状况"信息，会话系统变量的初始值是全局系统变量的默认值。另外，MySQL 还提供了 20 多个会话系统变量，区分各个会话，记录会话之间的个体差异。通过 MySQL 命令"show session variables;"可以查看当前 MySQL 会话共有多少个会话系统变量。

简而言之，根据作用域的不同，可以将系统变量分为全局系统变量（Global）以及会话系统变量（Session 或者 Local）。全局系统变量描述了当前 MySQL 实例的"状况"信息，会话系统变量描述了当前 MySQL 会话的"状况"信息，会话系统变量的初始值来自局部系统变量的默认值。

有些系统变量，只能用作全局系统变量，例如，innodb_data_file_path、innodb_file_per_table、default_authentication_plugin 仅可以用作全局系统变量。

有些系统变量，既可以用作全局系统变量，又可以用作会话系统变量，例如 explicit_defaults_for_timestamp、autocommit、default_storage_engine、foreign_key_checks。

有些 MySQL 系统变量，只能用作会话系统变量，例如 error_count、external_user、gtid_next、identity、immediate_server_version、insert_id、last_insert_id、original_commit_timestamp、original_server_version、proxy_user、pseudo_slave_mode、pseudo_thread_id、rand_seed1、rand_seed2、resultset_metadata、sql_log_bin、timestamp、transaction_allow_batching、use_secondary_engine、warning_count。

2.5.2　查看系统变量的值

"show global variables;"用于显示当前 MySQL 实例所有的全局系统变量，"show session variables;"用于显示当前 MySQL 会话所有的会话系统变量。"show variables;"优先显示会话系统变量，若无，则显示全局系统变量。如果查看某个系统变量的值，有以下两种方法。

方法 1：show [global | session] variables like。

方法 2：select @@[global | session]，具体方法请参看实践任务部分内容。

2.5.3　重置系统变量的值

MySQL 服务启动后，数据库管理员可以使用 set 命令，重置系统变量的值（无须停止或者重启 MySQL 服务）。

（1）重置全局系统变量的值语法如下（以 innodb_file_per_table 全局变量为例）。

```
set @@global.innodb_file_per_table = ON;
set global innodb_file_per_table = ON;
```

对于大部分的系统变量而言，在 MySQL 服务运行期间，可以通过"set"命令重置其值。还有一些特殊的全局系统变量（如 log_bin、tmpdir、version、datadir、ngram_token_size），在 MySQL 实例运行期间，它们的值不能使用"set"命令进行重置，这种变量称为"只读全局系统变量"。若要重置只读全局系统变量的值，除非重新编译 MySQL，或者重新配置 my.ini 文件。

（2）重置会话系统变量的值语法如下（以 pseudo_thread_id 会话系统变量为例）。

```
set @@session.pseudo_thread_id = 2;
set session pseudo_thread_id = 2;
set pseudo_thread_id = 2;
```

在 MySQL 中还有一些特殊的会话系统变量（如 error_count、warning_count），在 MySQL 会话期间，它们的值不能使用 "set" 命令进行重新设置，这种变量称为 "只读会话系统变量"。只读会话系统变量的值由 MySQL 管理软件自动维护。

习　　题

　　1. 通过本章的学习，您了解的 MySQL 有哪些特点？

　　2. 请您简单描述 MySQL 的使用流程。什么是 MySQL 客户机？登录主机与 MySQL 客户机有什么关系？什么是 MySQL 会话？

　　3. 通过 Google 或者 Baidu 搜索引擎，搜索常用的 MySQL 客户端工具（或者客户机程序）有哪些？

　　4. MySQL 服务、MySQL 实例、MySQL 服务器分别是什么？什么是端口号？端口号有什么作用？

　　5. 请列举 my.ini 配置文件中常用的参数选项组以及参数信息。

　　6. 启动 MySQL 服务的方法有哪些？停止 MySQL 服务的方法有哪些？

　　7. MySQL 客户机连接 MySQL 服务器的方法有哪些？连接 MySQL 服务器时，需提供哪些信息？

　　8. 字符、字符集、字符序分别是什么？字符序的命名规则是什么？

　　9. 您所熟知的字符集、字符序有哪些？它们之间有什么区别？

　　10. 请简述 MySQL 字符集的转换过程。

　　11. MySQL 系统数据库有哪些？这些系统数据库有什么作用？

　　12. 如果仅需要在数据库中存储中文简体字符，那么如何设置 MySQL 字符集？

　　13. 请自己编写一段 SQL 脚本文件，并运行该脚本文件中的代码。

　　14. 您所熟知的存储引擎有哪些？MyISAM 存储引擎与 InnoDB 存储引擎相比，您更喜欢哪一个？它们都有什么特点？

　　15. 创建 student 数据库，并在该数据库中创建 student 表，用于保存您的个人信息（如姓名、性别、身份证号、出生日期等），并完成下列操作或问题。

　　（1）上述的 student 表有没有出现数据冗余现象？（提示：出生日期可以由身份证号推算得出）

　　（2）student 数据库目录存放在数据库根目录中，默认情况下，根目录是什么？

　　（3）如何查看 student 数据库的结构？

　　（4）如何查看 student 表的结构，并查看该表的默认字符集、字符序、存储引擎等信息？

　　（5）student 数据库目录中存放了哪些文件？数据库根目录中存放了哪些文件？

　　（6）将个人信息插入 student 表中，并查询 student 表的所有记录。

　　（7）在上一步骤的查询结果中是否出现了乱码？如果出现了乱码，如何避免乱码问题的发生？如果没有出现乱码，经过哪些设置可以产生乱码？

　　（8）您的个人信息存放到了哪个文件中？

　　（9）如何修改 student 表的存储引擎？修改 student 表的存储引擎后，您的个人信息存放到了哪个文件中？

　　（10）删除 student 表及 student 数据库。

　　16. 您所熟知的系统变量有哪些？如何重置系统变量的值？

实践任务 1 MySQL 中文简体字符集问题（必做）

1. 目的

（1）重现 MySQL 中文简体字符集可能出现的问题；

（2）找出产生问题的原因，找到对应的解决方案。

2. 环境

MySQL 服务版本：8.0.15 或 5.7.26。

MySQL 客户机：CMD 命令提示符窗口。

3. 内容差异化考核

数据库名及表的表名应该包含自己姓名的全拼（也可以包含自己的学号），将自己姓名的最后一个汉字作为测试数据。

根据实践任务的完成情况，由学生自己完成知识点的汇总。

场景 1 认识汉字的字符集和编码

场景 1 步骤

（1）了解 gbk 字符集下汉字的编码。

打开 CMD 命令提示符窗口，键入如下命令，以 gbk 字符集方式连接 MySQL 服务器。输入 root 账户的密码，建立 MySQL 服务器的连接。然后使用命令 "select hex(' 中');" 查看 gbk 字符集下中国的 "中" 字编码，执行结果如图所示。

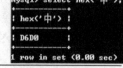

```
mysql --default-character-set=gbk -h localhost -u root -p
```

 　　　　　hex() 函数用于获取字符串对应的十六进制编码。

（2）了解 gb2312 字符集下汉字的编码。

打开 CMD 命令提示符窗口，键入如下命令，以 gb2312 字符集方式连接 MySQL 服务器。输入 root 账户的密码，建立 MySQL 服务器的连接。然后使用命令 "select hex(' 中');" 查看 gb2312 字符集下中国的 "中" 字编码，执行结果如图所示。

```
mysql --default-character-set=gb2312 -h localhost -u root -p
```

（3）了解 gb18030 字符集下汉字的编码。

打开 CMD 命令提示符窗口，键入如下命令，以 gb18030 字符集方式连接 MySQL 服务器。输入 root 账户的密码，建立 MySQL 服务器的连接。然后使用命令 "select hex(' 中');" 查看 gb18030 字符集下中国的 "中" 字编码，执行结果如图所示。

```
mysql --default-character-set=gb18030 -h localhost -u root -p
```

（4）了解 utf8 字符集下汉字的编码。

打开 CMD 命令提示符窗口，键入如下命令，以 utf8 字符集方式连接 MySQL 服务器。输入 root 账户的密码，建立 MySQL 服务器的连接。然后使用命令 "select hex(' 中');" 查看 utf8 字符集下中国的 "中" 字编码，执行结果如图所示。

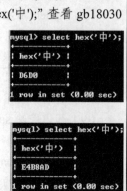

```
mysql --default-character-set=utf8 -h localhost -u root -p
```

（5）了解 utf8mb4 字符集下汉字的编码。

打开 CMD 命令提示符窗口，键入如下命令，以 utf8mb4 字符集方式连接 MySQL 服务器。
输入 root 账户的密码，建立 MySQL 服务器的连接。然后使用命令"select
hex('中');"查看 utf8mb4 字符集下中国的"中"字编码，执行结果如图
所示。

```
mysql --default-character-set=utf8mb4 -h localhost -u root -p
```

结论：在 MySQL 中，支持中文简体的字符集包括 gbk、utf8、utf8mb4、gb2312 及 gb18030。
由于中国的"中"字是汉字的常用字，采用 gbk、gb2312 或 gb18030 字符集编码时，都占用 2 个
字节空间，且对应的编码为十六进制"D6D0"。采用 utf8 或 utf8mb4 字符集编码时，占用 3 个字
节空间，且对应的编码为十六进制"E4B8AD"。同一个汉字，使用不同的字符集时，汉字的编码
不同，占用的字节空间也不同。

（6）utf8 编码的汉字在 gbk 字符集下显示乱码。

打开 CMD 命令提示符窗口，键入如下命令，以 gbk 字符集方式
连接 MySQL 服务器。输入 root 账户的密码，建立 MySQL 服务器的
连接。然后使用命令"select unhex('E4B8AD');"查看 utf8 编码时的"中"
在 gbk 字符集下的显示效果，执行结果如图所示。

```
mysql --default-character-set=gbk -h localhost -u root -p
```

　　　　　三字节中字"E4B8AD"以两字节为单位解析，将"E4B8"解析成"涓"字，将"AD"
　　　　　解析成"﹣"，产生了乱码。Unhex() 函数是 hex() 函数的逆函数。

（7）gbk 编码的汉字在 utf8 字符集下显示乱码。

打开 CMD 命令提示符窗口，键入如下命令，以 utf8 字符集方式连
接 MySQL 服务器。输入 root 账户的密码，建立 MySQL 服务器的连接。
然后使用命令"select unhex('D6D0');"查看 gbk 编码时的"中"在 utf8
字符集下的显示效果，执行结果如图所示。

```
mysql --default-character-set=utf8 -h localhost -u root -p
```

　　　　　两字节中字"D6D0"以三字节为单位解析，产生了乱码。

结论："中"字的 utf8 编码 E4B8AD，在 gbk 字符集下显示时，显示为乱码。"中"字的 gbk
编码 D6D0 在 utf8 字符集下显示时，同样显示为乱码。

场景 2　插入数据失败 ERROR 1366 (HY000): Incorrect string value

场景 2 环境准备

打开 CMD 命令提示符窗口，键入如下命令，以 gbk 字符集方式连接 MySQL 服务器。

```
mysql --default-character-set=gbk -h localhost -u root -p
```

输入 root 账户的密码，建立 MySQL 服务器的连接。

场景 2 步骤

（1）执行下列命令，将 character_set_client、character_set_connection 的字符集设置为 utf8。

```
set character_set_client = utf8;
set character_set_connection = utf8;
```

（2）执行下列命令，创建 test 数据库，并在该数据库中创建 test 数据库表，并将 test 数据库及 test 数据库表的字符集设置为 utf8。

```
drop database if exists test;
create database if not exists test charset=utf8;
use test;
create table test(name char(10)) charset=utf8;
```

（3）执行下列命令，向测试数据库表中添加一条含有汉字的记录。

```
insert into test values('中');
```

执行结果如图所示，出现问题：ERROR 1366 (HY000): Incorrect string value。

```
mysql> insert into test values('中');
ERROR 1366 (HY000): Incorrect string value: '\xD6\xD0' for column 'name' at row 1
```

结论：CMD 命令提示符窗口以 gbk 编码方式连接 MySQL 服务器，此时汉字"中"以 gbk 方式编码（十六进制是 D6D0），"中"字占用 2 个字节。执行 insert 操作时，由于 character_set_client 及 character_set_connection 设置为 utf8，两字节"中"将以三字节为单位进行解析，故而出现 ERROR 1366 错误。

解决方案：CMD 命令提示符窗口连接 MySQL 服务器时，使用的字符集，要与 character_set_client 及 character_set_connection 的字符集值保持一致。打开 CMD 命令提示符，键入如下命令，输入 root 账户的密码，重新连接 MySQL 服务器。

```
mysql --default-character-set=utf8 -h localhost -u root -p
```

重新执行上述步骤的命令。

场景 3　插入数据失败 ERROR 1406 (22001): Data too long for column

场景 3 环境准备

打开 CMD 命令提示符窗口，键入如下命令，以 utf8 字符集方式连接 MySQL 服务器。

```
mysql --default-character-set=utf8 -h localhost -u root -p
```

输入 root 账户的密码，建立 MySQL 服务器的连接。

场景 3 步骤

（1）执行下列命令，将 character_set_client、character_set_connection 的字符集设置为 gbk。

```
set names gbk;
```

（2）执行下列命令，创建 test 数据库，在该数据库中创建 test 数据库表，并将 test 数据库表的字符集设置为 utf8。

```
drop database if exists test;
create database if not exists test charset=utf8;
use test;
create table test(name char(10)) charset=utf8;
```

（3）执行下列命令，向测试数据库表中添加一条含有汉字的记录。

```
insert into test values('中');
```

执行结果如图所示，出现问题：ERROR 1406 (22001): Data too long for column。

```
mysql> insert into test values('中');
ERROR 1406 (22001): Data too long for column 'name' at row 1
```

ERROR 1406 (22001)错误

结论：CMD 命令提示符窗口以 utf8 编码方式连接 MySQL 服务器，此时汉字"中"以 utf8 方式编码(十六进制是 E4B8AD)，"中"字占用 3 个字节。执行 insert 操作时，由于 character_set_client 以及 character_set_connection 设置为 gbk，三字节"中"将以两字节为单位进行解析，故而出现上述错误。

解决方案：character_set_client 及 character_set_connection 的字符集值，要与数据库以及数据库表使用的字符集保持一致。将步骤（1）的字符集设置为 utf8，重新执行上述步骤。

场景 4　查询数据乱码问题 1
场景 4 环境准备

打开 CMD 命令提示符窗口，键入如下命令，以 gbk 字符集方式连接 MySQL 服务器。

```
mysql --default-character-set=gbk -h localhost -u root -p
```

输入 root 账户的密码，建立 MySQL 服务器的连接。

场景 4 步骤

（1）执行下列命令，将 character_set_client、character_set_connection、character_set_results 的字符集全部设置为 gbk。

```
set names gbk;
```

（2）执行下列命令，创建 test 数据库，并在该数据库中创建 test 数据库表，并将 test 数据库表的字符集设置为 gbk。

```
drop database if exists test;
create database if not exists test charset=gbk;
use test;
create table test(name char(10)) charset=gbk;
```

（3）执行下列命令，向测试数据库表中添加一条含有汉字的记录，并查询 test 表的所有记录，执行结果如图所示。

```
insert into test values('中');
select * from test;
```

（4）执行下列命令，将查询结果集 character_set_results 设置为 utf8，再次查询 test 表的所有记录，执行结果如图所示，出现查询数据乱码问题。

```
set character_set_results = utf8;
select * from test;
```

结论：数据库表中的"中"字以 gbk 方式编码，"中"

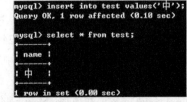

字占用 2 个字节(十六进制是 D6D0),当把查询结果集字符集 character_set_results 设置成 utf8 后,查询 test 表的所有记录时,查询结果集中的两字节 "中" 将以三字节为单位进行解析并显示,继而产生查询数据乱码问题。

解决方案: 在使用 select 语句检索数据时,查询结果集 character_set_results 的字符集应该和数据库表的字符集相同。

场景 5 查询数据乱码问题 2

场景 5 环境准备

打开 CMD 命令提示符窗口,键入如下命令,以 utf8 字符集方式连接 MySQL 服务器。

```
mysql --default-character-set=utf8 -h localhost -u root -p
```

输入 root 账户的密码,建立 MySQL 服务器的连接。

场景 5 步骤

(1)执行下列命令,将 character_set_client、character_set_connection、character_set_results 的字符集全部设置为 utf8。

```
set names utf8;
```

(2)执行下列命令,创建 test 数据库,在该数据库中创建 test 数据库表,并将 test 数据库表的字符集设置为 utf8。

```
drop database if exists test;
create database if not exists test charset=utf8;
use test;
create table test(name char(10)) charset=utf8;
```

(3)执行下列命令,向测试数据库表中添加一条含有汉字的记录,并查询 test 表的所有记录,执行结果如图所示。

```
insert into test values('中');
select * from test;
```

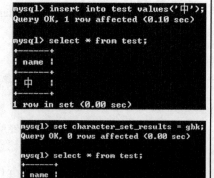

(4)执行下列命令,将查询结果集 character_set_results 设置为 gbk,再次查询 test 表的所有记录,执行结果如图所示,出现查询数据乱码问题。

```
set character_set_results = gbk;
select * from test;
```

结论: 数据库表中的 "中" 字以 utf8 方式编码,"中" 字占用 3 个字节 (十六进制是 E4B8AD),当把查询结果集字符集 character_set_results 设置成 gbk 后,查询结果集中的三字节 "中" 将以两字节为单位进行解析并显示,继而产生查询数据乱码问题。

解决方案: 在使用 select 语句检索数据时,查询结果集 character_set_results 的字符集应该和数据库表的字符集相同。

场景 6 查询数据失败问题 1

场景 6 环境准备

打开 CMD 命令提示符窗口,键入如下命令,以 gbk 字符集方式连接 MySQL 服务器。

```
mysql --default-character-set=gbk -h localhost -u root -p
```

输入 root 账户的密码，建立 MySQL 服务器的连接。

场景 6 步骤

（1）执行下列命令，将 character_set_client、character_set_connection、character_set_results 的
字符集全部设置为 gbk。

```
set names gbk;
```

（2）执行下列命令，创建 test 数据库，在该数据库中创建 test 数据库表，并将 test 数据库表
的字符集设置为 gbk。

```
drop database if exists test;
create database if not exists test charset=gbk;
use test;
create table test(name char(10)) charset=gbk;
```

（3）执行下列命令，向测试数据库表中添加一条含有汉字
的记录，并查询 test 表中 name 等于"中"字的所有记录结果，
如图所示。从图中可以看出，查询成功。

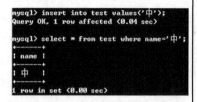

```
insert into test values('中');
select * from test where name='中';
```

（4）执行下列命令，将查询结果集 character_set_client 设置为 utf8，再次查询 test 表中 name
等于"中"字的所有记录结果，如图所示。从图中可
以看出，查询失败，并且包含一条警告信息。

```
set character_set_client= utf8;
select * from test where name='中';
```

（5）执行下列命令，显示警告信息，
执行结果如图所示。

```
show warnings;
```

结论：CMD 命令提示符窗口以 gbk
编码方式连接 MySQL 服务器，此时汉字"中"以 gbk 方式编码，"中"字占用 2 个字节（十六进
制是 D6D0）。当 character_set_client 设置为 utf8，执行 select 语句时，select 语句中的两字节"中"
将以三字节为单位进行解析，故而数据检索失败，并且出现警告信息。

解决方案：在使用 select 语句检索数据时，如果 select 语句中包含中文汉字，CMD 命令提示
符窗口以某种编码方式（本场景是 gbk）连接 MySQL 服务器时，应该将 character_set_client 字符
集设置为相同编码方式（本场景是 gbk）。

场景 7 查询数据失败问题 2

场景 7 环境准备

打开 CMD 命令提示符窗口，键入如下命令，以 utf8 字符集方式连接 MySQL 服务器。

```
mysql --default-character-set=utf8 -h localhost -u root -p
```

输入 root 账户的密码，建立 MySQL 服务器的连接。

场景 7 步骤

（1）执行下列命令，将 character_set_client、character_set_connection、character_set_results 的

字符集全部设置为 utf8。

```
set names utf8;
```

（2）执行下列命令，创建 test 数据库，在该数据库中创建 test 数据库表，并将 test 数据库表的字符集设置为 utf8。

```
drop database if exists test;
create database if not exist test charset=utf8;
use test;
create table test(name char(10)) charset=utf8;
```

（3）执行下列命令，向测试数据库表中添加一条含有汉字的记录，并查询 test 表中 name 等于"中"字的所有记录结果，如图所示。从图中可以看出，查询成功。

```
insert into test values('中');
select * from test where name='中';
```

（4）执行下列命令，将查询结果集 character_set_client 设置为 gbk，再次查询 test 表中 name 等于"中"字的所有记录结果，如图所示。从图中可以看出，查询失败，并且没有警告信息。

```
set character_set_client= gbk;
select * from test where name='中';
```

结论：CMD 命令提示符窗口以 utf8 编码方式连接 MySQL 服务器，此时汉字"中"以 utf8 方式编码，"中"字占用 3 个字节（十六进制是 E4B8AD）。当 character_set_client 设置为 gbk，执行 select 语句时，select 语句中的三字节"中"将以两字节为单位进行解析，故而查询失败。之所以没有出现警告信息，这是因为 E4B8 和 AD 可以以 2 个字节为单位进行解析。

解决方案：在使用 select 语句检索数据时，如果 select 语句中包含中文汉字，CMD 命令提示符窗口以某种编码方式（本场景是 utf8）连接 MySQL 服务器时，应该将 character_set_client 字符集设置为相同编码方式（本场景是 utf8）。

场景 8　字符集混乱错误 ERROR 1267 (HY000)

场景 8 环境准备

打开 CMD 命令提示符窗口，键入如下命令，以 gbk 字符集方式连接 MySQL 服务器。

```
mysql --default-character-set=gbk -h localhost -u root -p
```

输入 root 账户的密码，建立 MySQL 服务器的连接。

场景 8 步骤

（1）执行下列命令，将 character_set_client、character_set_connection、character_set_results 的字符集全部设置为 gbk。

```
set names gbk;
```

（2）执行下列命令，创建 test 数据库，在该数据库中创建 test 数据库表，并将 test 数据库表的字符集设置为 gbk。

```
drop database if exists test;
create database if not exist test charset=gbk;
use test;
create table test(name char(10)) charset=gbk;
```

（3）执行下列命令，向测试数据库表中添加一条含有汉字的记录，并查询 test 表中 name 等于"中"字的所有记录结果，如图所示。从图中可以看出，查询成功。

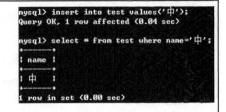

```
insert into test values('中');
select * from test where name='中';
```

（4）执行下列命令，将 character_set_client、character_set_connection 和 character_set_results 的字符集设置为 latin1，再次查询 test 表中 name 等于"中"字的所有记录结果，执行结果如图所示，出现问题：ERROR 1267 (HY000): Illegal mix of collations (gbk_chinese_ci,IMPLICIT) and (latin1_swedish_ci,COERCIBLE)。

```
set names latin1;
select * from test where name='中';
```

```
mysql> set names latin1;
Query OK, 0 rows affected (0.00 sec)

mysql> select * from test where name='中';
ERROR 1267 (HY000): Illegal mix of collations (gbk_chinese_ci,IMPLICIT) and (latin1_swedish_ci,COERCIBLE) for operation '='
```

结论：当 character_set_client、character_set_ connection 和 character_set_results 的字符集设置为 latin1，与数据库表的字符集 gbk 不一致时，将出现字符集混乱错误。

解决方案：数据库及数据库表采用的是 gbk 字符集，这就决定了，CMD 命令提示符窗口连接 MySQL 服务器时，强烈推荐以相同编码方式（本场景是 gbk）编码方式连接。除此之外，还要使用命令"set names"将 character_set_client、character_set_connection、character_set_results 的字符集全部设置为相同编码方式（本场景是 gbk）。

实践任务 2　MySQL 系统变量的使用（必做）

1. 目的

（1）理解全局系统变量定义了 MySQL 实例运行过程中的"状况"信息；

（2）理解会话系统变量定义了 MySQL 会话期间的"状况"信息；

（3）了解系统变量的作用域的概念；

（4）了解系统变量查询和重置的方法。

2. 环境

MySQL 服务版本：8.0.15 或 5.7.26。

MySQL 客户机：CMD 命令提示符窗口。

3. 环境准备

打开两个 CMD 命令提示符窗口，键入如下命令，以 utf8 字符集方式连接 MySQL 服务器。

```
mysql --default-character-set=utf8 -h localhost -u root -p
```

输入 root 账户的密码，建立 MySQL 服务器的连接，创建两个 MySQL 客户机，即 MySQL 客户机 1 和 MySQL 客户机 2。

4. 内容差异化考核

从 MySQL 官方文档中，按照学号的顺序依次自选系统变量作为测试数据。

提示：当 Variable Scope 是 Global 时，表示该系统变量仅为全局变量；当 Variable Scope 是 Both 时，表示该系统变量既是全局变量又是会话变量；当 Variable Scope 是 Session 时，表示该系统变量仅为会话变量。

根据实践任务的完成情况，由学生自己完成知识点的汇总。

场景 1　查看 MySQL 系统变量的值

本场景使用的全局系统变量 innodb_data_file_path 及会话系统变量 error_count。

场景 1 步骤

（1）在 MySQL 客户机 1 上执行下列命令，使用 select 语句查看系统变量的值，执行结果如图所示。

```
select @@global.innodb_data_file_path;
select @@innodb_data_file_path;
select @@session.innodb_data_file_path;
select @@global.error_count;
```

```
mysql> select @@global.innodb_data_file_path;
+--------------------------------+
| @@global.innodb_data_file_path |
+--------------------------------+
| ibdata1:12M:autoextend         |
+--------------------------------+
1 row in set (0.00 sec)

mysql> select @@innodb_data_file_path;
+-------------------------+
| @@innodb_data_file_path |
+-------------------------+
| ibdata1:12M:autoextend  |
+-------------------------+
1 row in set (0.00 sec)

mysql> select @@session.innodb_data_file_path;
ERROR 1238 (HY000): Variable 'innodb_data_file_path' is a GLOBAL variable
mysql> select @@global.error_count;
ERROR 1238 (HY000): Variable 'error_count' is a SESSION variable
```

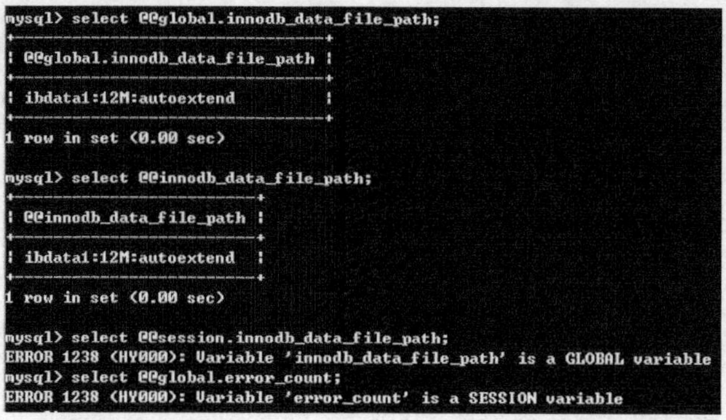

结论：MySQL 中的系统变量以两个“@”开头，其中“@@global”仅仅用于标记全局系统变量，“@@session”仅仅用于标记会话系统变量。“@@”首先标记会话系统变量，如果会话系统变量不存在，则标记全局系统变量。

（2）在 MySQL 客户机 1 上执行下列命令，使用 show 语句查看系统变量的值，执行结果如图所示。

```
show global variables like 'innodb_data_file_path';
show variables like 'innodb_data_file_path';
show session variables like 'innodb_data_file_path';
show global variables like 'error_count';
```

```
mysql> show global variables like 'innodb_data_file_path';
+-----------------------+------------------------+
| Variable_name         | Value                  |
+-----------------------+------------------------+
| innodb_data_file_path | ibdata1:12M:autoextend |
+-----------------------+------------------------+
1 row in set, 1 warning (0.00 sec)

mysql> show variables like 'innodb_data_file_path';
+-----------------------+------------------------+
| Variable_name         | Value                  |
+-----------------------+------------------------+
| innodb_data_file_path | ibdata1:12M:autoextend |
+-----------------------+------------------------+
1 row in set, 1 warning (0.00 sec)

mysql> show session variables like 'innodb_data_file_path';
+-----------------------+------------------------+
| Variable_name         | Value                  |
+-----------------------+------------------------+
| innodb_data_file_path | ibdata1:12M:autoextend |
+-----------------------+------------------------+
1 row in set, 1 warning (0.00 sec)

mysql> show global variables like 'error_count';
Empty set, 1 warning (0.00 sec)
```

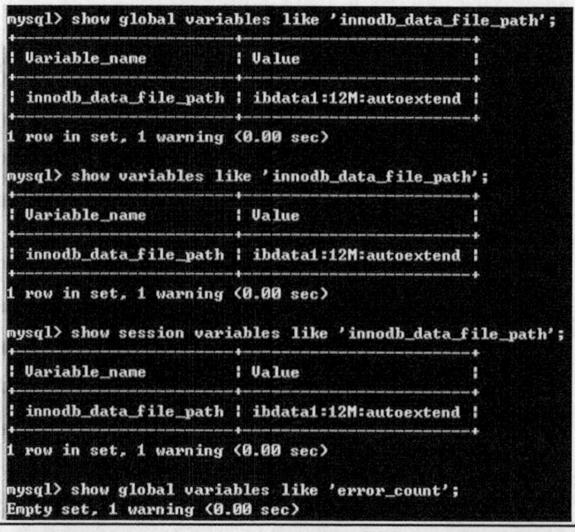

结论：show variables like 等效于 show session variables like，即 session 关键字可有可无，show variables like 命令在执行时，首先查看该系统变量在会话作用域的值，若会话中该系统变量不存在，则查看该系统变量在全局作用域的值。加上 "global" 关键字，则只能查看全局作用域的系统变量值。

场景 2　不同会话，全局系统变量的值相互影响

本场景使用的全局系统变量：innodb_file_per_table。

场景 2 步骤

（1）在 MySQL 客户机 1 及 MySQL 客户机 2，分别执行下列命令，查看全局系统变量 innodb_file_per_table 的值，值都为 ON，执行结果如图所示。

```
show global variables like 'innodb_file_per_table';
```

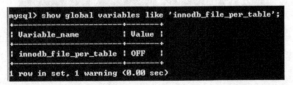

（2）在 MySQL 客户机 1，执行下列命令，修改全局系统变量 innodb_file_per_table 的值为 OFF，执行结果如图所示。

```
set @@global.innodb_file_per_table = OFF;
#或者
set global innodb_file_per_table = OFF;
```

（3）在 MySQL 客户机 2，执行下列命令，重新查看全局系统变量 innodb_file_per_table 的值，执行结果如图所示。

```
show global variables like 'innodb_file_per_table';
```

结论：MySQL 客户机 1 对全局系统变量 innodb_file_per_table 值的修改，影响了 MySQL 客户机 2 全局系统变量 innodb_file_per_table 值。

场景 3　不同会话，会话系统变量的值互不影响

本场景使用的系统变量：explicit_defaults_for_timestamp，该系统变量既属于会话系统变量，又属于全局系统变量。

场景 3 步骤

（1）在 MySQL 客户机 1 及 MySQL 客户机 2，分别执行下列命令，查看会话系统变量 explicit_defaults_for_timestamp 的值，值都为 ON（或都为 OFF），执行结果如图所示。

```
show variables like 'explicit_defaults_for_timestamp';
```

```
mysql> show variables like 'explicit_defaults_for_timestamp';
+--------------------------------+-------+
| Variable_name                  | Value |
+--------------------------------+-------+
| explicit_defaults_for_timestamp | ON   |
+--------------------------------+-------+
1 row in set, 1 warning (0.06 sec)
```

（2）在 MySQL 客户机 1，执行下列命令，修改会话系统变量 explicit_defaults_for_timestamp 的值为 OFF（若步骤（1）是 OFF，此处设置为 ON），执行结果如图所示。

```
set @@session.explicit_defaults_for_timestamp = OFF;
#或者
set session explicit_defaults_for_timestamp = OFF;
#或者
set explicit_defaults_for_timestamp = OFF;
```

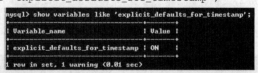

（3）在 MySQL 客户机 1，执行下列命令，查看全局系统变量 explicit_defaults_for_timestamp 的值，执行结果如图所示。

```
show global variables like 'explicit_defaults_for_timestamp';
```

```
mysql> show global variables like 'explicit_defaults_for_timestamp';
+--------------------------------+-------+
| Variable_name                  | Value |
+--------------------------------+-------+
| explicit_defaults_for_timestamp | ON   |
+--------------------------------+-------+
1 row in set, 1 warning (0.08 sec)
```

结论：MySQL 客户机 1 对会话系统变量 explicit_defaults_for_timestamp 值的修改，不会影响全局系统变量 explicit_defaults_for_timestamp 的值。

（4）在 MySQL 客户机 2，执行下列命令，查看会话系统变量 explicit_defaults_for_timestamp 的值，执行结果如图所示。

```
show variables like 'explicit_defaults_for_timestamp';
```

```
mysql> show variables like 'explicit_defaults_for_timestamp';
+--------------------------------+-------+
| Variable_name                  | Value |
+--------------------------------+-------+
| explicit_defaults_for_timestamp | ON   |
+--------------------------------+-------+
1 row in set, 1 warning (0.01 sec)
```

结论：MySQL 客户机 1 对会话系统变量 explicit_defaults_for_timestamp 值的修改，不会影响 MySQL 客户机 2 会话系统变量 explicit_defaults_for_timestamp 的值。

场景 4　MySQL 会话系统变量的初始值为全局系统变量的值

本场景使用的系统变量：autocommit，该系统变量既属于会话系统变量，又属于全局系统变量。

场景 4 步骤

（1）打开 CMD 命令提示符窗口，键入如下命令，以 utf8 字符集方式连接 MySQL 服务器，输入 root 账户的密码，建立 MySQL 服务器的连接。创建一个 MySQL 客户机即 MySQL 客户机 1。

```
mysql --default-character-set=utf8 -h localhost -u root -p
```

（2）在 MySQL 客户机 1，执行下列命令，查看会话系统变量 autocommit 的值，值为 ON（或都为 OFF），执行结果如图所示。

```
show variables like 'autocommit';
```

（3）在 MySQL 客户机 1，执行下列命令，设置全局系统变量 autocommit 的值，值为 OFF（若步骤（1）是 OFF，此处设置为 ON），执行结果如图所示。

```
set @@global.autocommit = OFF;
#或者
set global autocommit = OFF;
```

（4）打开 CMD 命令提示符窗口，键入如下命令，以 utf8 字符集方式连接 MySQL 服务器，输入 root 账户的密码，建立 MySQL 服务器的连接。创建一个 MySQL 客户机即 MySQL 客户机 2。

```
mysql --default-character-set=utf8 -h localhost -u root -p
```

（5）在 MySQL 客户机 2，执行下列命令，查看全局系统变量 autocommit 的值，值为 OFF，执行结果如图所示。

```
show global variables like 'autocommit';
```

```
mysql> show global variables like 'autocommit';
+---------------+-------+
| Variable_name | Value |
+---------------+-------+
| autocommit    | OFF   |
+---------------+-------+
1 row in set, 1 warning (0.00 sec)
```

（6）在 MySQL 客户机 2，执行下列命令，查看会话系统变量 autocommit 的值，值为 OFF。

```
show variables like 'autocommit';
```

```
mysql> show variables like 'autocommit';
+---------------+-------+
| Variable_name | Value |
+---------------+-------+
| autocommit    | OFF   |
+---------------+-------+
1 row in set, 1 warning (0.00 sec)
```

结论：MySQL 客户机 1 对全局系统变量值的修改，会影响"新开启"的 MySQL 客户机 2 会话系统变量值，以及全局系统变量值。MySQL 会话系统变量的初始值为全局系统变量的值。

场景 5　只读全局系统变量以及只读会话系统变量。

本场景使用的只读全局系统变量 log_bin 及只读会话系统变量 error_count。

场景 5 步骤

（1）在 MySQL 客户机，执行下列命令，查看只读全局系统变量 log_bin 及只读会话系统变量 error_count 的值，执行结果如图所示。

```
show global variables like 'log_bin';
show session variables like 'error_count';
```

（2）在 MySQL 客户机，执行下列命令，修改全局系统变量 log_bin 的值，修改会话系统变量 error_count 的值，执行结果如图所示。

```
set @@global.log_bin = OFF;
set @@session.error_count = 2;
```

```
mysql> set @@global.log_bin = OFF;
ERROR 1238 (HY000): Variable 'log_bin' is a read only variable
mysql> set @@session.error_count = 2;
ERROR 1238 (HY000): Variable 'error_count' is a read only variable
```

结论：在 MySQL 服务运行期间，有些全局系统变量的值无法通过 set 命令进行修改。只有重新编译 MySQL 或者重新配置 my.ini 文件，重启 MySQL 服务，才可以重置该全局系统变量的值。

在 MySQL 会话期间，有些会话系统变量的值无法通过 set 命令进行修改，这些会话系统变量的值由 MySQL 管理软件自动维护。

场景 6　在线修改全局变量持久化

本场景使用的全局系统变量 innodb_file_per_table。

场景 6 步骤

（1）在 MySQL 客户机上执行下列命令，查看全局系统变量 innodb_file_per_table 的值，执行结果如图所示。

```
show global variables like 'innodb_file_per_table';
```

```
mysql> show global variables like 'innodb_file_per_table';
+-----------------------+-------+
| Variable_name         | Value |
+-----------------------+-------+
| innodb_file_per_table | ON    |
+-----------------------+-------+
1 row in set, 1 warning (0.10 sec)
```

（2）在 MySQL 客户机上执行下列命令，修改全局系统变量 innodb_file_per_table 的值，并进行持久化，执行结果如图所示。

```
set persist innodb_file_per_table = OFF;
```

```
mysql> set persist innodb_file_per_table = OFF;
Query OK, 0 rows affected (0.00 sec)
```

（3）打开 MySQL 根目录（默认是 C:\ProgramData\MySQL\MySQL Server 8.0\Data）。MySQL 会在 MySQL 根目录下生成一个包含 JSON 格式的 mysqld-auto.cnf 文件，如图所示。

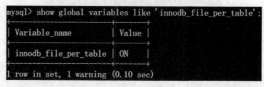

该文件的内容如下。

```
{
    "Version": 1,
    "mysql_server": {
        "innodb_file_per_table": {
            "Value": "OFF",
            "Metadata": {
                "Timestamp": 1558916934191500,
                "User": "root",
                "Host": "localhost"
```

```
            }
          }
        }
      }
```

（4）重启 MySQL 服务，重新执行步骤（1），执行结果如图所示。

```
mysql> show global variables like 'innodb_file_per_table';
+-----------------------+-------+
| Variable_name         | Value |
+-----------------------+-------+
| innodb_file_per_table | OFF   |
+-----------------------+-------+
1 row in set, 1 warning (0.00 sec)
```

结论：当 my.ini 和 mysqld-auto.cnf 同时存在时，后者具有更高优先级。

　　MySQL 8.0 与 MySQL 5.7.26 的区别：从 8.0 版本开始，MySQL 才支持在线全局变量修改持久化。在 set 语句中加上 persist 关键字，可以将在线修改的全局变量值持久化到新的配置文件（mysqld-auto.cnf）中，重启 MySQL 时，将从该配置文件获取到最新的配置信息。

实践任务 3　共享表空间与独享表空间物理存储的区别（选做）

1. 目的
了解共享表空间与独享表空间在物理存储的区别。

2. 环境
MySQL 服务版本：8.0.15 或 5.7.26。
MySQL 客户机：CMD 命令提示符窗口。

3. 环境准备
打开 CMD 命令提示符窗口，键入如下命令，以 gbk 字符集方式连接 MySQL 服务器。

```
mysql --default-character-set=gbk -h localhost -u root -p
```

输入 root 账户的密码，建立 MySQL 服务器的连接。

4. 内容差异化考核
数据库名及表的表名应该包含自己姓名的全拼（也可以包含自己的学号），将自己姓名的最后一个汉字作为测试数据。

根据实践任务的完成情况，由学生自己完成知识点的汇总。

5. 步骤
（1）执行下列命令，修改全局系统变量 innodb_file_per_table 的值为 OFF。

```
set @@global.innodb_file_per_table = OFF;
```

#或者执行下列命令，也可修改全局系统变量 innodb_file_per_table 的值为 OFF。

```
set global innodb_file_per_table = OFF;
```

（2）创建 InnoDB 数据库表 test 后，观察数据库 test 目录，并没有创建 test 表的 ibd 文件，此时 test 表使用共享表空间存放数据。

```
drop database if exists test;
create database if not exists test charset=gbk;
use test;
create table test(name char(10))engine=InnoDB charset=gbk;
```

（3）执行下列命令，修改全局系统变量 innodb_file_per_table 的值为 ON。

```
set @@global.innodb_file_per_table = ON;
```

#或者执行下列命令，也可修改全局系统变量 innodb_file_per_table 的值为 ON。

```
set global innodb_file_per_table = ON;
```

（4）重新执行步骤（2），观察数据库 test 目录，此时已经创建了 test 表的 ibd 文件，test 表使用独享表空间存放数据。

结论：test 表使用共享表空间存放数据时，数据信息、索引信息、各种元数据信息及事务的回滚（UNDO）信息存放到了共享表空间 ibdata1 文件中；test 表使用独享表空间存放数据时，数据信息、索引信息、各种元数据信息及事务的回滚（UNDO）信息存放到了独享表空间 test.ibd 文件中。

实践任务 4　数据库表和存储引擎（选做）

1. 目的
（1）理解存储引擎是基于表的。
（2）了解同一个数据库表，不同存储引擎下物理结构上的区别。

2. 环境
MySQL 服务版本：8.0.15 或 5.7.26。
MySQL 客户机：CMD 命令提示符窗口。

3. 环境准备
打开 CMD 命令提示符窗口，键入如下命令，以 gbk 字符集方式连接 MySQL 服务器。

```
mysql --default-character-set=gbk -h localhost -u root -p
```

输入 root 账户的密码，建立 MySQL 服务器的连接。

4. 内容差异化考核
数据库名及表的表名应该包含自己姓名的全拼（也可以包含自己的学号），将自己姓名的最后一个汉字作为测试数据。

根据实践任务的完成情况，由学生自己完成知识点的汇总。

5. 步骤
（1）执行下列命令，将 character_set_client、character_set_connection、character_set_results 的字符集全部设置为 gbk。

```
set names gbk;
```

（2）执行下列命令，创建 test 数据库，在该数据库中创建 test 数据库表，并将 test 数据库表的字符集设置为 gbk。设置数据库表 test 为 InnoDB 存储引擎，且是独享表空间。

```
drop database if exists test;
create database if not exists test charset=gbk;
use test;
set global innodb_file_per_table = ON;
create table test(name char(10))engine=InnoDB charset=gbk;
```

（3）执行下列命令，向测试数据库表中添加一条记录，并查询所有记录。

```
insert into test values('中');
select * from test;
```

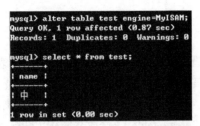

（4）执行下列命令，将 test 表的存储引擎由 InnoDB 修改为 MyISAM，并查询表记录是否丢失，如图所示。

```
alter table test engine=MyISAM;
select * from test;
```

结论：test 表的存储引擎由 InnoDB 修改为 MyISAM 后，表结构依然存在，表记录没有丢失，test 表的逻辑结构没有发生变化。

然而，在物理结构上，test 表的存储引擎由 InnoDB 修改为 MyISAM 后，伴随着 test.ibd 独享表空间文件的消失，将自动生成如图所示的 MyISAM 文件，其中包括 MYD（即 MYData 的简写）数据文件、MYI（即 MYIndex 的简写）索引文件及 sdi 文件，其中，MYD 文件用于存放数据，MYI 文件用于存放索引，sdi 文件以 JSON 格式记录了表的元信息。

补充知识点：对于数据库表而言，如果表结构意味着表的"外壳"，表记录意味着表的"血肉"，那么表索引就意味着表的"灵魂"。改变 test 表的存储引擎，实际上就是重构表数据、表索引物理存储空间的过程。也就是说，表的存储引擎发生变化，那么表的"外壳""血肉"及"灵魂"都需要物理重构。如果表中存放的是海量数据，重构的代价是巨大的，重构物理存储空间将是一个漫长的过程。因此，表的存储引擎一经确定，就不要频繁改变。

第3章
MySQL 表结构的管理

表是存储数据的容器，是最重要的数据库对象。一个完整的表包括表结构及表数据（也叫记录）两部分内容。表管理包括表结构的管理及表记录的管理（增、删、改、查）。表结构定义了表的字段（字段名及数据类型）、字段约束条件、存储引擎、字符集，以及表索引等内容。

表结构的管理包括创建表（create table）、修改表结构（alter table）、删除表（drop table），以及索引的管理。本章详细讲解"选课系统"数据库中各个表的实施过程，通过本章的学习，读者可以掌握表结构管理的相关知识。

3.1　MySQL 数据类型

创建表时，为每张表的每个字段选择合适的数据类型不仅可以有效地节省存储空间，同时还可以有效地提升数据的计算性能。MySQL 提供的数据类型包括数值类型（数值类型包括整数类型和小数类型）、字符串类型、日期类型、复合类型（复合类型包括 enum 类型和 set 类型），以及二进制类型，如图 3-1 所示。

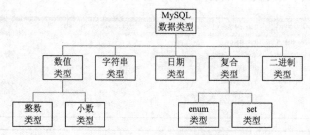

图 3-1　MySQL 的数据类型

3.1.1　MySQL 整数类型

MySQL 主要支持 5 种整数类型：tinyint、smallint、mediumint、int 和 bigint，如图 3-2 所示。这些整数类型的取值范围依次递增，如表 3-1 所示，且在默认情况下，既可以表示正整数，又可以表示负整数（此时称为"有符号数"）。如果只希望表示零和正整数，可以使用无符号关键字 "unsigned" 对整数类型进行修饰（此时称为"无符号整数"）。例如，一个人的年龄或一个学生某门课程的成绩不能是负整数，应该将它们定义为无符号整数。例如，将成绩字段定义为无符号整数，可以使用 SQL 代码片段 "score tinyint unsigned"，其中 unsigned 用于约束成绩字段的取值，使其不能为负数。

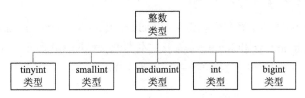

图 3-2　MySQL 主要支持 5 种整数类型

表 3-1　　　　　　　　　　　　　　　　　5 种整数类型的取值范围

类型	字节数	范围（有符号）	范围（无符号）
tinyint	1	−128～127	0～255
smallint	2	−32 768～32 767	0～65 535
mediumint	3	−8 388 608～8 388 607	0～16 777 215
int	4	−2 147 483 648～2 147 483 647	0～4 294 967 295
bigint	8	−9 233 372 036 854 775 808～ 9 223 372 036 854 775 807	0～18 446 744 073 709 551 615

3.1.2　MySQL 小数类型

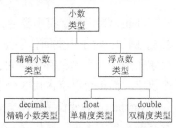

MySQL 支持两种小数类型：精确小数类型 decimal（小数点位数确定）和浮点数类型（小数点位数不确定）。其中，浮点数类型包括单精度浮点数 float 与双精度浮点数 double，如图 3-3 所示。双精度浮点数类型的小数的取值范围和精度远远大于单精度浮点数类型的小数（见表 3-2），但同时也会耗费更多的存储空间，降低数据的计算性能。

图 3-3　MySQL 支持的小数类型

表 3-2　　　　　　　　　　　　单精度浮点数与双精度浮点数的取值范围

类型	字节数	负数的取值范围	非负数的取值范围
float	4	−3.402 823 466E+38～−1.175 494 351E-38	0 和 1.175 494 351E-38～3.402 823 466E+38
double	8	−1.797 693 134 862 315 7E+308～ −2.225 073 858 507 201 4E-308	0 和 2.225 073 858 507 201 4E-308～ 1.797 693 134 862 315 7E+308

decimal(length, precision)用于表示精度确定（小数点后数字的位数确定）的小数类型，length 决定了该小数的最大位数，precision 用于设置精度（小数点后数字的位数）。例如，decimal(5,2) 表示小数的取值范围是−999.99～999.99，而 decimal(5,0)表示 −99 999～99 999 的整数。decimal(length, precision)占用的存储空间由 length 及 precision 共同决定。例如，decimal(18,9)会在小数点两边各存储 9 个数字，共占用 9 个字节的存储空间，其中 4 个字节存储小数点之前的数字，1 个字节存储小数点，另外 4 个字节存储小数点之后的数字。

无符号关键字（unsigned）也可以用于修饰小数。例如，定义工资字段 salary，可以使用 SQL 代码片段 "salary float unsigned"，其中 unsigned 用于约束工资，使其不能为负数。

　　　　float 与 double 的取值范围只是理论值，若不指定精度，则精度与操作系统及硬件的配置有关。考虑到数据库的移植，尽量使用 decimal 数据类型。

3.1.3　MySQL 字符串类型

MySQL 主要支持 6 种字符串类型：char、varchar、tinytext、text、mediumtext 和 longtext，其中，tinytext、text、mediumtext 和 longtext 属于文本类型，如图 3-4 所示。字符串类型的数据外观上使用单引号括起来，例如，学生姓名'张三'、课程名'Java 程序设计'等。

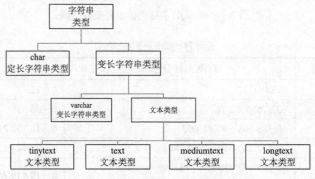

图 3-4　MySQL 主要支持的 6 种字符串类型

char(n)为定长字符串类型，表示占用 *n* 个字符（注意不是字节）的存储空间，*n* 的最大值为 255。例如，对于中文简体字符集 gbk 的字符串而言，char(255)表示可以存储 255 个汉字，而每个汉字占用 2 个字节的存储空间；对于一个 utf8 字符集的字符串而言，char(255)表示可以存储 255 个汉字，而每个汉字占用 3 个字节的存储空间。

varchar(n)为变长字符串类型，这就意味着此类字符串占用的存储空间就是字符串自身占用的储存空间，与 *n* 无关，这与 char(n)不同。例如，对于中文简体字符集 gbk 的字符串而言，varchar(255)表示可以存储 255 个汉字，而每个汉字占用 2 个字节的存储空间。假如这个字符串没有那么多汉字，例如，仅仅包含一个"中"字，那么 varchar(255)仅仅占用 1 个字符（2 个字节）的存储空间（如果不考虑其他开销）；而 char(255)则必须占用 255 个字符长度的存储空间，哪怕里面只存储一个汉字。

除了 varchar，tinytext、text、mediumtext 和 longtext 等数据类型都是变长字符串类型。变长字符串类型的共同特点是最多容纳的字符数（即 *n* 的最大值）与字符集的设置有直接联系。例如，对于西文字符集 latin1 的字符串而言，varchar(n)中 *n* 的最大取值为 65 535（因为需要别的开销，实际取值为 65 532）;对于中文简体字符集 gbk 的字符串而言,varchar(n)中 *n* 的最大取值为 32 767；其他字符集以此类推（见表 3-3）。

表 3-3　　　　　　　　　　　字符串类型占用的存储空间

类型	最多容纳的字符数	占用的字节数	说明
char(n)	255	单个字符占用的字节数*n	*n* 的取值与字符集无关
varchar(n)	*n* 的取值与字符集有关	字符串实际占用字节数	字符集是 gbk 时，*n* 的最大值为 65 535/2=32 767。字符集是 utf8 时，*n* 的最大值为 65 535/3=21 845
tinytext	容量与字符集有关	字符串实际占用字节数	字符集是 gbk 时，最多容纳 255/2=127 个字符。字符集是 utf8 时，最多容纳 255/3=85 个字符
text	容量与字符集有关	字符串实际占用字节数	字符集是 gbk 时，最多容纳 65 535/2=32 767 个字符。字符集是 utf8 时，最多容纳 65 535/3=21 845 个字符

类型	最多容纳的字符数	占用的字节数	说明
mediumtext	容量与字符集有关	字符串实际占用字节数	字符集是 gbk 时，最多容纳 167 772 150/2= 83 886 075 个字符。字符集是 utf8 时，最多容纳 167 772 150/3=55 924 050 个字符
longtext	容量与字符集有关	字符串实际占用字节数	字符集是 gbk 时，最多容纳 4 294 967 295/2= 2 147 483 647 个字符。字符集是 utf8 时，最多容纳 4 294 967 295/3=1 431 655 765 个字符

3.1.4　MySQL 日期类型

MySQL 主要支持 5 种日期类型：date、time、year、datetime 和 timestamp，如图 3-5 所示。其中，date 表示日期，默认格式为 YYYY-MM-DD；time 表示时间，默认格式为 HH:ii:ss；year 表示年份；datetime 与 timestamp 是日期和时间的混合类型，默认格式为 YYYY-MM-DD HH:ii:ss，如表 3-4 所示。外观上，MySQL 日期类型的表示方法与字符串的表示方法相同（使用单引号括起来）；本质上，MySQL 日期类型的数据是一个数值类型，可以参与简单的加、减运算。外观上'2019-04-31 14:31:42'是一个有效的字符串，但却是一个无效的日期时间数据，因为 4 月没有 31 日。

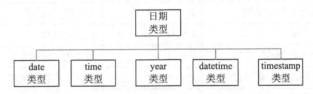

图 3-5　MySQL 主要支持的 5 种日期类型

表 3-4　　　　　　　　　　　　MySQL 日期类型的书写格式

类型	字节数	取值范围	格式
date	3	1000-01-01～9999-12-31	YYYY-MM-DD
time	3	−838:59:59～838:59:59	HH:ii:ss
year	1	1901～2155	YYYY
datetime	8	1000-01-0100:00:00～9999-12-31 23:59:59	YYYY-MM-DD HH:ii:ss
timestamp	8	1970-01-01 00:00:00～2038-01-19 03:14:07	YYYY-MM-DD HH:ii:ss

3.1.5　MySQL 复合类型

MySQL 支持两种复合数据类型：enum 枚举类型和 set 集合类型。

enum 类型的字段只允许从一个集合中取得某一个值，类似于单选按钮的功能。例如，一个人的性别从集合{'男', '女'}中取值，且只能取其中一个值。

set 类型的字段允许从一个集合中取得多个值，类似于复选框的功能。例如，一个人的兴趣爱好可以从集合{'听音乐', '看电影', '购物', '旅游', '游泳', '游戏'}中取值，且可以取多个值。

一个 enum 类型的数据最多可以包含 65 535 个元素，一个 set 类型的数据最多可以包含 64 个元素。

3.1.6　MySQL 二进制类型

MySQL 主要支持 7 种二进制类型：binary、varbinary、bit、tinyblob、blob、mediumblob 和 longblob，

其中，tinyblob、blob、mediumblob 和 longblob 属于二进制对象，如图 3-6 所示。每种二进制类型占用的存储空间如表 3-5 所示。二进制类型的字段主要用于存储由 0 和 1 组成的字符串，从某种意义上讲，二进制类型的数据是一种特殊格式的字符串。二进制类型与字符串类型的区别在于，字符串类型的数据按字符为单位进行存储，因此存在多种字符集、多种字符序；除了 bit 类型的数据按位为单位进行存储，其他二进制类型的数据按字节为单位进行存储，仅存在二进制字符集 binary。

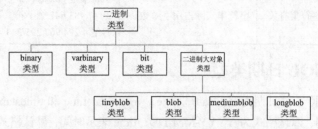

图 3-6　MySQL 主要支持的 7 种二进制类型

表 3-5　　　　　　　　　　　　　　　　　二进制类型占用的存储空间

类型	占用空间	取值范围	用途
binary(n)	*n* 个字节	0～255	较短的二进制数
varbinary(n)	实际占用的字数	0～65 535	较长的二进制数
bit(n)	*n* 个位	0～64	短二进制数
tinyblob	实际占用的字节数	0～255	较短的二进制数
blob	实际占用的字节数	0～65 535	图片、声音等文件
mediumblob	实际占用的字节数	0～16 777 215	图片、声音、视频等文件
longblob	实际占用的字节数	0～4 294 967 295	图片、声音、视频等文件

text 与 blob 都可以用于存储长字符串，text 主要用于存储文本字符串，例如，新闻内容、博客日志等数据；blob 主要用于存储二进制数据，例如，图片、音频、视频等二进制数据。在真正的项目中，更多的时候需要将图片、音频、视频等二进制数据，以文件的形式存储在操作系统的文件系统中，而不会存储在数据库表中，毕竟，处理这些二进制数据并不是数据库管理系统的强项。

3.1.7　选择合适的数据类型

MySQL 支持各种各样的数据类型，为字段或者变量选择合适的数据类型，不仅可以有效地节省存储空间，还可以有效地提升数据的计算性能。通常来说，数据类型的选择遵循以下原则。

（1）在符合应用要求（取值范围、精度）的前提下，尽量使用"短"数据类型。

"短"数据类型的数据在外存（如硬盘）、内存和缓存中需要更少的存储空间，查询连接的效率更高，计算速度更快。例如，对于存储字符串数据的字段，建议优先选用 char(n) 和 varchar(n)，长度不够时选用 text 数据类型。

（2）数据类型越简单越好。

与字符串相比，整数处理开销更小，因此尽量使用整数代替字符串。例如，字符串类型数据"12345"的存储方法如表 3-6 所示，smallint 整数类型数据"12345"的存储方法如表 3-7 所示，可以看出，字符串数据类型的存储较为复杂。

表 3-6　　　　　　　　　　字符串类型数据"12345"的存储方法

110001	110010	110011	110100	110101
字符'1'编码	字符'2'编码	字符'3'编码	字符'4'编码	字符'5'编码

字符串'12345'的二进制编码，共占用 5 个字节存储空间

表 3-7　　　　　　　　　　smallint 整数类型数据"12345"的存储方法

110000	111001

smallint 整数类型数据 12345 的二进制编码，共占用 2 个字节存储空间

　　　　如果主键选用整数数据类型，可以大大提升查询连接效率，提高数据的检索性能。由于 MySQL 提供了 IP 地址与整数相互转换的函数，存储 IP 地址时可以选用整数类型。

　　（3）尽量采用精确小数类型（如 decimal），而不采用浮点数类型。使用精确小数类型不仅能够保证数据计算更为精确，还可以节省存储空间，如百分比使用 decimal(4,2)即可。

　　（4）在 MySQL 中，应该用内置的日期和时间数据类型，而不建议使用字符串存储日期和时间。

　　（5）尽量避免 NULL 字段，建议将字段指定为 Not NULL 约束。这是由于：在 MySQL 中，含有空值的列很难进行查询优化，NULL 值会使索引的统计信息及比较运算变得更加复杂。推荐使用 0、一个特殊的值或者一个空字符串代替 NULL 值。

3.2　创建表结构

创建数据库表结构是通过 create table 语句实现的，create table 语句的语法格式如下。

```
create table 表名(
字段名 1 数据类型[约束条件],
字段名 2 数据类型[约束条件],
…
[其他约束条件],
[其他约束条件]
)其他选项（如存储引擎、字符集等选项）
```

　　　　语法格式中"[ ]"表示可选的选项。创建数据库表前，需要为该表提供表名、字段名，为每个字段选择合适的数据类型及约束条件，为表选择合适的存储引擎及字符集等信息。很多知识在之前的章节中已经讲过。本节主要讲解各种约束条件在 MySQL 中的具体实现方法及其他细节知识。

　　　　表索引是依附于数据库表的，在上面的 create table 语句的语法格式中忽略了索引的创建，但这不意味着索引的概念不重要，反而是因为太重要，需要单独进行讲解。

3.2.1　设置约束

　　MySQL 支持的约束包括主键（primary key）约束、非空（not NULL）约束、检查（check）

约束、默认值（default）约束、唯一性（unique）约束及外键（foreign key）约束。其中，检查（check）约束需要借助触发器或者 MySQL 复合数据类型实现。

1. 设置主键（primary key）约束

（1）如果一个表的主键是单个字段，直接在该字段的数据类型或者其他约束条件后加上"primary key"关键字，即可将该字段设置为主键，语法格式如下。

字段名 数据类型[其他约束条件] primary key

例如，将学生 student 表的 student_no 字段设置为主键，可以使用下面的 SQL 代码片段。

student_no char(11) primary key

（2）如果一个表的主键是多个字段的组合（例如，字段名 1 与字段名 2 共同组成主键），定义完所有的字段后，使用下面的语法格式将（字段名 1，字段名 2）设置为复合主键。

primary key (字段名 1，字段名 2)

例如，执行下列 SQL 语句，创建 test 数据库，并在该数据库中创建 test 数据库表，并将（today1，today2）的字段组合设置为表的主键。

```
drop database if exists test;
create database test;
use test;
create table test(
name char(20),
today1 datetime,
today2 timestamp,
primary key(today1, today2)
);
```

若要查看某个表（如 test 数据库中的 test 表）的所有约束条件，可以使用下面的 select 语句，执行结果如图 3-7 所示，图中主键约束的约束名是 PRIMARY。

```
select constraint_name, constraint_type
from information_schema.table_constraints
where table_schema='test' and table_name='test';
```

select 语句中的 from 子句用于指定从哪个表中检索数据，information_schema 为 MySQL 的系统数据库，该系统数据库定义了所有数据库对象的元数据信息，table_constraints 为 information_schema 系统数据库中的一个系统表，系统数据库与表之间使用"."隔开。where 子句中的 table_name 用于指定需要查看哪个表的约束条件，table_schema 用于指定该表属于哪个数据库。

在成功设置了表的主键后，MySQL 会自动地为主键字段创建一个名字为"PRIMARY"的"索引"。可以使用"show index from test\G"命令查看 test 表的索引信息，执行结果如图 3-8 所示，有关索引的知识稍后讲解。

上述 MySQL 命令中，"\G"的作用是发送命令，并将结果以垂直方式显示，"\G"后面不能再跟命令结束标记";"分号。

2. 设置非空（not NULL）约束

如果某个字段满足非空约束的要求（如学生的姓名不能取 NULL 值），则可以向该字段添加非空约束。若设置某个字段的非空约束，直接在该字段的数据类型后加上"not null"关键字即可，语法格式如下。

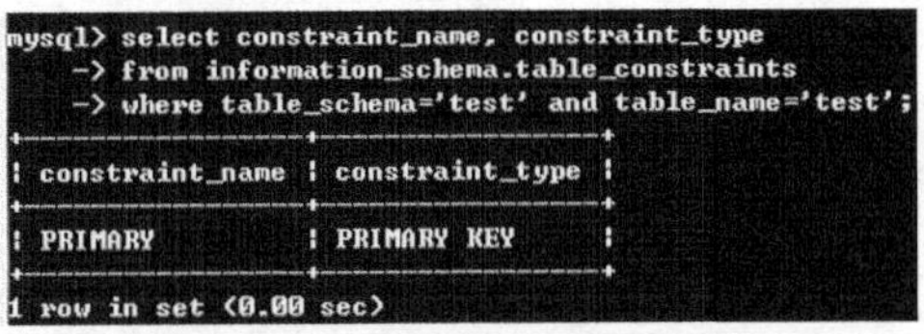

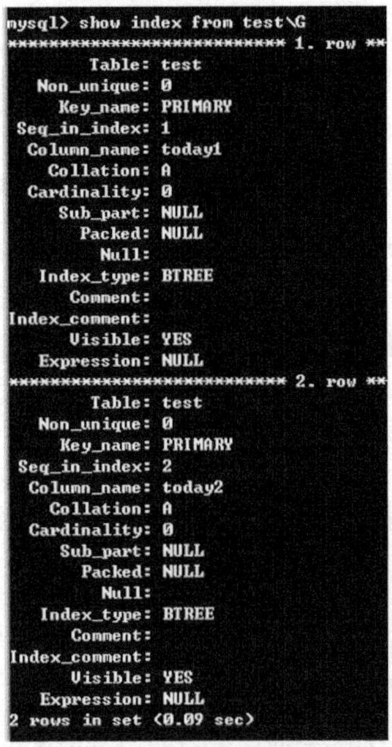

mysql> show index from test\G
*********************** 1. row ***
        Table: test
   Non_unique: 0
     Key_name: PRIMARY
 Seq_in_index: 1
  Column_name: today1
    Collation: A
  Cardinality: 0
     Sub_part: NULL
       Packed: NULL
         Null:
   Index_type: BTREE
      Comment:
Index_comment:
      Visible: YES
   Expression: NULL
*********************** 2. row ***
        Table: test
   Non_unique: 0
     Key_name: PRIMARY
 Seq_in_index: 2
  Column_name: today2
    Collation: A
  Cardinality: 0
     Sub_part: NULL
       Packed: NULL
         Null:
   Index_type: BTREE
      Comment:
Index_comment:
      Visible: YES
   Expression: NULL
2 rows in set (0.09 sec)

图 3-7　查看表的约束条件　　　　图 3-8　test 表的索引信息

字段名 数据类型 not null

例如，将学生 student 表的姓名 student_name 字段设置为非空约束，可以使用下面的 SQL 代码片段。

```
student_name char(10) not null
```

3. 设置检查（check）约束

目前 MySQL 还不支持检查约束，MySQL 中的检查约束可以通过 enum 复合数据类型、set 复合数据类型，或者触发器实现。

（1）如果一个字段是字符串类型，且取值范围是离散的，数量也不多（如性别、兴趣爱好等），此时可以使用 enum 或者 set 实现检查约束，这里不再赘述。

（2）如果一个字段的取值范围是离散的，数量也不多，但是该字段是数值类型的数据，且需要参与数学运算，此时使用 enum 或者 set 实现检查约束有些不妥，因为 enum 和 set 的"本质"是字符串，而字符串参与数学运算还需要使用数据类型转换函数，将字符串转换成数值类型的数据，运算速度势必会降低。例如，课程的人数上限 up_limit 的取值范围是整数 60、150、230，对于这种检查约束可以通过触发器实现，具体实现方法请参看视图和触发器章节的内容。

（3）其他情况可以使用触发器实现检查约束。例如，一个学生某门课程的成绩 score 要求在 0～100 取值，可以通过触发器实现该检查约束，具体实现方法请参看视图和触发器章节的内容。

4. 设置默认值（default）约束

如果某个字段满足默认值约束要求，可以向该字段添加默认值约束，例如，可以将课程 course 表的人数上限 up_limit 字段设置默认值为 60。若设置某个字段的默认值约束，直接在该字段数据类型及约束条件后加上"default 默认值"即可，语法格式如下。

字段名 数据类型[其他约束条件] default 默认值

例如，将课程 course 表的 up_limit 字段设置默认值约束，且默认值为整数 60，可以使用下面的 SQL 代码。

```
up_limit int default 60
```

例如，将课程 course 表的 status 字段设置默认值约束，且默认值为字符串"未审核"，可以使用下面的 SQL 代码。

```
status char(6) default '未审核'
```

5. 设置唯一性（unique）约束

如果某个字段满足唯一性约束要求，则可以向该字段添加唯一性约束。例如，班级 classes 表的班级名 class_name 字段的值不能重复，class_name 字段满足唯一性约束条件。若设置某个字段为唯一性约束，直接在该字段数据类型后加上"unique"关键字即可，语法规则如下。

```
字段名 数据类型 unique
```

例如，将班级 classes 表的班级名 class_name 字段设置为非空约束及唯一性约束，可以使用下面的 SQL 代码。

```
class_name char(20) not null unique
```

或者

```
class_name char(20) unique not null
```

如果某个字段存在多种约束条件，约束条件的顺序是随意的。

唯一性约束实质上是通过唯一性索引实现的，因此唯一性约束的字段一旦创建，那么该字段将自动创建唯一性索引。如果要删除唯一性约束，只需删除对应的唯一性索引即可。

6. 设置外键（foreign key）约束

外键约束主要用于定义表与表之间的某种关系。表 A 外键字段的取值，要么是 NULL，要么是来自于表 B 主键字段的取值（此时将表 A 称为表 B 的子表，表 B 称为表 A 的父表）。例如，学生 student 表的班级号 class_no 字段的取值，要么是 NULL，要么是来自于班级 classes 表的 class_no 字段取值。也可以这样说，学生 student 表的 class_no 字段的取值必须参照（reference）班级 classes 表的 class_no 字段的取值。在表 A 中设置外键的语法格式如下。

```
constraint 约束名 foreign key（表 A 字段名或字段名列表）references 表 B（字段名或字段名列表）[ on
delete 级联选项] [ on update 级联选项]
```

级联选项有 4 种取值，其意义如下。

（1）cascade：父表记录的删除（delete）或修改（update）操作，会自动删除或修改子表中与之对应的记录。

（2）set null：父表记录的删除（delete）或修改（update）操作，会将子表中与之对应记录的外键值自动设置为 NULL 值。

（3）no action：父表记录的删除（delete）或修改（update）操作，如果子表存在与之对应的记录，那么删除或修改操作将失败。

（4）restrict：与 no action 功能相同，是 MySQL 的默认值。

例如，将学生 student 表的 class_no 字段设置为外键，该字段的值参照（reference）班级 classes 表的 class_no 字段的取值，可以在学生 student 表的 create table 语句中使用下面的 SQL 代码（其中 student_class_fk 为外键约束名，fk 后缀为 foreign key 的缩写）。

```
constraint student_class_fk foreign key (class_no) references classes(class_no)
```

MyISAM 存储引擎暂不支持外键约束，如果在 MyISAM 存储引擎的表中创建外键约束，将产生类似 "Can't create table 'choose.choose' (errno: 150)" 的错误信息。

3.2.2　设置自增型字段

　　如果要求数据库表的某个字段值依次递增，且不重复，则可以将该字段设置为自增型字段。前面曾经提到，如果数据库开发人员不能从已有的字段（或者字段组合）中选择一个主键，那么建议向数据库表中添加一个没有实际意义的字段作为该表的主键。为了避免手工录入时造成的人为错误，对于没有实际意义的主键字段而言，建议将其设置为自增型字段。MySQL 自增型字段的值为整数，且在默认情况下，从 1 开始递增，步长为 1。设置自增型字段的语法格式如下。

　　字段名 数据类型 auto_increment

　　例如，将班级 classes 表的 class_no 字段设置为主键，并设置为自增型字段，可以使用下面的 SQL 代码。

```
class_no int auto_increment primary key
```

　　自增型字段的数据类型必须为整数。向自增型字段插入一个 NULL 值（推荐）或 0 时，该字段值会被自动设置为比上一次插入值更大的值。也就是说，新增加的字段值总是当前表中该列的最大值。如果新增加的记录是表中的第一条记录，则该值为 1。

　　建议将自增型字段设置为主键，否则创建数据库表将会失败，并提示如下错误信息。

```
ERROR 1075 (42000): Incorrect table definition; there can be only one auto column and
it must be defined as a key
```

3.2.3　其他选项的设置

　　创建数据库表时，还可以设置表的存储引擎、默认字符集以及压缩类型。

　　（1）创建数据库表时，可以向 create table 语句末尾添加 engine 选项，即设置该表的存储引擎，语法格式如下。

　　engine=存储引擎类型

　　如果省略了 engine 选项，那么该表将沿用 MySQL 默认的存储引擎。

　　（2）创建数据库表时，可以向 create table 语句末尾添加 default charset 选项，即设置该表的字符集，语法格式如下（default 关键字可以省略）。

　　default charset=字符集类型

　　如果省略了 charset 选项，那么该表的字符集将沿用数据库的字符集。

　　（3）如果希望压缩索引中的关键字，使索引关键字占用更少的存储空间，可以通过设置 pack_keys 选项实现（注意：该选项仅对 MyISAM 存储引擎的表有效），语法格式如下。

pack_keys=压缩类型

● 压缩类型设置为 1，表示压缩索引中所有关键字的存储空间，这样做通常会使检索速度加快，更新速度变慢。例如，索引中第一个关键字的值为"perform"，第二个关键字的值为"performance"，那么第二个关键字会被存储为"7,ance"。

● 压缩类型设置为 0，表示取消索引中所有关键字的压缩。

● 压缩类型设置为 default，表示只压缩索引中字符串类型的关键字（如 char、varchar、text 等字段），但不压缩数值类型的关键字。

3.3   表结构的复制

利用 create table 语句复制一个表结构的实现方法有两种。

方法 1：在 create table 语句的末尾添加 like 子句，可以将源表的表结构复制到新表中，语法格式如下。

```
create table 新表名
like 源表
```

方法 2：在 create table 语句的末尾添加一个 select 语句，可以实现表结构的复制，甚至可以将源表的表记录复制到新表中。将源表的表结构及源表的所有记录复制到新表中，语法格式如下。

```
create table 新表名 select * from 源表
```

3.4   表结构的修改

成熟的数据库设计，数据库的表结构一般不会发生变化。数据库的表结构一旦发生变化，其他数据库对象（如视图、触发器、存储过程）将直接受到影响，也不得不跟着发生变化，所有的这些变化将导致应用程序源代码（如 PHP、.NET 或者 Java 源代码）的修改……表结构一旦发生变化，会导致牵一发而动全身。

当然，随着时间的推移，有可能需要为系统增添新的功能，功能需求的变化通常会导致数据库表结构的变化。因此，即便再成熟的表结构，表结构的变化也在所难免，修改表结构需要借助 SQL 语句"alter table 表名"。表结构的修改包括表字段的修改、约束条件的修改等。

3.4.1   表字段的修改

表字段的修改包括：删除字段（drop），向表添加字段并设置字段的位置（add），修改字段的字段名或数据类型（change），只对字段的数据类型进行修改（modify）。

1. 删除字段

删除表字段的语法格式如下。

```
alter table 表名 drop 字段名
```

2. 添加新字段

向表添加新字段时，通常需要指定新字段在表中的位置。向表添加新字段的语法格式如下。

alter table 表名 **add** 新字段名 数据类型 [约束条件] [**first** | **after** 旧字段名]

3. 修改字段名（或数据类型）

（1）修改表的字段名（或数据类型）的语法格式如下。

alter table 表名 **change** 旧字段名 新字段名 数据类型

（2）如果仅对字段的数据类型进行修改，可以使用下面的语法格式。

alter table 表名 **modify** 字段名 数据类型

3.4.2　约束条件的修改

约束条件的修改包括添加约束条件及删除约束条件。

1. 添加约束条件

向表的某个字段添加约束条件的语法格式如下（其中约束类型可以是唯一性约束、主键约束及外键约束）。

alter table 表名 **add constraint** 约束名 约束类型 (字段名)

2. 删除约束条件

（1）删除表的主键约束条件语法格式比较简单，语法格式如下。

alter table 表名 **drop primary key**

（2）删除表的外键约束时，需指定外键约束名称，语法格式如下（注意：需指定外键约束名）。

alter table 表名 **drop foreign key** 约束名

（3）若要删除表字段的唯一性约束，实际上只需删除该字段的唯一性索引即可，语法格式如下（注意：需指定唯一性索引的索引名）。

alter table 表名 **drop index** 唯一索引名

3.4.3　表的其他选项的修改

修改表的其他选项（例如，存储引擎、默认字符集、自增字段初始值，以及索引关键字是否压缩等）的语法格式较为简单，语法格式如下。

alter table 表名 **engine**=新的存储引擎类型
alter table 表名 **default charset**=新的字符集
alter table 表名 **auto_increment**=新的初始值
alter table 表名 **pack_keys**=新的压缩类型（注意：pack_keys 选项仅对 MyISAM 存储引擎的表有效）

修改表名的语法格式较为简单，语法格式如下。

rename table 旧表名 to 新表名

该命令等效于：**alter** table 旧表名 **rename** 新表名

3.5　表结构的删除

删除表结构的 SQL 语法格式比较简单，前面也已经讲过，这里不再赘述。这里唯一需要强调的是在删除表结构时，如果表之间存在外键约束关系，则需要注意删除表的顺序。例如，若使用 SQL 语句"drop table teacher;"直接删除 choose 数据库中的父表 teacher，结果会删除失败，执行结果如图 3-9 所示。对于存在外键约束关系的若干个 InnoDB 表而言，若想删除父表，需要首先删除子表与父表之间的外键约束条件，解除"父子"关系后，才可以删除父表。

```
mysql> drop table teacher;
ERROR 3730 (HY000): Cannot drop table 'teacher' referenced by a foreign key constraint 'course_teacher_fk' on table 'course'.
```

图 3-9   直接删除父表将发生错误

3.6   索引

创建数据库表时，初学者通常仅仅关注该表有哪些字段、字段的数据类型及约束条件等信息，很容易忽视数据库表中的另一个重要的概念"索引"。

3.6.1   课堂专题讨论——理解索引

只有创建了索引，才能帮助我们快速地找到大海里的那滴水，沙漠里的那粒沙，宇宙中的那颗星，人群中的那个人。想象一下《现代汉语词典》的使用方法，就可以理解索引的重要性。《现代汉语词典》将近 1800 页，收录汉字达 1.3 万个，如何在众多汉字中找到某个字（如"祥"）？从现代汉语词典的第一页开始逐页逐字查找，直到查找到含有"祥"字的那一页？相信读者不会这么做。词典提供了"音节表"，"音节表"将汉语拼音"xiáng"编入其中，并且"音节表"按"a"到"z"的顺序排序，故而读者可以轻松地在"音节表"中先找到"xiáng→1488"，然后再从 1488 页开始逐字查找，这样可以快速地检索到"祥"字。"音节表"就是《现代汉语词典》的一个"索引"，其中"音节表"中的"xiáng"是"索引"的"关键字"，该"关键字"的值必须来自于词典正文中的"xiáng"（或者说是词典正文中"xiáng"的复制），索引中的"1488"是"数据"所在起始页。数据库表中存储的数据往往比《现代汉语词典》收录的汉字多得多，没有索引的词典对读者而言变得不可想象，同样没有"索引"的数据库表对于数据库用户查询数据而言更如同"大海捞针"。

《现代汉语词典》中"祥"字所在的页数未必是第"1488"页，请读者不必深究。

（1）索引的本质是什么？

本质上，索引其实是数据库表中字段值的复制，该字段称为索引的关键字。

（2）MySQL 数据库中，数据是如何检索的？

简而言之，MySQL 在检索表中的数据时，先按照索引"关键字"的值在索引中进行查找，如果能够查到，则可以直接定位到数据所在的起始页；如果没有查到，只能全表扫描查找数据了。

（3）一个数据库表只能创建一个索引吗？

当然不是。想象一下《现代汉语词典》，除了将汉语拼音编入"音节表"实现汉字的检索功能外，还将所有汉字的部首编入"部首检字表"实现汉字的检索功能，"部首检字表"是《现代汉语词典》的另一个"索引"。同样对于数据库表而言，一个数据库表可以创建多个索引。

（4）什么是前缀索引？

"部首检字表"的使用方法是：首先确定一个字的部首，结合笔画可以查找到该字所在的起始页。例如，部首"礻"，结合"羊"的笔画是 6，可以快速地在"部首检字表"中查到"祥→1488"。"部首检字表"中的部首"礻"仅仅是汉字的一个部分（part），不是整个汉字的拷贝。同样对于数据库表而言，索引中关键字的值可以是索引"关键字"字段值的一个部分，这种索引称为"前缀索引"。例如，可以仅仅对教师姓名（如"张老师"）中的"姓"（张）建立前缀索引。

（5）索引可以是字段的组合吗？

当然可以。《现代汉语词典》中的"部首检字表"中，部首是"索引"的第一关键字（也叫主关键字），部首相同时，"笔画"未必相同，笔画是"索引"的第二关键字（也叫次关键字）。同样对于数据库而言，索引可以是字段的组合。数据库表的某个索引如果由多个关键字构成，此时该索引称为"复合索引"。无论索引的关键字是一个字段，还是一个字段的组合，需要注意的是，这些字段必须来自于同一张表，并且关键字的值必须是表中相应字段值的拷贝。另外，数据库为了提高查询"索引"的效率，需要对索引的关键字进行排序。

（6）能跨表创建索引吗？

当然不能。这个问题如同在问：是否可以在《牛津高阶英汉双解词典》创建一个"偏旁部首"索引？数据库中同一个索引允许有多个关键字，但每个关键字必须来自同一张表。

（7）索引数据需要额外的存储空间吗？

当然需要。翻开词典后，几十页甚至上百页的内容存放的是"索引"数据（音节表、部首检字表）。对于数据库表的索引而言，索引关键字经排序后存放在外存中。对于 MyISAM 数据库表而言，索引数据存放在外存 MYI 索引文件中。对于 InnoDB 数据库表而言，索引数据存放在外存 InnoDB 表空间文件中（可能是共享表空间文件，也可能是独享表空间文件）。就像"音节表"是按照从"a"到"z"的升序顺序排放，部首检字表是按照笔画的升序顺序排放一样。为了提升数据的检索效率，无论是 MyISAM 表的索引，还是 InnoDB 表的索引，索引关键字经排序（默认为升序排序）后存放在外存文件中。

（8）表中的哪些字段适合选作表的索引？什么是主索引？什么是聚簇索引？

想象一下，单独的笔画能作为《现代汉语词典》的索引吗？显然不能，原因在于同一个笔画的汉字太多。反过来说，由于表的主键值不可能重复，表的主键当作索引最合适不过了。

对于 MyISAM 表而言，MySQL 会自动地将表中所有记录的主键值"备份"及每条记录所在的起始页编入索引，像"部首检字表"一样形成一张"索引表"，存放在外存，这种索引称为主索引（primary index）。MyISAM 表的索引信息存储在 MYI 索引文件中，表记录信息存储在 MYD 数据文件中，通过 MYI 索引文件中的"表记录指针"可以找到 MYD 数据文件中表记录所在的物理地址。如果 teacher 表是 MyISAM 存储引擎，teacher 表的主索引如图 3-10 所示。

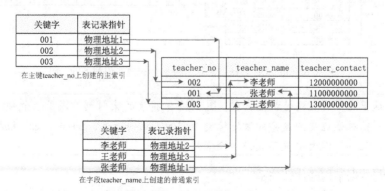

图 3-10 MyISAM 存储引擎 teacher 表的主索引及普通索引

说明

图 3-10 中 teacher 表的记录，并没有按照教师的工号 teacher_no 字段进行排序，即主索引关键字的顺序与表记录主键值的顺序无须一致。

InnoDB 表的"主索引"与 MyISAM 表的主索引不同。InnoDB 表的"主索引"关键字的顺序必须与 InnoDB 表记录主键值的顺序一致，严格地说，这种"主索引"称为"聚簇索引"，并且每一张表只能拥有一个聚簇索引，如图 3-11 所示。假设一个汉语拼音只对应一个汉字，《现代汉语词典》中的"音节表"就变成了汉语词典的聚簇索引。

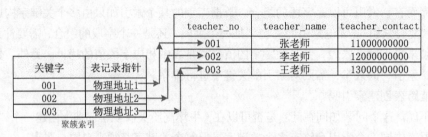

图 3-11　InnoDB 存储引擎 teacher 表的聚簇索引

MySQL 的聚簇索引与其他数据库管理系统的不同之处在于，即便是一个没有主键的 MySQL 表，MySQL 也会为该表自动创建一个"隐式"的主键。对于 InnoDB 表而言，必须有聚簇索引（有且仅有一个聚簇索引）。

前面曾经提到，由于 InnoDB 表记录与索引位于同一个表空间文件中，因此 InnoDB 表就是聚簇索引，聚簇索引就是 InnoDB 表。就像一本撕掉音节表、部首检字表的汉语词典一样，读者同样可以通过拼音直接在汉语词典中查找汉字，原因在于，撕掉音节表、部首检字表后的汉语词典本身就是聚簇索引。

对于 InnoDB 表而言，MySQL 的非聚簇索引统称为辅助索引（secondary index），辅助索引的"表记录指针"称为书签（bookmark），实际上是主键值，如图 3-12 所示，可以看到，所有的辅助索引都包含主键列，所有的 InnoDB 表都是通过主键来聚簇的。

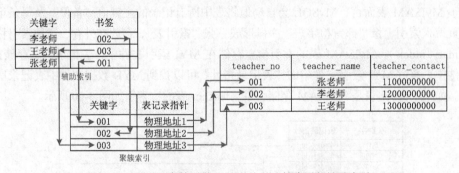

图 3-12　InnoDB 存储引擎 teacher 表的聚簇索引与辅助索引

说明

这里为了更直观地描述索引，图 3-12 中将表的索引制作成了一个表格。事实上，表的索引往往通过更为复杂的数据结构（例如，双向链表、B+树 btree、hash 等数据结构）实现，从而可以大幅提高数据的检索效率。

（9）索引与数据结构是什么关系？

数据库中的索引关键字在索引文件中的存储规则远比词典中的"音节表"复杂得多。为了有效提升数据检索效率，索引通常使用平衡树（btree）或者哈希表等复杂的数据结构进行"编排"。当然在操作数据库的过程中，数据库用户并不会感觉到这些数据结构的存在，原因在于 SQL 语句（如 select 语句等）已经实现了复杂数据结构的"封装"，在执行这些 SQL 语句时，其底层操作实际上执行的是复杂数据结构的操作。

（10）索引的维护工作由谁在什么时候完成？

索引对应于数据库表中的每条记录，对数据库表的索引字段进行 insert、delete、update 操作时，索引会自动更新，并且索引的更新由数据库管理系统自动完成，无须人为干预。也就是说，索引的维护时机是在对表的索引字段进行 insert、delete、update 操作时，索引的维护由数据库管理系统自动完成。

（11）索引由数据库管理系统自动维护，同一个表中，表的索引越多越好吗？

如果没有索引，MySQL 必须从第 1 条记录开始，甚至读完整个表才能找出相关的记录，表越大，花费的时间越多。有了索引，索引就可以帮助数据库用户快速地找出相关的记录，并且索引由 MySQL 自动维护，但这并不意味着表的索引越多越好。

索引确实可以提高检索效率，但要记住，索引是冗余数据，冗余数据不仅需要额外的存储空间，还需要额外的维护（虽然不需要人为的维护）。

如果索引过多，在更新数据（添加、修改或删除）时，除了需要修改表中的数据外，还需要对该表的所有索引进行维护，以维持表字段值和索引关键字值之间的一致性，反而降低了数据的更新速度。

实践表明，当修改表记录的操作特别频繁时，过多的索引会导致硬盘 I/O 次数明显增加，反而会显著地降低服务器性能，甚至可能会导致服务器宕机。不恰当的索引不但于事无补，反而会降低系统性能。因此，索引是把双刃剑，并不是越多越好，应当严格控制表索引数量，明确哪些字段（或字段组合）更适合选作索引的关键字？否则容易影响数据库的性能。

3.6.2　课堂专题讨论——索引关键字的选取原则

设计索引往往需要遵循一定的原则，遵循了这些原则，就可以确保索引能够大幅地提高数据检索的效率。下面列出了 7 个常见的索引设计原则。

原则 1：表的某个字段值的离散度越高，该字段越适合选作索引的关键字。

考虑现实生活中的场景：学生甲到别的学校找学生乙，但甲只知道乙的性别，那么学生甲要想找到学生乙，无异于"大海捞针"。原因很简单，性别字段的值要么是男，要么是女，取值离散度较低（Cardinality 的值最多为 2），因此，性别字段就没有必要选作索引的关键字了。

如果甲知道乙的学号，情况就比较乐观了，因为对于一个学校而言，有多少名学生，就会有多少个学号与之相对应。学号的取值特别离散，因此，比较适合选作学生表索引的关键字。

主键字段以及唯一性约束字段适合选作索引的关键字，原因就是这些字段的值非常离散。尤其是在主键字段创建索引时，Cardinality 的值就等于该表的行数。MySQL 在处理主键约束及唯一性约束时，考虑得比较周全。数据库用户创建主键约束的同时，MySQL 会自动创建主索引（primary index），且索引名称为 PRIMARY；数据库用户创建唯一性约束的同时，MySQL 会自动地创建唯一性索引（unique index），在默认情况下，索引名为唯一性约束的字段名。

原则 2：占用存储空间少的字段更适合选作索引的关键字。

如果索引中关键字的值占用的存储空间较多，那么检索效率势必会受到影响。例如，与字符串字段相比，整数字段占用的存储空间较少，因此，较为适合选作索引的关键字。

原则 3：存储空间固定的字段更适合选作索引的关键字。

与 text 类型的字段相比，char 类型的字段较为适合选作索引的关键字。

原则 4：where 子句中经常使用的字段应该创建索引，分组字段或者排序字段应该创建索引，两个表的连接字段应该创建索引。

引入索引的目的是提高数据的检索效率，因此，索引关键字的选择与 select 语句息息相关。这句话有两个方面的含义：select 语句的设计可以决定索引的设计；索引的设计也同样影响着 select 语句的设计。例如，原则 1 与原则 2，可以影响 select 语句的设计；而 select 语句中的 where 子句、group by 子句及 order by 子句，又可以影响索引的设计。两个表的连接字段应该创建索引，外键约束一经创建，MySQL 会自动地创建与外键相对应的索引，这是由于外键字段通常是两个表的连接字段。

原则 5：更新频繁的字段不适合创建索引，不会出现在 where 子句中的字段不应该创建索引。

原则 6：最左前缀原则。

复合索引还有另外一个优点，它以 "最左前缀"（leftmost prefixing）的概念体现出来。假设向一个表的多个字段（如 firstname、lastname、address）创建复合索引（索引名为 fname_lname_address）。当 where 查询条件是以下各种字段的组合时，MySQL 将使用 fname_lname_address 索引。其他情况将无法使用 fname_lname_address 索引。

```
firstname, lastname, address
firstname, lastname
firstname
```

可以这样理解：一个复合索引(firstname, lastname, address)等效于(firstname, lastname, age)、(firstname, lastname)及(firstname)三个索引。基于最左前缀原则，应该尽量避免创建重复的索引，例如，创建了 fname_lname_address 索引后，就无须在 first_name 字段上单独创建一个索引。

原则 7：尽量使用前缀索引。

例如，仅仅在姓名（如 "张三"）中的姓氏部分（"张"）创建索引，从而可以节省索引的存储空间，提高检索效率。

当然，索引的设计原则还有很多，而且不是千篇一律的，更不是照本宣科的，没有索引的表同样可以完成数据检索任务。索引的设计没有对错之分，只有合适与不合适之分。与数据库的设计一样，索引的设计同样需要数据库开发人员经验的积累和智慧的沉淀，同时还需要依据系统各自的特点才能设计出更好的索引，在 "提高检索效率" 与 "降低更新速度" 之间做好平衡，从而大幅提升数据库的整体性能。

3.6.3 索引与约束

MySQL 中表的索引与约束之间存在怎样的关系？约束分为主键约束、唯一性约束、默认值约束、检查约束、非空约束及外键约束。其中，主键约束、唯一性约束及外键约束与索引的联系较为紧密。

约束主要用于保证业务逻辑操作数据库时数据的完整性，而索引则是将关键字数据以某种数据结构的方式存储到外存，用于提升数据的检索性能。约束是逻辑层面的概念，而索引既有逻辑上的概念，更是一种物理存储方式，且事实存在，需要耗费一定的存储空间。

MySQL 的主键约束、唯一性约束及外键约束是基于索引实现的。因此，创建主键约束的同时，会自动创建一个主索引，且主索引名与主键约束名相同（PRIMARY）；创建唯一性约束的同时，会自动创建一个唯一性索引，且唯一性索引名与唯一性约束名相同；创建外键约束的同时，会自动创建一个普通索引，且索引名与外键约束名相同。

在 MySQL 数据库中，删除了唯一性索引，对应的唯一性约束也将自动删除。若不考虑存储空间方面的因素，唯一性索引就是唯一性约束。

3.6.4　创建索引

通过前面知识的讲解，我们已经将索引分为聚簇索引、主索引、唯一性索引、普通索引、复合索引等。如果数据库表的存储引擎是 MyISAM，那么创建主键约束的同时，MySQL 会自动地创建主索引。如果数据库表的存储引擎是 InnoDB，那么创建主键约束的同时，MySQL 会自动地创建聚簇索引。

MySQL 还支持全文索引（fulltext），当查询数据量大的字符串信息时，使用全文索引可以大幅提高字符串的检索效率。需要注意的是，全文索引只能创建在 char、varchar 或者 text 字符串类型的字段上，且全文索引不支持前缀索引。

创建索引的方法有两种：创建表的同时创建索引，在已有表上创建索引。

方法 1：创建表的同时创建索引。

使用这种方法创建索引时，可以一次性地创建一个表的多个索引（例如，唯一性索引、普通索引、复合索引等），其语法格式与创建表的语法格式基本相同（注意粗体字部分的代码）。

```
create table 表名(
字段名 1 数据类型[约束条件],
字段名 2 数据类型[约束条件],
…
[其他约束条件],
[其他约束条件],
…
[ unique | fulltext ] index [索引名] ( 字段名[(长度)] [ asc | desc ] )
) engine=存储引擎类型 default charset=字符集类型
```

> "[ ]" 表示可选项，"[ ]" 里面的 "|" 表示将各选项隔开，"( )" 表示必选项。
>
> 长度表示索引中关键字的字符长度，关键字的值可以是数据库表中字段值的一部分，这种索引称为 "前缀索引"。
>
> asc 与 desc 为可选参数，分别表示升序与降序，不过目前这两个可选参数没有实际的作用，索引中所有关键字的值均以升序存储。

方法 2：在已有表上创建索引。

在已有表上创建索引有两种语法格式，这两种语法格式的共同特征是需要指定在哪个表上创建索引，语法格式分别如下。

语法格式 1：

create [unique | fulltext] index 索引名 **on** 表名 (字段名[(长度)] [asc | desc])

语法格式 2：

alter table 表名 add [unique | fulltext] index 索引名 (字段名[(长度)] [asc | desc])

3.6.5　查看索引

如果想查看某个表的索引，可以使用 "show index from 表名" 命令查看。

3.6.6　删除索引

如果某些索引降低了数据库的性能，或者根本就没有必要使用该索引，此时可以考虑将该索引删除，删除索引的语法格式如下。

drop index 索引名 on 表名

习　　题

1. MySQL 数据库类型有哪些？如何选择合适的数据类型？

2. 简单总结 char(n)数据类型与 varchar(n)数据类型有哪些区别。

3. 分析 choose 数据库的 5 张表的表结构，通过这 5 张表，可以解决"选课系统"问题域中的哪些问题？

4. 讨论：您是如何理解索引的？索引越多越好吗？

5. 讨论：索引关键字的选取原则有哪些？

6. 您所熟知的索引种类有哪些？什么是全文索引？

7. MySQL 索引和约束是什么关系？

实践任务 1　MySQL 数据类型（选做）

1．目的

（1）了解 now()函数功能，了解 MySQL 客户机时区的概念；

（2）了解 datetime 与 timestamp 的区别，了解系统变量 explicit_defaults_for_timestamp 对 timestamp 字段值的影响；

（3）了解 MySQL 复合类型的使用以及注意事项，了解系统变量 sql_mode 对 enum 枚举类型和 set 集合字段值的影响。

2．说明

进行数据的增、删、改、查操作时，如果请求数据或者响应数据中包含有中文字符，注意设置正确的字符集。

3．环境

MySQL 服务版本：8.0.15 或 5.7.26。

MySQL 客户机：CMD 命令提示符窗口。

4．环境准备

打开 CMD 命令提示符窗口，键入如下命令，以 gbk 字符集方式连接 MySQL 服务器。

```
mysql --default-character-set=gbk -h localhost -u root -p
```

输入 root 账户的密码，建立 MySQL 服务器的连接。

5．内容差异化考核

除了使用北京时区（+8）外，其他时区设置为学号的最后一位数字。

数据库名及表的表名应该包含自己姓名的全拼（也可以包含自己的学号）。使用的测试数据应该包含自己的学号或者自己姓名的全拼。以某真实学生张三丰为例，添加张三学生测试数据时，张三测试数据应该改为"张三_张三丰"；添加"2012 自动化 1 班"班级测试数据时，班级名测试数据应该改为"2012 自动化 1 班_张三丰"。

根据实践任务的完成情况，由学生自己完成知识点的汇总。

场景 1　now()函数与时区

说明　本场景使用的系统变量 time_zone，该系统变量既属于会话系统变量，又属于全局系统变量。time_zone 的值表示当前 MySQL 客户机所在的时区。

场景 1 步骤

（1）执行下列命令，首先查看当前 MySQL 客户机所在的时区，执行结果如图所示。

```
show variables like 'time_zone';
```

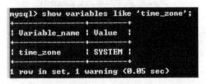

说明　"SYSTEM"表示使用的是 MySQL 客户机主机操作系统的时区，编者主机所在的时区为北京时区东八时区（+8:00）。

（2）执行下列命令，查询 MySQL 客户机所在时区的服务器时间；然后使用命令"set time_zone='+12:00';"临时地将 MySQL 客户机时区设置为斐济时区，即东 12 时区（+12:00），再次查询当前时区下的服务器时间；最后将时区重置为"default"时区，即北京时区，再次查询当前时区下的服务器时间，执行结果如图所示。

```
select now();
set time_zone='+12:00';
select now();
set time_zone=default;
select now();
```

结论：now()函数用于获取 MySQL 客户机所在时区下的服务器时间，该时间受到 MySQL 客户机时区的影响。

now()函数有 3 个别名函数 localtime()、localtimestamp()及 current_timestamp()。

（3）执行下列命令。

```
select now(6);
```

当向 now()函数传递一个整数值参数时（小于等于 6 的整数），可以获取 MySQL 客户机所在时区下更精确的服务器时间。

场景 2　系统变量 explicit_defaults_for_timestamp 与 timestamp 字段的关系

本场景使用的系统变量 explicit_defaults_for_timestamp，该系统变量既是全局系统变量，又是会话系统变量。

场景 2 步骤

（1）执行下列命令，查看会话系统变量 explicit_defaults_for_timestamp 的值，然后将 explicit_defaults_for_timestamp 的值设置为 OFF。

```
show variables like 'explicit_defaults_for_timestamp';
set explicit_defaults_for_timestamp = OFF;
```

（2）执行下列命令，创建 test 数据库，并在该数据库中创建 test 数据库表。

```
drop database if exists test;
create database if not exists test charset=gbk;
use test;
create table test(
name char(20),
today1 datetime,
today2 timestamp,
today3 timestamp
) charset=gbk;
```

（3）执行下列命令，查看 test 数据库表的表结构，如图所示。

```
show create table test;
```

```
mysql> show create table test;
+-------+----------------------------------------------+
| Table | Create Table                                 |
+-------+----------------------------------------------+
| test  | CREATE TABLE `test` (
  `name` char(20) DEFAULT NULL,
  `today1` datetime DEFAULT NULL,
  `today2` timestamp NOT NULL DEFAULT CURRENT_TIMESTAMP ON UPDATE CURRENT_TIMESTAMP,
  `Today3` timestamp NOT NULL DEFAULT '0000-00-00 00:00:00'
) ENGINE=InnoDB DEFAULT CHARSET=gbk |

1 row in set (0.04 sec)
```

（4）执行下列命令，查看会话系统变量 explicit_defaults_for_timestamp 的值，然后将 explicit_defaults_for_timestamp 的值设置为 ON。

```
show variables like 'explicit_defaults_for_timestamp';
set explicit_defaults_for_timestamp = ON;
```

（5）重新执行步骤（2）、步骤（3），查看 test 数据库表的表结构，如图所示。

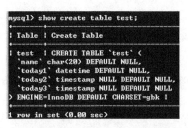

结论：explicit_defaults_for_timestamp 值的设置，将影响 timestamp 字段的属性。设置为 OFF 时，创建的数据库表，第一个 timestamp 字段会自动分配"not null"非空约束、"default current_timestamp"及"on update current_timestamp"属性；其余的 timestamp 字段会自动分配"not null"非空约束及"0000-00-00 00:00:00"默认值约束。

场景 3　datetime 与 timestamp 的区别
场景 3 步骤

（1）重新执行场景 2 的步骤（1）、步骤（2）、步骤（3），创建数据库及表，查看 test 表的表结构。

（2）执行下列命令，首先 MySQL 客户机将时区重置为北京时区，然后向 test 表添加两条测试数据。

```
set time_zone='+8:00';
insert into test values('test1',now(),now(),'2019-04-09 15:35:10');
```

 NULL 两边没有单引号，不是字符串，NULL 表示不确定的数据、不存在的数据。例如，某学生还没有参加某课程的考试，那么该学生该课程的成绩为 NULL。

（3）执行下列命令，首先查询 test 表的所有记录，接着将 MySQL 客户机时区重置为北京时区斐济时区，即东 12 时区（+12:00），最后查询 test 表的所有记录，执行结果如图所示。

```
select * from test;
set time_zone='+12:00';
select * from test;
```

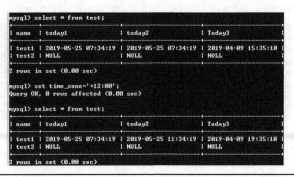

结论：datetime 字段的值不受时区的影响，而 timestamp 字段的值会受到 MySQL 客户机时区的影响。也就是说，不同时区的 MySQL 客户机，显示同一个 timestamp 时间时，显示的结果不同。

场景 4　timestamp 字段 current_timestamp 属性的使用

使用 timestamp 字段的 current_timestamp 属性自动记录 insert 或 update 操作的时间。

场景 4 步骤

（1）执行下列命令，创建 test 数据库，并在该数据库中创建 test 数据库表。

```
drop database if exists test;
create database if not exists test charset=gbk;
use test;
create table test(
name char(20),
create_time timestamp not null default current_timestamp,
update_time timestamp null default null on update current_timestamp
) charset=gbk;
```

技巧：为了避免表结构受到 explicit_defaults_for_timestamp 的影响，建议 timestamp 字段手动添加附加属性。

一般而言，create_time 字段不能为 NULL，默认值设置为 current_timestamp。

update_time 字段可以为 NULL，默认值为 NULL，当记录更新时，值更新为 current_timestamp。

（2）执行下列命令，只向 name 字段添加测试数据，然后查询 test 表的所有记录。

```
insert into test(name) values('test1');
insert into test(name) values('test2');
select * from test;
```

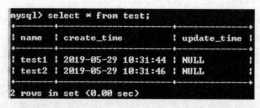

结论：current_timestamp 属性设置后，添加记录时，MySQL 会自动地将 MySQL 服务器的当前时间赋值给 default current_timestamp 属性字段。

（3）执行下列命令，修改 test 表的 name 字段的值，然后查询 test 表的所有记录。

```
update test set name='test';
select * from test;
```

```
mysql> select * from test;
+------+---------------------+---------------------+
| name | create_time         | update_time         |
+------+---------------------+---------------------+
| test | 2019-05-29 10:31:44 | 2019-05-29 10:35:10 |
| test | 2019-05-29 10:31:46 | 2019-05-29 10:35:10 |
+------+---------------------+---------------------+
2 rows in set (0.00 sec)
```

（4）重新执行步骤（3），修改 test 表的 name 字段的值，然后查询 test 表的所有记录，查看时间是否变化。

结论：on update current_timestamp 属性设置后，更新记录时，受到更新操作影响的记录，MySQL 会自动地将 MySQL 服务器当前时间赋值给该属性字段。

场景 5　enum 枚举类型和 set 集合类型

 本场景使用的系统变量 sql_mode，该系统变量既属于会话系统变量，又属于全局系统变量。本场景使用的是会话系统变量 sql_mode。

场景 5 步骤

（1）执行下列命令，查看会话系统变量 sql_mode 的默认值（MySQL 模式默认为严格的 SQL 模式），然后将 sql_mode 的值设置为 strict_trans_tables（严格模式），执行结果如图所示。

```
show variables like 'sql_mode';
set sql_mode = 'strict_trans_tables';
```

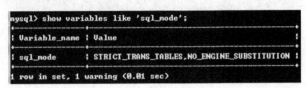

 MySQL 5.7 和 8.0 版本 sql_mode 参数默认值不同。

 如果 sql_mode 包含 no_engine_subtitution，使用 create table 创建表时，如果指定的 engine 不被支持，则 MySQL 报错：ERROR 1286 (42000)。

（2）执行下列命令，创建 test 数据库，并在该数据库中创建 test 数据库表，其中 sex 字段为 enum 枚举类型，interest 字段为 set 集合类型。

```
drop database if exists test;
create database if not exists test charset=gbk;
use test;
create table test(
sex enum('男','女'),
interest set('听音乐','看电影','购物','旅游','游泳','游戏')
) default charset=gbk;
```

 enum 枚举类型及 set 集合类型的多个选项使用逗号隔开。为防止出现 "ERROR 1291 (HY000)" 等中文乱码问题，创建 test 表时设置了 gbk 字符集。

（3）执行下列命令，向 test 表中添加记录，然后使用 select 语句查询 test 表的所有记录，执行结果如图所示。

```
insert into test values('男','看电影,游泳,听音乐');
insert into test values('男','看电影, 游泳, 听音乐');
select * from test;
```

```
mysql> insert into test values('男','看电影,游泳,听音乐');
Query OK, 1 row affected (0.02 sec)

mysql> insert into test values('男','看电影, 游泳, 听音乐');
ERROR 1265 (01000): Data truncated for column 'interest' at row 1
mysql> select * from test;

| sex | interest |

| 男  | 听音乐,看电影,游泳 |

1 row in set (0.00 sec)
```

> enum 枚举类型及 set 集合类型的多个选项使用逗号隔开，并且必须是英文的逗号，不能是中文的逗号，否则将出现 ERROR 1265 (01000)错误。插入数据时的顺序（'看电影，游泳，听音乐'）与得到的查询结果的顺序（'听音乐，看电影，游泳'）可能不同。

（4）执行下列命令，向 test 表中添加一条"非法"记录，结果会失败，执行结果如图所示。

```
insert into test values('男','电影,游泳,听音乐');
```

```
mysql> insert into test values('男','电影,游泳,听音乐');
ERROR 1265 (01000): Data truncated for column 'interest' at row 1
```

结论：sql_mode 为严格模式 strict_trans_tables 时，"非法"记录不能更新到 set 集合字段。

（5）执行下列命令，将 sql_mode 的值设置为 ansi（宽容模式）。

```
set sql_mode = 'ansi';
```

（6）重复步骤（4），再次添加"非法"记录，然后查询 test 表所有记录，执行结果如图所示。

```
mysql> set sql_mode = 'ansi';
Query OK, 0 rows affected (0.00 sec)

mysql> insert into test values('男','电影,游泳,听音乐');
Query OK, 1 row affected, 1 warning (0.01 sec)

mysql> select * from test;

| sex | interest |

| 男  | 听音乐,看电影,游泳 |
| 男  | 听音乐,游泳 |

2 rows in set (0.00 sec)
```

结论："电影"并没有成功插入数据库表中。sql_mode 为宽容模式 ansi 时，合法数据可以更新到 set 集合类型的字段，非法数据不能更新到 set 集合类型的字段。

复合数据类型的使用受到 MySQL 模式的影响。复合数据类型 enum 和 set 集合类型本质上是字符串类型的数据，只不过取值范围受到某种约束而已。使用复合数据类型 enum 和 set 集合类型可以实现简单的字符串类型数据的检查约束。

实践任务 2 创建"选课系统"数据库表（必做）

1. 目的

（1）创建"选课系统"数据库表，熟悉并掌握表约束的建立方法；

（2）巩固 create table 创建数据库表的语法；

（3）熟悉"选课系统"各个数据库表之间的依赖关系。

2. 说明

（1）本实践任务依赖于第 1 章"选课系统"数据库设计的结果。

（2）为了支持中文简体字符，"选课系统" 5 张表的字符集设置为 gbk 中文简体字符集。为了支持外键约束，"选课系统" 5 张表的存储引擎必须设置为 InnoDB。

（3）创建数据库表时，建议先创建父表，再创建子表，"选课系统"先创建了 teacher 表及 classes 表，然后创建了 course 表及 student 表，最后创建了 choose 表。

（4）MySQL 单行注释以 "#" 开始；多行注释以 "/*" 开始，以 "*/" 结束。

（5）本章暂时使用数据库设计概述章节中方案 2 的表结构，即暂时没有在课程 course 表中增加 "剩余的学生名额" available 字段。

（6）choose 表中的 create_time 和 update_time 字段使用 timestamp 数据类型，通过 timestamp 类型的 current_timestamp 属性可以自动记录 insert 或 update 操作的时间。

3. 环境

MySQL 服务版本：8.0.15 或 5.7.26。

MySQL 客户机：CMD 命令提示符窗口。

4. 环境准备

打开 CMD 命令提示符窗口，键入如下命令，以 gbk 字符集方式连接 MySQL 服务器。

```
mysql --default-character-set=gbk -h localhost -u root -p
```

输入 root 账户的密码，建立 MySQL 服务器的连接。

5. 内容差异化考核

创建的数据库名、表名应该包含自己姓名的全拼（也可以包含自己的学号）。

根据实践任务的完成情况，由学生自己完成知识点的汇总。

6. 步骤

（1）在计算机 C 盘创建 MySQL 目录，在该目录中创建 choose.sql 脚本文件，写入如下 SQL 代码。

```
drop database if exists choose;
create database if not exists choose charset=gbk;
use choose;
set names gbk;
create table teacher(
teacher_no char(10) primary key,
teacher_name char(10) not null,                #教师姓名不允许为空
teacher_contact char(20) not null               #教师联系方式名不允许为空
)engine=InnoDB charset=gbk;
create table classes(
class_no int auto_increment primary key,
class_name char(20) not null unique,            #班级名不允许为空，且不允许重复
department_name char(20) not null               #院系名不允许为空
)engine=InnoDB charset=gbk;
create table course(
course_no int auto_increment primary key,
course_name char(10) not null,                  #课程名允许重复
up_limit int default 60,                        #课程上限设置默认值为 60
description text not null,                       #课程的描述信息为文本字符串 text，且不能为空
status char(6) default '未审核',                #课程状态的默认值为 "未审核"
teacher_no char(10) not null unique,            #唯一性约束实现教师与课程之间的 1∶1 关系
constraint course_teacher_fk foreign key(teacher_no) references teacher(teacher_no)
)engine=InnoDB charset=gbk;
create table student(
student_no char(11) primary key,                #学号不允许重复
student_name char(10) not null,                 #学生姓名不允许为空
```

```
student_contact char(20) not null,              #学生联系方式不允许为空
class_no int ,                                  #学生的班级允许为空
constraint student_class_fk foreign key (class_no) references classes(class_no)
)engine=InnoDB charset=gbk;
create table choose(
choose_no int auto_increment primary key,
student_no char(11) not null,                   #学生学号不允许为空
course_no int not null,                         #课程号不允许为空
score tinyint unsigned null,
create_time timestamp not null default current_timestamp,#选课时间
update_time timestamp null default null on update current_timestamp,#调课时间
constraint choose_student_fk foreign key(student_no) references student(student_no),
constraint choose_course_fk foreign key(course_no) references course(course_no)
)engine=InnoDB charset=gbk;
```

（2）执行下列命令，创建 choose 数据库的各个表。

```
\. C:/mysql/choose.sql
```

（3）执行下列 "show create table" 命令，查看每个表的表结构。

```
show create table teacher;
show create table classes;
show create table course;
show create table student;
show create table choose;
```

实践任务 3　表结构的操作（选做）

1. 目的
（1）了解表结构的复制方法；
（2）了解表字段的修改、约束条件的修改、存储引擎及字符集的修改，表名的修改的方法。

2. 环境
MySQL 服务版本：8.0.15 或 5.7.26。
MySQL 客户机：CMD 命令提示符窗口。

3. 环境准备
打开 CMD 命令提示符窗口，键入如下命令，以 gbk 字符集方式连接 MySQL 服务器。

```
mysql --default-character-set=gbk -h localhost -u root -p
```

输入 root 账户的密码，建立 MySQL 服务器的连接。

4. 内容差异化考核
新表的表名应该包含自己姓名的全拼（也可以包含自己的学号）。
根据实践任务的完成情况，由学生自己完成知识点的汇总。

场景 1　表结构的复制
场景 1 准备工作
本场景依赖于实践任务 2 中 "选课系统" 数据库的 student 表。
场景 1 步骤
（1）执行下列命令，将 student 表的表结构复制到新表 student_copy1 中。

```
use choose;
create table student_copy1 like student;
```

（2）执行下列命令，查看 student 和 student_copy1 的表结构。

```
show create table student;
show create table student_copy1;
```

结论：对比 student 和 student_copy1 两个表结构可以看出，create table like 复制表结构时，表的主键约束、存储引擎、字符集可以被复制，但表的外键约束无法复制。

（3）执行下列命令，将 student 表的表结构复制到新表 student_copy2 中。

```
use choose;
create table student_copy2 select * from student;
```

说明

上述命令复制了表结构的同时，将源表的表记录复制到了新表中。如果仅仅需要复制表的结构，可以使用如下的 SQL 语句实现。

```
create table today2 select * from today where 1=2;
```

（4）执行下列命令，查看 student_copy2 的表结构。

```
show create table student_copy2;
```

结论：对比 student 和 student_copy2 两个表结构可以看出，使用 create table select 复制表结构时，表的主键约束、存储引擎、字符集、外键约束都无法复制。

场景 2　表字段的修改

场景 2 步骤

（1）执行下列命令，创建 test 数据库，并在该数据库中创建 test 数据库表，其中 sex 字段为

enum 枚举类型，interest 字段为 set 集合类型。

```
drop database if exists test;
create database if not exists test charset=gbk;
use test;
create table test(
sex enum('男','女'),
interest set('听音乐','看电影','购物','旅游','游泳','游戏')
)engine=InnoDB charset=gbk;
```

（2）删除字段。

将 test 表的字段 interest 删除，使用如下的 SQL 语句。

```
alter table test drop interest;
```

（3）添加新字段。

向 test 表添加 person_no 自增型、主键字段，数据类型为 int，且位于第一个位置，使用如下的 SQL 语句。

```
alter table test add person_no int auto_increment primary key first;
```

接着在主键 person_no 字段后添加 person_name 字段，数据类型为 char(10)，非空约束。

```
alter table test add person_name char(10) not null after person_no;
```

（4）修改字段名（及数据类型）。

将 test 表的 person_name 字段修改为 name 字段，且数据类型修改为 char(20)，使用如下的 SQL 语句（注意：name 字段没有指定非空约束）。

```
alter table test change person_name name char(20);
```

（5）仅修改字段的数据类型。

将 test 表的 name 字段的数据类型修改为 char(30)，使用如下的 SQL 语句。

```
alter table test modify name char(30);
```

该 SQL 语句等效于如下的 SQL 语句。

```
alter table test change name name char(30);
```

（6）使用 desc 查看修改后的 test 表的表结构，如图所示。

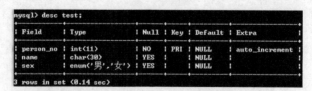

```
mysql> desc test;
+-----------+-------------+------+-----+---------+----------------+
| Field     | Type        | Null | Key | Default | Extra          |
+-----------+-------------+------+-----+---------+----------------+
| person_no | int(11)     | NO   | PRI | NULL    | auto_increment |
| name      | char(30)    | YES  |     | NULL    |                |
| sex       | enum('男','女') | YES |     | NULL    |                |
+-----------+-------------+------+-----+---------+----------------+
3 rows in set (0.14 sec)
```

场景 3 约束条件的修改

本场景依赖于场景 2 的操作结果。

场景 3 步骤

（1）添加约束条件

向 test 表的 name 字段添加唯一性约束，且约束名为 name_unique，使用如下的 SQL 语句。

```
alter table test add constraint name_unique unique (name);
```

注意

　　为表添加约束条件时，表的已有记录需要满足新约束条件的要求，否则将出现类似 "ERROR 1062 (23000): Duplicate entry " for key 'name_unique'" 的错误信息。

（2）删除约束条件

删除 test 表 name 字段的唯一性约束（约束名是 name_unique，索引名也是 name_unique），使用如下的 SQL 语句。

```
alter table test drop index name_unique;
```

场景 4　表的其他选项的修改

说明

　　本场景依赖于场景 3 的操作结果。

场景 4 步骤

（1）将 test 表的存储引擎修改为 MyISAM，默认字符集设置为 gb2312，所有索引关键字设置为压缩，使用如下 SQL 语句。

```
alter table test engine=MyISAM;
alter table test default charset=gb2312;
alter table test auto_increment=8;
alter table test pack_keys=1;
```

（2）将 test 表的表名修改为 human，使用如下任意一条 MySQL 语句。

```
alter table test rename human;
rename table test to human;
```

实践任务 4　索引的操作（必做）

1. 目的

（1）掌握索引的操作包括索引的创建、查看和删除方法；

（2）了解索引的类型。

2. 环境

MySQL 服务版本：8.0.15 或 5.7.26。

MySQL 客户机：CMD 命令提示符窗口。

3. 环境准备

打开 CMD 命令提示符窗口，键入如下命令，以 gbk 字符集方式连接 MySQL 服务器。

```
mysql --default-character-set=gbk -h localhost -u root -p
```

输入 root 账户的密码，建立 MySQL 服务器的连接。

4. 内容差异化考核

表的表名和索引名应该包含自己姓名的全拼（也可以包含自己的学号）。

根据实践任务的完成情况，由学生自己完成知识点的汇总。

场景 1　索引的创建

场景 1 步骤

执行下面的 SQL 语句，创建一个存储引擎为 InnoDB、默认字符集为 gbk 的书籍 book 表，其中定义了主键 isbn、书名 name、简介 brief_introduction、价格 price 及出版时间 publish_time，并在该表分别定义了唯一性索引 isbn_unique、普通索引 name_index、全文索引 brief_fulltext 及复合索引 complex_index。

```
use choose;
create table book(
isbn char(20) primary key,
name char(100) not null,
brief_introduction text not null,
price decimal(6,2),
publish_time date not null,
unique index isbn_unique (isbn),
index name_index (name (20)),
fulltext index brief_fulltext (name,brief_introduction) with parser ngram,
index complex_index (price,publish_time)
) engine=InnoDB default charset=gbk;
```

从 MySQL 3.23.23 版本开始，MyISAM 存储引擎的表最先支持全文索引；从 MySQL 5.6 版本开始，InnoDB 存储引擎的表才支持全文索引。

MySQL 实现中文全文检索的前提是：MySQL 需要内置中文分词解析器。从 5.7.6 版本开始，MySQL 才内置了 ngram 中文分词解析器，且仅支持 MyISAM 和 InnoDB 引擎。

"with parser ngram"子句用于说明全文索引使用了 ngram 中文分词解析器。

场景 2 创建选课系统全文索引

场景 2 步骤

执行下面的 SQL 语句，向课程 course 表的课程名及课程描述字段添加中文全文索引，执行结果如图所示。

```
alter table course add fulltext index course_fulltext (course_name,description) with parser ngram;
```

```
mysql> alter table course add fulltext index description_fulltext (description);
Query OK, 0 rows affected (0.36 sec)
Records: 0  Duplicates: 0  Warnings: 0
```

该 SQL 语句等效于：

```
create fulltext index course_fulltext on course (course_name,description) with parser ngram;
```

场景 3 为选课系统 choose 表添加唯一性约束索引

场景 3 步骤

执行下面的 SQL 语句，向选课 choose 表的学号及课程号字段添加唯一性约束索引，执行结果如图所示。

```
create unique index student_no_course_no_unique on choose(student_no,course_no);
```

```
mysql> create unique index student_no_course_no_unique on choose(student_no,course_no);
Query OK, 0 rows affected (0.31 sec)
Records: 0  Duplicates: 0  Warnings: 0
```

场景 4　索引的查看

场景 4 步骤

查看 book 表的索引，可以使用如下语句，执行结果如图所示，图中各个字段的说明如表所示。

```
show index from book;
```

索引字段的相关说明

字段名	说明
Table	表的名称
Non_unique	0 表示索引中不能包含重复值，1 表示索引中可以包含重复值
Key_name	索引的名称
Seq_in_index	索引中的字段序列号，序号为 1 表示该字段是第一关键字，序号为 2 表示该字段是第二关键字，以此类推
Column_name	被编入索引的字段名
Collation	关键字是否排序，A 表示排序，NULL 表示不排序。若 Index_type 值为 BTREE，该值总为 A；若为全文索引，该值为 NULL
Cardinality	关键字值的离散程度，该值越大，越离散
Sub_part	如果整个字段值被编入索引，则为 NULL。如果字段值的某个部分被编入索引，则值为被编入索引的字符个数。例如，可以将姓名 name 字段中的"姓"编入索引
Packed	索引的关键字是否被压缩。如果没有被压缩，则为 NULL。Packed 的值对应于创建数据库表时 pack_keys 选项的值
Null	如果字段值可以为 NULL，则为 YES，否则为 NO 或空字符串
Index_type	索引的数据结构（BTREE, FULLTEXT, HASH, RTREE）
Comment	注释
Index_comment	索引的注释
Visible	索引是否可见
Expression	具体含义，可参考 MySQL 官方文档

场景 5　索引的删除

场景 5 步骤

删除书籍 book 表的复合索引 complex_index，可以使用下面的 SQL 语句实现该功能。

```
drop index complex_index on book;
```

第4章
表记录的更新操作

成功创建数据库表后，需要向表插入测试数据，还需要对测试数据进行修改和删除，这些操作称为表记录的更新操作。相较于其他章节而言，本章知识较为简单，比较容易掌握。本章详细讲解"选课系统"的各种更新操作，一方面是为接下来的章节准备测试数据，另一方面希望读者对"选课系统"的各个表结构有更深刻的认识，便于后续章节的学习。

4.1 表记录的插入

向数据库表插入记录时，可以使用 insert 语句插入一条或者多条记录，也可以使用 insert…select 语句向表中插入另一个表的结果集。

4.1.1 使用 insert 语句插入记录

可以使用 insert 语句向表插入一条新记录，语法格式如下。

```
insert into 表名[(字段列表)] values(值列表);
```

"(字段列表)"是可选项，字段列表由若干个要插入数据的字段名组成，字段之间使用英文单引号隔开。若省略了"(字段列表)"，则表示需要为表的所有字段插入数据。

"(值列表)"是必选项，值列表给出了待插入的若干个字段值，字段值之间使用英文逗号隔开，并与字段列表形成一一对应关系。

向 char、varchar、text 及日期型的字段插入数据时，字段值要用英文单引号括起来。

向自增型 auto_increment 字段插入数据时，建议插入 NULL 值，此时将向自增型字段插入下一个编号。

向默认值约束字段插入数据时，字段值可以使用 default 关键字，表示插入的是该字段的默认值。

插入记录时，需要注意表之间的外键约束关系，原则上先给父表插入数据，再给子表插入数据。

场景描述 1：向表的所有字段中插入数据。

向 choose 数据库的 teacher 表的所有字段插入表 4-1 所示的 3 条记录，可以使用下面的 SQL 语句，执行结果如图 4-1 所示。

表 4-1　　　　　　　　　　　　　　　　　向教师表添加的测试数据

teacher_no	teacher_name	teacher_contact
001	张老师	11000000000
002	李老师	12000000000
003	王老师	13000000000

```
use choose;
insert into teacher values('001','张老师','11000000000');
insert into teacher values('002','李老师','12000000000');
insert into teacher values('003','王老师','13000000000');
```

说明

如果 insert 语句成功执行，则返回的结果是影响记录的行数。

使用下面的 select 语句查询 teacher 表的所有记录，执行结果如图 4-2 所示。

```
select * from teacher;
```

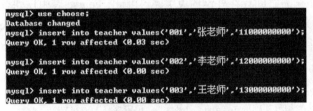

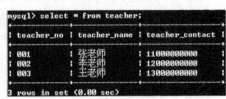

图 4-1　向表的所有字段插入数据　　　　　　图 4-2　查看教师表的所有记录

场景描述 2：在指定的字段插入数据。

例如，向 choose 数据库的 classes 表的班级名字段及院系字段插入表 4-2 所示的班级信息，然后查询 classes 表的所有记录，可以使用下面的 SQL 语句。对于自增型字段，可以手动指定整数值，例如 "2012 计算机应用 1 班" 的班级号 class_no 手动指定为 5，只要不与已存在的 class_no 的值重复即可（但不建议这么做，建议向无任何逻辑意义的自增型字段插入 NULL 值，由 MySQL 自动维护）。

表 4-2　　　　　　　　　　　　　　　　　向班级表添加的测试数据

class_name	department_name
2012 自动化 1 班	机电工程
2012 自动化 2 班	机电工程
2012 自动化 3 班	机电工程
2012 计算机应用 1 班	信息工程

```
use choose;
insert into classes(class_no,class_name,department_name) values(null,'2012 自动化 1 班', '机电工程');
insert into classes(class_no,class_name,department_name) values(null,'2012 自动化 2 班', '机电工程');
insert into classes(class_no,class_name,department_name) values(null,'2012 自动化 3 班', '机电工程');
insert into classes(class_no,class_name,department_name) values(5,'2012 计算机应用 1 班', '信息工程');
select * from classes;
```

场景描述 3：在 insert 语句中使用 default 默认值。

例如，向 choose 数据库的 course 表插入表 4-3 所示的课程信息，然后查询 course 表的所有记录，可以使用下面的 SQL 语句。

表 4-3　　　　　　　　　　　　向课程表添加的测试数据

course_no	course_name	up_limit	description	status	teacher-no
1	Java 语言程序设计	默认值 default	暂无	已审核	001
2	MySQL 数据库	150	暂无	已审核	002
3	C 语言程序设计	230	暂无	已审核	003

```
use choose;
insert into course values(null,'Java 语言程序设计',default,'暂无','已审核','001');
insert into course values(null,'MySQL 数据库',150,'暂无','已审核','002');
insert into course values(null,'C 语言程序设计',230,'暂无','已审核','003');
select * from course;
```

需要注意的是，由于 course 表与 teacher 表之间存在外键约束关系，因此，course 表中任课教师 teacher_no 字段值要么是 NULL，要么是来自于 teacher 表中 teacher_no 字段的值。并且由于 course 表中 teacher_no 字段存在唯一性约束条件，因此，该字段的值不能重复。例如，下面两条 insert 语句的执行失败，执行结果如图 4-3 所示，请读者自行分析失败原因。

```
insert into course values(null,'PHP 编程基础',default,'暂无','已审核','007');
insert into course values(null,'PHP 编程基础',default,'暂无','已审核','002');
```

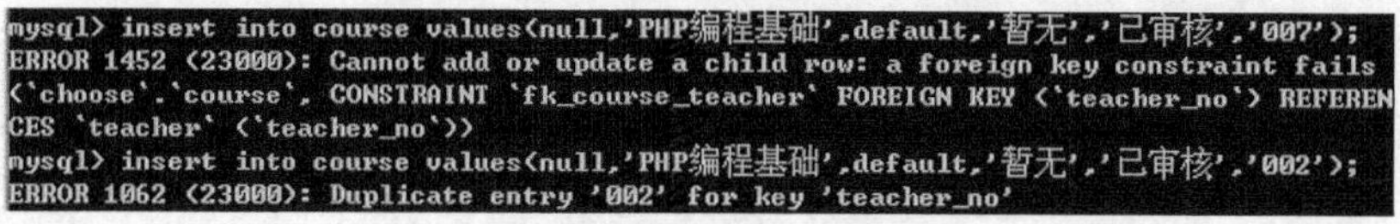

```
mysql> insert into course values(null,'PHP编程基础',default,'暂无','已审核','007');
ERROR 1452 (23000): Cannot add or update a child row: a foreign key constraint fails
(`choose`.`course`, CONSTRAINT `fk_course_teacher` FOREIGN KEY (`teacher_no`) REFEREN
CES `teacher` (`teacher_no`))
mysql> insert into course values(null,'PHP编程基础',default,'暂无','已审核','002');
ERROR 1062 (23000): Duplicate entry '002' for key 'teacher_no'
```

图 4-3　insert 语句与外键约束

另外需要注意的是，上述两条 insert 语句虽然执行失败，但是 course_no 自增型字段的值依然会依次递增。通过执行下面的 MySQL 命令可以看到，course 表的 auto_increment 值为 6，即当前 course 表的自增型字段的起点是 6，如图 4-4 所示。

```
show create table course;
```

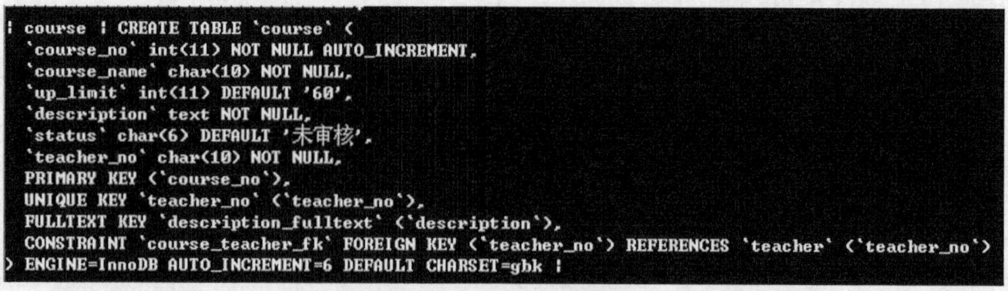

```
| course | CREATE TABLE `course` (
  `course_no` int(11) NOT NULL AUTO_INCREMENT,
  `course_name` char(10) NOT NULL,
  `up_limit` int(11) DEFAULT '60',
  `description` text NOT NULL,
  `status` char(6) DEFAULT '未审核',
  `teacher_no` char(10) NOT NULL,
  PRIMARY KEY (`course_no`),
  UNIQUE KEY `teacher_no` (`teacher_no`),
  FULLTEXT KEY `description_fulltext` (`description`),
  CONSTRAINT `course_teacher_fk` FOREIGN KEY (`teacher_no`) REFERENCES `teacher` (`teacher_no`)
) ENGINE=InnoDB AUTO_INCREMENT=6 DEFAULT CHARSET=gbk |
```

图 4-4　自增型字段的值

4.1.2　批量插入多条记录

使用 insert 语句可以一次性地向表中批量插入多条记录，语法格式如下。

```
insert into 表名[(字段列表)] values
(值列表 1),
(值列表 2),
…
(值列表 n);
```

例如，使用下面的 SQL 语句向学生 student 表中插入表 4-4 所示的学生信息，然后查询该表的所有记录，执行结果如图 4-5 所示，图中该 insert 语句的返回结果是影响记录的行数。注意：学生 student 表与班级 classes 表之间存在外键约束关系。

表 4-4　　　　　　　　　　　向学生表添加的测试数据

student_no	student_name	student_contact	class_no
2012001	张三	15000000000	1
2012002	李四	16000000000	1
2012003	王五	17000000000	3
2012004	马六	18000000000	2
2012005	田七	19000000000	2

```
use choose;
insert into student values
('2012001','张三','15000000000',1),
('2012002','李四','16000000000',1),
('2012003','王五','17000000000',3),
('2012004','马六','18000000000',2),
('2012005','田七','19000000000',2);
select * from student;
```

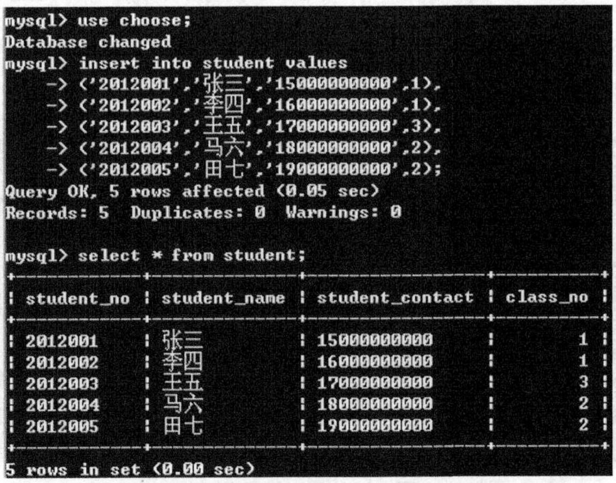

```
mysql> use choose;
Database changed
mysql> insert into student values
    -> ('2012001','张三','15000000000',1),
    -> ('2012002','李四','16000000000',1),
    -> ('2012003','王五','17000000000',3),
    -> ('2012004','马六','18000000000',2),
    -> ('2012005','田七','19000000000',2);
Query OK, 5 rows affected (0.05 sec)
Records: 5  Duplicates: 0  Warnings: 0

mysql> select * from student;
+------------+--------------+-----------------+----------+
| student_no | student_name | student_contact | class_no |
+------------+--------------+-----------------+----------+
| 2012001    | 张三         | 15000000000     |        1 |
| 2012002    | 李四         | 16000000000     |        1 |
| 2012003    | 王五         | 17000000000     |        3 |
| 2012004    | 马六         | 18000000000     |        2 |
| 2012005    | 田七         | 19000000000     |        2 |
+------------+--------------+-----------------+----------+
5 rows in set (0.00 sec)
```

图 4-5　同时插入多条记录

4.1.3　使用 insert…select 插入查询结果集

在 insert 语句中使用 select 子句可以将源表的查询结果添加到目标表中，语法格式如下。

```
insert into 目标表名[(字段列表 1)];
select (字段列表 2) from 源表 where 条件表达式;
```

字段列表 1 与字段列表 2 的字段个数必须相同,且对应字段的数据类型尽量保持一致。

如果源表与目标表的表结构完全相同,则"(字段列表 1)"可以省略。

例如,在下面的 SQL 语句中,create table 语句负责快速地创建一个 student_copy3 表,且表结构与学生 student 表的表结构基本相同。insert 语句将学生 student 表中的所有记录插入 student_copy3 表中。

```
use choose;
drop table if exists student_copy3;
create table student_copy3 like student;
insert into student_copy3 select * from student;
```

4.2　表记录的修改

使用 insert 语句向数据库表插入记录后,如果某些数据需要改变,可使用 update 语句对表中已有的记录进行修改。使用 update 语句可以对表中的一行、多行,甚至所有记录进行修改,语法格式如下。

```
update 表名;
set 字段名 1=值 1, 字段名 2=值 2,…,字段名 n=值 n;
[where 条件表达式];
```

where 子句指定了表中的哪些记录需要修改。若省略了 where 子句,则表示修改表中的所有记录。

set 子句指定了要修改的字段及该字段修改后的值。

例如,将班级 classes 表中"class_no<=3"的院系名 department_name 修改为"机电工程学院",可以使用下面的 update 语句,执行结果如图 4-6 所示。

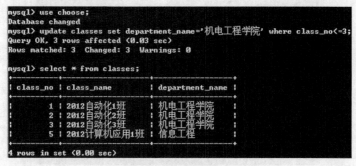

图 4-6　表记录的更改

```
use choose;
update classes set department_name='机电工程学院' where class_no<=3;
select * from classes;
```

修改表记录时,需要注意表的唯一性约束、表之间的外键约束关系及级联选项的设置。

4.3　表记录的删除

表记录的删除通常使用 delete 语句实现。如果要清空某一个表，可以使用 truncate 语句。

4.3.1　使用 delete 删除表记录

如果表中的某条（或某些）记录不再使用，可以使用 delete 语句将其删除，语法格式如下。

```
delete from 表名[where 条件表达式];
```

　　如果没有指定 where 子句，那么该表的所有记录都将被删除，但表结构依然存在。

例如，删除班级名为 "2012 计算机应用 1 班" 的班级信息，可以使用下面的 SQL 语句。

```
use choose;
delete from classes where class_name='2012 计算机应用 1 班';
select * from classes;
```

4.3.2　使用 truncate 清空表记录

truncate table 用于完全清空一个表，语法格式如下，table 关键字可以不写。

```
truncate [table] 表名
```

逻辑上，"truncate 表名" 与 "delete from 表名" 语句的作用相同。实际上，执行一个 truncate 语句等效于执行 drop table 和 create table 两条语句的序列。这就意味着，truncate 与 delete 在使用上有本质区别，例如，delete 语句仅删除了符合删除条件的记录；truncate 语句则是首先删除了表结构（包括索引），然后又创建了表结构；truncate 语句不支持事务的回滚，并且不会触发 delete 触发器的运行；truncate 语句会重置自增型字段的计数器；直接 truncate 父表，将永远执行失败。

4.4　更新操作补充知识

4.4.1　课堂专题讨论——更新操作与外键约束关系

对记录进行更新操作时，时刻需要注意表之间的外键约束关系及级联选项的设置。例如，下面的 delete 语句完成的功能是直接删除班级表中的所有记录，然而该 delete 语句将不会被执行，执行结果如图 4-7 所示。请读者考虑满足何种条件时，该 delete 语句才能成功执行。

```
use choose;
delete from classes;
select * from classes;
```

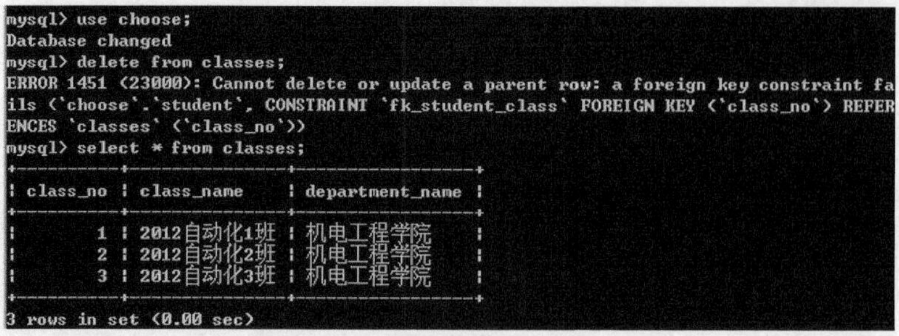

图 4-7　表记录的删除与外键约束

4.4.2　使用 replace 替换记录

使用 replace 语句替换数据库表中原有的记录，replace 语句有 3 种语法格式。

语法格式 1：replace into 表名[（字段列表）] values（值列表）；
语法格式 2：replace [into]目标表名[(字段列表 1)]；
select (字段列表 2) from 源表 where 条件表达式；
语法格式 3：replace [into]表名 set 字段 1=值 1，字段 2=值 2；

语法格式 1、语法格式 2 与 insert 语句的语法格式相似。语法格式 3 与 update 语句的语法格式相似。

使用 replace 语句替换原有的记录时，如果新记录的主键值或者唯一性约束的字段值与原有记录相同，则原有记录先被删除（注意：原有记录删除时也不能违背外键约束条件），然后插入新记录。使用 replace 的最大好处就是可以将 delete 和 insert 合二为一，形成一个原子操作，这样就无须将 delete 操作与 insert 操作置于事务中了。replace 的具体用法参看实践任务部分内容。

4.5　MySQL 特殊字符序列

在 MySQL 中，当字符串中存在表 4-5 所示的 8 个特殊字符序列时，字符序列将被转义成对应的字符（每个字符序列以反斜线符号 "\" 开头，且字符序列大小写敏感）。

表 4-5　　　　　　　　　　　　　　　　　MySQL 的特殊字符序列

MySQL 中的特殊字符序列	转义后的字符
\"	双引号(")
\'	单引号(')
\\	反斜线(\)
\n	换行符
\r	回车符
\t	制表符
\0	ASCII 0 (NUL)
\b	退格符

NUL 与 NULL 不同。例如，对于字符集为 gbk 的 char(5)数据而言，如果其中仅仅存储了两个汉字（如"张三"），那么这两个汉字将占用 char(5)中的两个字符存储空间，剩余的 3 个字符存储空间将存储 "\0" 字符（即 NUL）。"\0" 字符可以与数值进行算术运算，此时将 "\0" 当作整数 0 处理；"\0" 字符还可以与字符串进行连接，此时 "\0" 当作空字符串处理。而 NULL 与其他数据进行运算时，结果永远为 NULL。

下面的 SQL 语句负责向 student_copy3 表中插入表 4-6 所示的两条学生信息，然后查询该表的所有记录，执行结果如图 4-8 所示。

表 4-6　　　　　　　　　　　　　向学生表中添加的测试数据

学生	字段名	字段值	说明
学生 1	学号 student_no	2012006	
	姓名 student_name	Mar_tin	
	联系方式 student_contact	mar\tin@gmail.com	\t 被转义为一个制表符
学生 2	学号 student_no	2012007	
	姓名 student_name	O\'Neil	\'被转义为一个单引号
	联系方式 student_contact	o_\neil@gmail.com	\n 被转义为一个换行符

```
use choose;
insert into student_copy3 values('2012006','Mar_tin', 'mar\tin@gmail.com',3);
insert into student_copy3 values('2012007','O\'Neil', 'o_\neil@gmail.com',3);
select * from student_copy3;
```

在命令提示符窗口中，字符序列 "\t" 被解析成制表符 Tab；字符序列 "\n" 被解析成换行符。所以，上面的 select 语句的查询结果显得 "杂乱无章"。

图 4-8　查询学生表的所有记录

例如，在下面的 SQL 语句中，第一条 select 语句负责查询姓名为 O\'Neil 的学生信息（注意反斜线符号 "\" 不能省略），第二条 select 语句负责查询姓名为 Mar_tin 的学生信息。执行结果如图 4-9 所示。

```
select * from student_copy3 where student_name= 'O\'Neil';
select * from student_copy3 where student_name= 'Mar_tin';
```

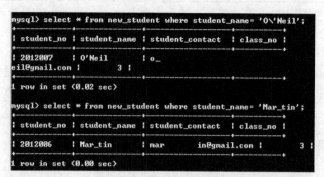

图 4-9　查询学生表的记录

在 select 语句中，查询条件 where 子句中可以使用 like 关键字进行"模糊查询"。"模糊查询"存在两个匹配符"_"和"%"。其中，"_"可以匹配单个字符，"%"可以匹配任意个数的字符。如果使用 like 关键字查询某个字段是否存在"_"或"%"，需要对"_"和"%"进行转义，如表 4-7 所示。

表 4-7　　　　　　　　　　　　like 模糊查询与 MySQL 中的特殊字符

MySQL 中的特殊字符序列	转义后的字符
_	_
\%	%

例如，查询所有姓名中包含下画线"_"的学生信息，可以使用下面的 select 语句（注意反斜线符号"\"不能省略），执行结果如图 4-10 所示。

```
select * from student_copy3 where student_name like '%\_%';
```

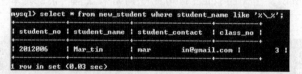

图 4-10　like 模糊查询与 MySQL 中的特殊字符

至此，读者已经可以向"选课系统"的各个数据库表中添加测试数据，但就目前掌握的知识而言，有些业务逻辑至今没有实现。例如，如何统计某个学生已经选修了几门课程，选修了哪些课程；给定一门课程，如何统计哪些学生选修了这门课程；如何统计每一门课程已经有多少学生选修，还能有多少学生选修；如何统计哪些课程已经被报满，其他学生不能再选修。这一系列的问题需要在后续章节中找到答案。

习　题

1. NUL 与 NULL 有什么区别？
2. truncate 与 delete 有什么区别？
3. 更新操作与字符集有什么关系？
4. 数据库表中自增型字段的值一定连续吗？

5. replace 语句与 insert 语句有什么区别？

6. 执行了 delete 语句后，表结构被删除了吗？使用什么命令可以删除表结构？

7. 请读者向"选课系统"choose 数据库中的选课 choose 表插入表 4-8 所示的信息，并完成其他操作。

表 4-8　　　　　　　　　　　　　　　向 choose 表添加的测试数据

choose_no	student_no	course_no	score	create_time	update_time
1	2012001	2	40	服务器当前时间	NULL
2	2012001	1	50	服务器当前时间	NULL
3	2012002	3	60	服务器当前时间	NULL
4	2012002	2	70	服务器当前时间	NULL
5	2012003	1	80	服务器当前时间	NULL
6	2012004	2	90	服务器当前时间	NULL
7	2012005	3	NULL	服务器当前时间	NULL
8	2012005	1	NULL	服务器当前时间	NULL

（1）学生张三（student_no=2012005）已经选修了课程"Java 程序设计"（course_no=1），在选修时间截止前，他想把该课程调换成"MySQL 数据库"（course_no=2），试用 SQL 语句实现该功能。

　　　　实现调课有两种方法。第一种方法是直接使用 update 语句调换课程；第二种方法是先删除张三选修"Java 程序设计"的记录，然后插入张三选修"MySQL 数据库"的记录。

（2）学生田七（student_no=5）已经选修了课程"C 语言程序设计"（course_no=3），由于某种原因，在选修时间截止前，他不想选修该课程了，试用 SQL 语句实现该功能。

（3）课程结束后，请录入某个学生的最终成绩，最终成绩＝（原成绩*70%）+30。

（4）请解释学生的成绩为 NULL 值的含义，NULL 值等于零吗？

实践任务　表记录的更新操作（必做）

1. 目的

（1）掌握 insert、delete、update、truncate、replace 等更新语句的使用方法；

（2）熟悉选课系统的表结构；

（3）向选课系统数据库表插入本人相关信息（课程信息、学生信息、班级信息、选课信息、教师信息），并对本人相关信息进行修改和删除。

2. 说明

本任务依赖于第 3 章实践任务 2 以及实践任务 4。

进行数据的增、删、改操作时，时刻注意表之间的外键约束关系、子表父表之间的关系。

进行数据的增、删、改操作时，如果请求数据或者响应数据中包含有中文字符，注意设置正确的字符集。

3. 环境

MySQL 服务版本：8.0.15 或 5.7.26。

MySQL 客户机：CMD 命令提示符窗口。

4. 环境准备

打开 CMD 命令提示符窗口，键入如下命令，以 gbk 字符集方式连接 MySQL 服务器。

```
mysql --default-character-set=gbk -h localhost -u root -p
```

输入 root 账户的密码，建立 MySQL 服务器的连接。

5. 内容差异化考核

实践任务所使用的数据库名、表名中应该包含自己的学号或者自己姓名的全拼；使用的测试数据应该包含自己的学号或者自己姓名的全拼。以某真实学生张三丰为例，添加张三学生测试数据时，张三测试数据应该改为"张三_张三丰"；添加"2012 自动化 1 班"班级测试数据时，班级名测试数据应该改为"2012 自动化 1 班_张三丰"。

根据实践任务的完成情况，由学生自己完成知识点的汇总。

场景 1　简单的更新操作

场景 1 步骤

（1）使用 SQL 语句，向 teacher 表的所有字段中添加"自己"老师的相关信息。

```
insert into teacher values('001','张老师','11000000000');
```

（2）使用 SQL 语句，向 classes 表指定的字段添加"自己"班级的相关信息。

```
insert into classes(class_no,class_name,department_name) values(null,'2012 自动化 1 班','机电工程');
```

（3）使用 default 默认值关键字，向 course 表添加"自己"所学课程的相关信息。

```
insert into course values(null,'java 语言程序设计',default,'暂无','已审核','001');
```

（4）使用 SQL 语句，向学生 student 表中批量插入"自己"的同学信息。

```
use choose;
insert into student values
('2012001','张三','15000000000',1),
('2012002','李四','16000000000',1),
('2012003','王五','17000000000',3),
('2012004','马六','18000000000',2),
('2012005','田七','19000000000',2);
select * from student;
```

（5）使用 insert…select，向 student_copy3 表插入 student 表的查询结果集。

```
use choose;
drop table if exists student_copy3;
create table student_copy3 like student;
insert into student_copy3 select * from student;
select * from student_copy3;
```

（6）使用 SQL 语句，修改 classes 表中的班级名信息。

```
use choose;
update classes set department_name='机电工程学院' where class_no<=3;
select * from classes;
```

（7）使用 SQL 语句，删除班级名为"2012 计算机应用 1 班"的班级信息。

```
use choose;
delete from classes where class_name='2012计算机应用1班';
select * from classes;
```

（8）更新操作的其他注意事项：更新操作与外键约束关系。

使用 SQL 语句，删除班级表中的所有记录。

```
use choose;
delete from classes;
select * from classes;
```

结论：由于外键约束的原因，该 delete 语句将不会被执行。

场景 2　使用 truncate 或 delete 语句清空表记录的区别
场景 2 步骤
（1）创建父表和子表。

执行下面的 SQL 语句，创建 test 数据库，并在该数据库中分别创建组织 organization 表（父表）与成员 member 表（子表）。

```
drop database if exists test;
create database if not exists test charset=gbk;
use test;
create table organization(
o_no int not null auto_increment,
o_name varchar(32) default '',
primary key (o_no)
) engine=InnoDB charset=gbk;
create table member(
m_no int not null auto_increment,
m_name varchar(32) default '',
o_no int,
primary key (m_no),
constraint organization_member_fk foreign key (o_no) references organization(o_no)
) engine=InnoDB;
```

（2）向父表和子表中分别添加测试数据。

执行下面的 insert 语句分别向两个表中插入若干条测试数据。

```
insert into organization(o_no, o_name) values
(null, 'o1'),
(null, 'o2');
insert into member(m_no,m_name,o_no) values
(null, 'm1',1),
(null, 'm2',1),
(null, 'm3',1),
(null, 'm4',2),
(null, 'm5',2);
```

（3）使用 delete 语句删除子表所有记录，并查看子表结构。

执行下面的 delete 语句删除 member 表的所有记录，接着查看 member 表的表结构，执行结果如图所示。

```
delete from member;
show create table member;
```

```
mysql> delete from member;
Query OK, 5 rows affected (0.09 sec)

mysql> show create table member;
+--------+------------------------------------------------------------------+
| Table  | Create Table                                                     |
+--------+------------------------------------------------------------------+
| member | CREATE TABLE `member` (
  `m_no` int(11) NOT NULL AUTO_INCREMENT,
  `m_name` varchar(32) DEFAULT '',
  `o_no` int(11) DEFAULT NULL,
  PRIMARY KEY (`m_no`),
  KEY `organization_member_fk` (`o_no`),
  CONSTRAINT `organization_member_fk` FOREIGN KEY (`o_no`) REFERENCES `organization` (`o_no`)
) ENGINE=InnoDB AUTO_INCREMENT=6 DEFAULT CHARSET=gbk |
+--------+------------------------------------------------------------------+
1 row in set (0.01 sec)
```

（4）使用 truncate 语句清空子表，并查看子表结构。

执行下面的 truncate 语句删除 member 表的所有记录，接着查看 member 表的表结构，执行结果如图所示。

```
truncate member;
show create table member;
```

```
mysql> truncate member;
Query OK, 0 rows affected (0.32 sec)

mysql> show create table member;
+--------+------------------------------------------------------------------+
| Table  | Create Table                                                     |
+--------+------------------------------------------------------------------+
| member | CREATE TABLE `member` (
  `m_no` int(11) NOT NULL AUTO_INCREMENT,
  `m_name` varchar(32) DEFAULT '',
  `o_no` int(11) DEFAULT NULL,
  PRIMARY KEY (`m_no`),
  KEY `organization_member_fk` (`o_no`),
  CONSTRAINT `organization_member_fk` FOREIGN KEY (`o_no`) REFERENCES `organization` (`o_no`)
) ENGINE=InnoDB DEFAULT CHARSET=gbk |
+--------+------------------------------------------------------------------+
1 row in set (0.00 sec)
```

结论：delete 语句删除操作不会重置自增型字段的起点，truncate 语句清空操作会将自增型字段的起点重置为 1。

（5）使用 delete 语句删除父表所有记录，执行结果如图所示。

```
delete from organization;
```

```
mysql> delete from organization;
Query OK, 2 rows affected (0.12 sec)
```

（6）使用 truncate 语句清空父表。

执行下面的 MySQL 命令清除父表 organization，执行结果如图所示。

```
truncate organization;
```

```
mysql> truncate organization;
ERROR 1701 (42000): Cannot truncate a table referenced in a foreign key constraint (`test`.`member`, CONSTRAINT `organization_member_fk`)
```

结论：如果父表中的记录不违背外键约束关系，使用 delete 可以删除父表的所有记录；但只要存在外键约束关系，使用 truncate 语句直接清空父表时，将永远执行失败。

场景 3 replace 语句的用法
场景 3 步骤

（1）执行下面的 replace 语句，执行结果如图所示。

```
use choose;
replace into student values ('3000001','王者荣','16000000000',1);
```

```
mysql> replace into student values ('3000001','王者荣','16000000000',1);
Query OK, 1 row affected (0.04 sec)
```

　　由于学生表中不存在学号为 3000001 的学生信息，因此，新记录"王者荣"的学生信息将被添加到 student 表中。可以看到，此处的 replace 语句等效于 insert 语句。

（2）执行下面的 replace 语句，执行结果如图所示。

```
use choose;
replace into student values ('3000001','王者荣耀','17000000000',1);
```

```
mysql> replace into student values ('3000001','王者荣耀','17000000000',1);
Query OK, 2 rows affected (0.18 sec)
```

　　由于学生表中已经存在学号为 3000001 的学生信息，因此，3000001 王者荣的学生信息将被删除，然后将新记录"王者荣耀"的学生信息添加到 student 表中（手机号码也发生了变更），图中"2 rows affected"的含义是先删除一条记录，再插入一条记录。此处的 replace 语句等效于先执行了 delete 语句再执行 insert 语句，继而实现了记录的替换功能。

　　结论：在执行 replace 后，系统返回了所影响的行数。如果返回 1，说明在表中并没有重复的记录，此时 replace 语句与 insert 语句的功能相同；如果返回 2，说明有一条重复记录，系统自动先调用 delete 语句删除这条重复记录，然后用 insert 语句来插入新记录；如果返回的值大于 2，说明有多个唯一索引，有多条记录被删除。

第 5 章
表记录的检索

数据库中最为常用的操作是从表中检索所需要的数据。本章将详细讲解 select 语句检索表记录的方法，并结合"选课系统"，讨论该系统部分问题域的解决方法。通过本章的学习，读者可以从数据库表中检索出自己想要的数据。

5.1   select 语句概述

select 语句是在所有数据库操作中使用频率最高的 SQL 语句。select 语句的执行流程如图 5-1 所示。首先数据库用户编写合适的 select 语句，接着通过 MySQL 客户机将 select 语句发送给 MySQL 服务实例，MySQL 服务实例编译该 select 语句，然后选择合适的执行计划从表中查找出满足特定条件的若干条记录，最后按照规定的格式整理成结果集返回给 MySQL 客户机。

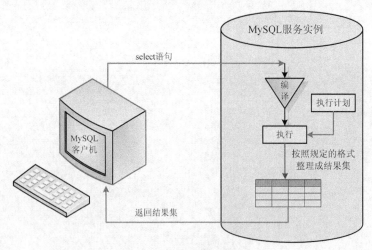

图 5-1   select 语句的执行流程

select 语句的语法格式如下。

```
select 字段列表
from 数据源
[ where 条件表达式]
[ group by 分组字段[ having 条件表达式] ]
[ order by 排序字段[ asc | desc ] ]
```

字段列表用于指定检索字段。

from 子句用于指定检索的数据源（可以是表或者视图）。

where 子句用于指定记录的过滤条件。

group by 子句用于对检索的数据进行分组。

having 子句通常和 group by 子句一起使用，用于过滤分组后的统计信息。

order by 子句用于对检索的数据进行排序处理，默认为升序 asc。

如果 select 查询语句中包含中文简体字符（如 where 子句中包含中文简体字符），或者查询结果集中包含中文简体字符，则需要进行相应的字符集设置，否则将可能导致查询结果失败，或者查询结果以乱码的形式显示。

5.1.1　使用 select 子句指定字段列表

字段列表跟在 select 子句后，用于指定查询结果集中需要显示的列，可以使用以下几种方式指定字段列表，如表 5-1 所示。

表 5-1　　　　　　　　　　　　使用 select 子句指定字段列表

字段列表	说明
*	字段列表为数据源的全部字段
表名.*	多表查询时，指定某个表的全部字段
字段列表	指定需要显示的若干个字段

字段列表可以包含字段名，也可以包含表达式，字段名之间使用逗号分隔，并且顺序可以根据需要任意指定。

可以为字段列表中的字段名或表达式指定别名，中间使用 as 关键字分隔即可（as 关键字可以省略）。

多表查询时，同名字段前必须添加表名前缀，中间使用 "." 分隔。

例如，检索 MySQL 版本号及服务器的时间，可以使用下面的 select 语句，执行结果如图 5-2 所示。

```
select version(), now(),pi(),1+2,null=null,null!=null,null is null;
select version() 版本号, now() as 服务器当前时间, pi() PI 的值,1+2 求和;
```

图 5-2　使用 select 子句指定字段列表

在默认情况下，"结果集中的列名" 为字段列表中的字段名或表达式名。

请读者切记：null 与 null 进行比较时，结果为 null。然而 "null is null" 的结果为真。

为字段名或表达式指定别名时，只需将别名放在字段名或表达式后，用空格隔开即可。也可以使用 as 关键字为字段名或表达式指定别名。

version()函数定义了当前 MySQL 服务的版本号，pi()函数定义了 π 的值。

例如，检索 student 表中的全部记录（全部字段），可以使用下面的 SQL 语句。

```
select * from student;
```

该 SQL 语句等效于：

```
select student_no,student_name, student_contact,class_no from student;
```

例如，检索 student 表中所有学生的学号及姓名信息，可以使用下面的 SQL 语句。

```
select student_no,student_name from student;
```

该 SQL 语句等效于：

```
select student.student_no, student.student_name from student;
```

5.1.2　distinct 和 limit

（1）使用 distinct 过滤结果集中的重复记录。

数据库表中不允许出现重复的记录，但这不意味着 select 的查询结果集中不会出现记录重复的现象。如果需要过滤结果集中重复的记录，可以使用谓词关键字 distinct，语法格式如下。

```
distinct 字段名
```

例如，检索 classes 表中的院系名信息，要求院系名不能重复，可以使用下面的 SQL 语句。

```
select distinct department_name from classes;
```

（2）使用 limit 查询某几行记录。

使用 select 语句时，经常需要返回前几条或者中间某几条记录，可以使用谓词关键字 limit 实现。语法格式如下。

```
select 字段列表
from 数据源
limit [start,]length;
```

　　　　limit 接受一个或两个整数参数。start 表示从第几行记录开始检索，length 表示检索多少行记录。表中第一行记录的 start 值为 0（不是 1）。

例如，检索 student 表的前 3 条记录信息，可以使用下面的 SQL 语句。

```
select * from student limit 0,3;
```

该 SQL 语句等效于：select * from student limit 3;

例如，检索 choose 表中从第 2 条记录开始的 3 条记录信息，可以使用下面的 SQL 语句。

```
select * from choose limit 1,3;
```

　　　　与其他数据库管理系统相比，由于谓词关键字 limit 的存在，MySQL 分页功能的实现方法变得非常简单。

5.1.3　表和表之间的连接

在实际应用中，为了避免数据冗余，需要将一张"大表"划分成若干张"小表"（划分原则请读者参看数据库设计概述章节中的内容）。在检索数据时，往往需要将若干张"小表""缝补"成一张"大表"输出给数据库用户。select 子句的 from 子句可以指定多个数据源，并将多个数据源按照指定连接条件"缝补"成一个结果集。

　　指定连接条件的方法有两种：第一种方法是在 where 子句中指定多个数据源之间的连接条件。例如，检索分配有班级的学生信息，可以使用下面的 SQL 语句实现，执行结果如图 5-3 所示。

```
select student_no,student_name,student_contact,student.class_no,class_name,department_name
from student , classes
where student.class_no=classes.class_no;
```

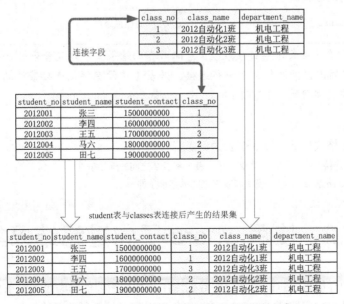

图 5-3　在 where 子句中设置连接条件

　　第二种方法是在 from 子句中使用连接（join）运算，将多个数据源按照某种连接条件"缝补"在一起。第二种方法的 from 子句的语法格式如下。

```
from 表名 1  [连接类型]  join  表名 2  on  表 1 和表 2 之间的连接条件
```

　　SQL 标准中的连接类型主要分为 inner 连接（内连接）和 outer 连接（外连接），而外连接又分为 left（左外连接，简称为左连接）、right（右外连接，简称为右连接）及 full（完全外连接，简称完全连接）。

　　如果表 1 与表 2 存在相同意义的字段，则可以通过该字段连接这两张表。为了便于描述，本书将该字段称为表 1 与表 2 之间的"连接字段"。例如，student 表中存在 class_no 字段，而该字段又是 classes 表的主键，因此可以通过该字段对 student 表与 classes 表进行连接，"缝补"成一张"大表"输出给数据库用户，此时 class_no 字段就是 student 表与 classes 表之间的"连接字段"。student 表与 classes 表连接后产生的结果集如图 5-4 所示。

图 5-4　student 表与 classes 表连接后产生的结果集

如果在表 1 与表 2 中连接字段同名,则需要在连接字段前冠以表名前缀,以便指明该字段属于哪个表。

使用 from 子句可以给各个数据源指定别名,指定别名的方法与 select 子句中为字段名指定别名的方法相同。

1. 内连接(inner join)

内连接将两个表中满足指定连接条件的记录连接成新的结果集,并舍弃所有不满足连接条件的记录。内连接是最常用的连接类型,也是默认的连接类型,可以在 from 子句中使用 inner join(inner 关键字可以省略)实现内连接,语法格式如下。

```
from 表1 [inner] join表2 on 表1和表2之间的连接条件
```

 使用内连接连接两个数据库表时,连接条件会同时过滤表 1 与表 2 的记录信息。

2. 外连接(outer join)

外连接又分为左连接(left join)、右连接(right join)和完全连接(full join)。与内连接不同,外连接(左连接或右连接)的连接条件只过滤一个表,对另一个表不进行过滤(该表的所有记录出现在结果集中)。完全连接两个表时,两个表的所有记录都出现在结果集中(MySQL 暂不支持完全连接,本书不再赘述,读者可以通过其他技术手段间接地实现完全连接)。

(1)左连接的语法格式。

```
from 表1 left join表2 on 表1和表2之间的连接条件
```

 语法格式中表 1 左连接表 2,意味着查询结果集中须包含表 1 的全部记录,然后表 1 按指定的连接条件与表 2 进行连接。若表 2 中没有满足连接条件的记录,则结果集中表 2 相应的字段填入 NULL。

(2)右连接的语法格式。

```
from 表1 right join 表2 on 表1和表2之间的连接条件
```

 语法格式中表 1 右连接表 2,意味着查询结果集中须包含表 2 的全部记录,然后表 2 按指定的连接条件与表 1 进行连接。若表 1 中没有满足连接条件的记录,则结果集中表 1 相应的字段填入 NULL。

3. 多表连接

多表连接语法格式如下(以 3 个表为例)。

```
from 表1 [连接类型] join表2 on 表1和表2之间的连接条件
[连接类型] join表3 on 表2和表3之间的连接条件
```

5.2 使用 where 子句过滤结果集

由于数据库中存储着海量的数据,而数据库用户往往需要的是满足特定条件的部分记录,因此就需要对查询结果进行筛选。使用 where 子句可以设置结果集的过滤条件,where 子句的语法格式比较简单，语法格式如下。

```
where  条件表达式
```

其中，条件表达式是一个布尔表达式，满足"布尔表达式为真"的记录将被包含在 select 结果集中。

5.2.1　使用单一的条件过滤结果集

单一的过滤条件可以使用下面的布尔表达式，语法格式如下。

```
表达式 1  比较运算符  表达式 2
```

"表达式 1"和"表达式 2"可以是一个字段名、常量、变量、函数，甚至是子查询。

比较运算符用于比较两个表达式的值，比较的结果是一个布尔值（TRUE 或 FALSE）。常用的比较运算符有=（等于）、>（大于）、>=（大于等于）、<（小于）、<=（小于等于）、<>（不等于）、!=（不等于）、!<（不小于）、!>（不大于）。

如果表达式的结果是数值，则按照数值的大小进行比较；如果表达式的结果是字符串，则需要参考字符序 collation 的设置进行比较。

例如，检索"2012 自动化 2 班"的所有学生、所有课程的成绩（注意这里使用了左连接，原因在于这个班可能没有学生），可以使用下面的 SQL 语句，执行结果如图 5-5 所示。

图 5-5　使用单一的条件过滤结果集

```
select student.student_no,student_name,choose.course_no,course_name,score
from classes left join student on classes.class_no=student.class_no
left join choose on student.student_no=choose.student_no
left join course on course.course_no=choose.course_no
where class_name='2012 自动化 2 班';
```

5.2.2　is NULL 运算符

is NULL 用于判断表达式的值是否为空值 NULL（is not NULL 恰恰相反），语法格式如下。

```
表达式 is [ not ] NULL
```

例如，检索没有录入成绩的学生及对应的课程信息，可以使用下面的 SQL 语句，执行结果如图 5-6 所示（注意这里使用了内连接）。

```
select student.student_no,student_name,choose.course_no,course_name,score
from student inner join choose on student.student_no=choose.student_no
inner join course on choose.course_no=course.course_no
where score is NULL;
```

```
    -> from student inner join choose on student.student_no=choose.student_no
    -> inner join course on choose.course_no=course.course_no
    -> where score is NULL;
+------------+--------------+-----------+------------------+-------+
| student_no | student_name | course_no | course_name      | score |
+------------+--------------+-----------+------------------+-------+
| 2012005    | 田七         |         3 | C语言程序设计    |  NULL |
| 2012005    | 田七         |         1 | Java语言程序设计 |  NULL |
+------------+--------------+-----------+------------------+-------+
rows in set <0.00 sec)
```

图 5-6　is NULL 运算符

说明　这里不能将"score is NULL"写成"score = NULL"，原因是 NULL 是一个不确定的数，不能使用"="、"! ="等比较运算符与 NULL 进行比较。

例如，下面的 SQL 语句的执行结果如图 5-7 所示，请读者自行分析产生该结果的原因。

```
select 2 = 2,NULL = NULL, NULL != NULL, NULL is NULL, NULL is not NULL;
```

```
mysql> select 2 = 2,NULL = NULL, NULL != NULL, NULL is NULL, NULL is not NULL;
+-------+-------------+--------------+--------------+------------------+
| 2 = 2 | NULL = NULL | NULL != NULL | NULL is NULL | NULL is not NULL |
+-------+-------------+--------------+--------------+------------------+
|     1 |        NULL |         NULL |            1 |                0 |
+-------+-------------+--------------+--------------+------------------+
1 row in set <0.00 sec)
```

图 5-7　NULL 的比较运算

5.2.3　使用逻辑运算符

where 子句中可以包含多个查询条件，使用逻辑运算符可以将多个查询条件组合起来，完成更为复杂的过滤筛选。常用的逻辑运算符包括逻辑与（and）、逻辑或（or）及逻辑非（!），其中逻辑非（!）为单目运算符。

1. 逻辑非（!）

逻辑非（!）为单目运算符，它的使用方法较为简单，如下所示。使用逻辑非（!）操作布尔表达式时，若布尔表达式的值为 TRUE，则整个逻辑表达式的结果为 FALSE，反之亦然。

```
!布尔表达式
```

例如，检索课程上限不是 60 人的所有课程信息，可以使用下面的 SQL 语句，执行结果如图 5-8 所示。

```
select * from course where !(up_limit=60);
```

该 SQL 语句等效于：select * from course where up_limit!=60;

```
+-----------+-------------+----------+-------------+--------+------------+
| course_no | course_name | up_limit | description | status | teacher_no |
+-----------+-------------+----------+-------------+--------+------------+
|         2 | MySQL数据库 |      150 | 暂无        | 已审核 | 002        |
|         3 | C语言程序设计|     230 | 暂无        | 已审核 | 003        |
+-----------+-------------+----------+-------------+--------+------------+
rows in set <0.01 sec)
```

图 5-8　逻辑非

2. 逻辑与（and）

使用逻辑与（and）连接两个布尔表达式，只有当两个布尔表达式的值都为 TRUE 时，整个逻辑表达式的结果才为 TRUE。语法格式如下。

布尔表达式 1　and　布尔表达式 2

例如，检索 "MySQL 数据库" 课程不及格的学生名单（不包括缺考学生），可以使用下面的 SQL 语句，执行结果如图 5-9 所示。

```
select student.student_no,student_name,student_contact,choose.course_no,course_name,score
from course join choose on course.course_no=choose.course_no
join student on choose.student_no=student.student_no
where course.course_name='MySQL 数据库' and score<60;
```

图 5-9　and 逻辑运算符

另外，MySQL 还支持 between…and…运算符。between…and…运算符用于判断一个表达式的值是否位于指定的取值范围内，between…and…的语法格式如下。

表达式　[not] between　起始值　and　终止值

表达式的值的数据类型与起始值及终止值的数据类型相同。如果表达式的值介于起始值与终止值之间（即表达式的值>=起始值 and 表达式的值<=终止值），则整个逻辑表达式的值为 True；not between…and…恰恰相反。

例如，检索成绩优秀（成绩在 80～100 分）的学生及其对应的课程信息，可以使用下面的 SQL 语句，执行结果如图 5-10 所示。

```
select student.student_no,student_name,choose.course_no,course_name,score
from student join choose on student.student_no=choose.student_no
join course on choose.course_no=course.course_no
where score between 80 and 100;
```

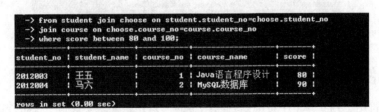

图 5-10　between…and…运算符

3. 逻辑或（or）

使用逻辑或（or）连接两个布尔表达式，只有当两个表达式的值都为 FALSE 时，整个逻辑表达式的结果才为 FALSE。语法格式如下。

布尔表达式 1　or　布尔表达式 2

例如，检索所有姓 "张"、姓 "田" 的学生信息，可以使用下面的 SQL 语句，执行结果如图 5-11 所示（说明：图中的部分测试数据，来自于本章实践任务 1 的场景 1）。

```
select *
from student
where substring(student_name,1,1)='张' or substring(student_name,1,1)='田';
```

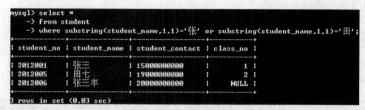

图 5-11 or 逻辑运算符

 substring()是一个字符串函数,功能是求一个源字符串的子串,该函数需要 3 个参数,分别定义了源字符串、子串的起止位置及子串的长度。

另外,MySQL 还支持 in 运算符,in 运算符用于判断一个表达式的值是否位于一个离散的数学集合内,in 的语法格式如下。

表达式 [not] in(数学集合)

 一些离散的数值型的数以及若干个字符串,甚至一个 select 语句的查询结果集(单个字段)都可以构成一个数学集合。如果表达式的值包含在数学集合中,则整个逻辑表达式的结果为 TRUE,[not] in 恰恰相反。

例如,检索所有姓"张"、姓"田"的学生信息,也可以使用下面的 SQL 语句,执行结果如图 5-12 所示(说明:图中的部分测试数据,来自于本章实践任务 1 的场景 1)。

```
select * from student where substring(student_name,1,1) in ('张' ,'田');
```

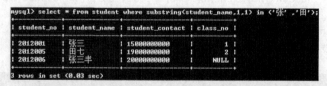

图 5-12 in 运算符

5.2.4 使用 like 进行模糊查询

like 运算符用于判断一个字符串是否与给定的模式相匹配。模式是一种特殊的字符串,特殊之处在于它不仅包含普通字符,还包含通配符。在实际应用中,如果不能对字符串进行精确查询,可以使用 like 运算符与通配符实现模糊查询,like 运算符的语法格式如下。

字符串表达式 [not] like 模式

 在字符串表达式中,符合模式匹配的记录将包含在结果集中,[not] like 则恰恰相反。字符序设置为 gbk_chinese_ci 或 gb2312_chinese_ci,模式匹配时英文字母不区分大小写;而字符序设置为 gbk_bin 或 gb2312_bin,模式匹配时英文字母区分大小写。

模式是一个字符串,其中包含普通字符和通配符。在 MySQL 中常用的通配符如表 5-2 所示。

表 5-2	MySQL 中常用的通配符
通配符	功能
%	匹配零个或多个字符组成的任意字符串
_（下画线）	匹配任意一个字符

例如，检索所有姓"张"，且名字只有两个字的学生的信息，可以使用下面的 SQL 语句，执行结果如图 5-13 所示。

```
select * from student where student_name like '张_';
```

将 MySQL 字符集设置为 gbk 中文简体字符集时，一个"_"下画线代表一个中文简体字符。

例如，检索学生姓名中所有带"三"的学生的信息，可以使用下面的 SQL 语句，执行结果如图 5-14 所示（说明：图中的部分测试数据，来自于本章实践任务 1 的场景 1）。

```
select * from student where student_name like '%三%';
```

图 5-13　使用 like 进行模糊查询（1）　　　图 5-14　使用 like 进行模糊查询（2）

模糊查询"%"或"_"字符时，需要将"%"或"_"字符转义，例如，检索学生姓名中所有带"_"的学生信息，可以使用下面的 SQL 语句，其中，student_copy3 表是在表记录的更新操作章节中创建的。执行结果如图 5-15 所示。

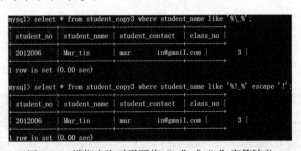

图 5-15　模糊查询时需要将"%"或"_"字符转义

```
select * from student_copy3 where student_name like '%\_%';
```

如果不想使用"\"作为转义字符，也可以使用 escape 关键字自定义一个转义字符（有时称为"逃逸字符"），例如，下面的 SQL 语句使用字符"!"作为转义字符。

```
select * from student_copy3 where student_name like '%!_%' escape '!';
```

5.3　使用 order by 子句对结果集排序

select 语句的查询结果集的排序由数据库系统动态确定，往往是无序的。order by 子句用于对结果集排序。在 select 语句中添加 order by 子句，就可以使结果集中的记录按照一个或多个字段的值进行排序，排序的方向可以是升序（asc）或降序（desc）。order by 子句的语法格式如下。

```
order by 字段名1 [asc|desc] [… ,字段名n [asc|desc] ]
```

在 order by 子句中，可以指定多个字段作为排序的关键字，其中第一个字段为排序主关键字，第二个字段为排序次关键字，以此类推。排序时，首先按照主关键字的值进行排序，主关键字的值相同的，再按照次关键字的值进行排序，以此类推。

在排序时，MySQL 总是将 NULL 当作"最小值"处理。

例如，对选课表中的成绩降序排序，可以使用下面的 SQL 语句，执行结果如图 5-16 所示。

```
select * from choose order by score desc;
```

图 5-16　使用 order by 子句对结果集排序（1）

例如，按照学生的学号及课程号升序的方式，查询所有学生的课程分数，可以使用下面的 SQL 语句，执行结果如图 5-17 所示。

```
select student.student_no,student_name,course.course_no,course_name,score
from student inner join choose on student.student_no=choose.student_no
inner join course on choose.course_no=course.course_no
order by student_no asc,course_no asc;
```

图 5-17　使用 order by 子句对结果集排序（2）

该 SQL 语句中的 asc 可以省略，这是由于使用 order by 子句时，默认的排序方式为升序 asc。

对字符串排序时，字符序 collation 的设置会影响排序结果。

5.4　使用聚合函数汇总结果集

聚合函数用于对一组值进行计算并返回一个汇总值，常用的聚合函数有统计结果集中记录的行数 count()函数、累加求和 sum()函数、平均值 avg()函数、最大值 max()函数和最小值 min()函数等。

1. count()函数用于统计结果集中记录的行数

例如，统计全校的学生人数，可以使用下面的 SQL 语句，执行结果如图 5-18 所示。

```
select count(*) 学生人数  from student;
```

该 SQL 语句等效于：select count(student_no) 学生人数 from student;

假设 choose 表中成绩为 NULL 时表示该生缺考。统计 choose 表 course_no=1 的课程中，参加考试的学生人数、缺考的学生人数、缺考百分比等信息，可以使用下面的 SQL 语句，执行结果如图 5-19 所示。

```
select count(choose_no) 参加考试的人数, count(choose_no)-count(score) 缺考学生人数,
(count(choose_no)-count(score))/count(choose_no)*100    缺考百分比  from choose
where course_no=1;
```

图 5-18　使用 count()函数统计结果　　　　　　图 5-19　使用 count()函数统计结果
　　集中记录的行数（1）　　　　　　　　　　　　集中记录的行数（2）

可以看出，使用 count()函数对 NULL 值统计时，count()函数将忽略 NULL 值。sum()函数、avg()函数、max()及 min()函数等统计函数在统计数据时也将忽略 NULL 值。

2. sum()函数用于对数值型字段的值累加求和

例如，统计全校所有成绩的总成绩，可以使用下面的 SQL 语句，执行结果如图 5-20 所示。

```
select sum(score) 总成绩  from choose;
```

例如，统计学生"张三丰"的课程总成绩（注意张三丰没有选课），可以使用下面的 SQL 语句，执行结果如图 5-21 所示。

```
select student.student_no,student_name    姓名,sum(score) 总成绩
from student left join choose on choose.student_no=student.student_no
where student_name='张三丰';
```

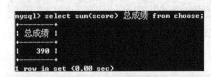

图 5-20　使用 sum()函数对数值型字段的　　　　图 5-21　使用 sum()函数对数值型字段的
　　值累加求和（1）　　　　　　　　　　　　　　值累加求和（2）

3. avg()函数用于对数值型字段的值求平均值

例如，统计学生“张三”的课程平均成绩，可以使用下面的 SQL 语句，执行结果如图 5-22 所示。

```
select student.student_no,student_name 姓名,avg(score)  平均成绩
from student left join choose on choose.student_no=student.student_no
where student_name='张三';
```

4. max()函数与 min()函数用于统计数值型字段值的最大值与最小值

例如，统计所有成绩中的最高分和最低分，可以使用下面的 SQL 语句，执行结果如图 5-23 所示。

```
select max(score) 最高分,min(score) 最低分 from choose;
```

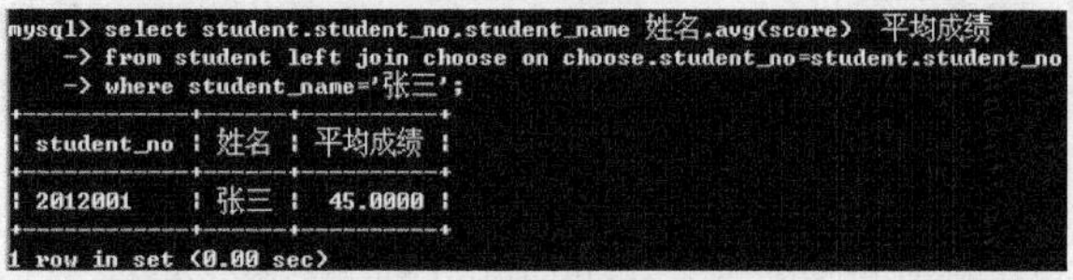

```
mysql> select student.student_no,student_name 姓名,avg(score)  平均成绩
    -> from student left join choose on choose.student_no=student.student_no
    -> where student_name='张三';
+------------+------+----------+
| student_no | 姓名 | 平均成绩 |
+------------+------+----------+
| 2012001    | 张三 |  45.0000 |
+------------+------+----------+
1 row in set (0.00 sec)
```

图 5-22　使用 avg()函数对数值型字段的值求平均值

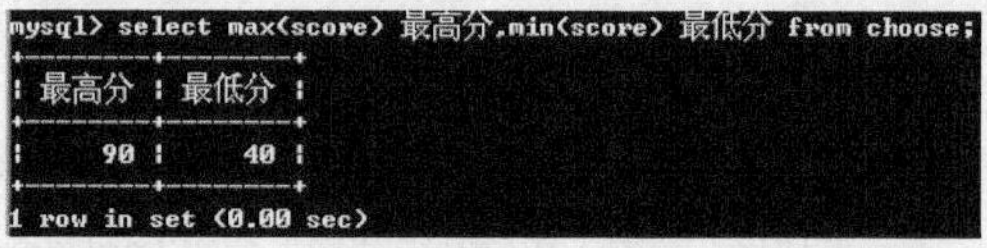

```
mysql> select max(score) 最高分,min(score) 最低分 from choose;
+--------+--------+
| 最高分 | 最低分 |
+--------+--------+
|     90 |     40 |
+--------+--------+
1 row in set (0.00 sec)
```

图 5-23　统计数值型字段值的最大值与最小值

5.5 使用 group by 子句对记录分组统计

group by 子句将查询结果按照某个字段（或多个字段）进行分组（字段值相同的记录作为一个分组），通常与聚合函数一起使用。group by 子句的语法格式如下。

```
group by 字段列表 [ having 条件表达式] [ with rollup ]
```

有时使用 order by 子句也可以实现“分组”功能，但 order by 子句与 group by 子句实现分组时有很大区别。

例如，按“班级”将学生的信息进行分组，可以使用下面的 SQL 语句，执行结果如图 5-24 所示。

```
select * from student order by class_no;
```

如果使用下面的 SQL 语句，将得不到按班级将学生进行分组的信息，执行结果如图 5-25 所示。

```
select * from student group by class_no;
```

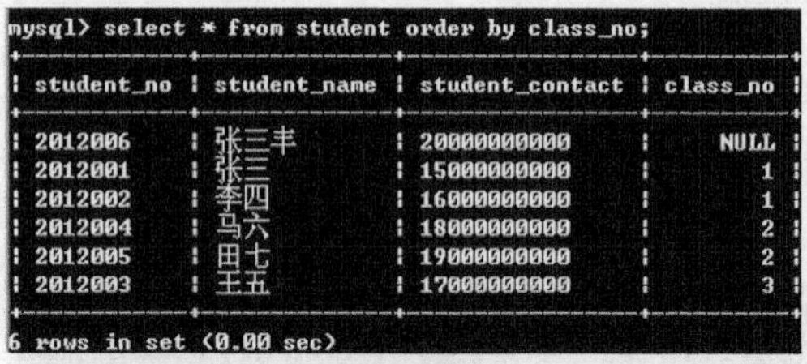

```
mysql> select * from student order by class_no;
+------------+--------------+-----------------+----------+
| student_no | student_name | student_contact | class_no |
+------------+--------------+-----------------+----------+
| 2012006    | 张三丰       | 20000000000     |     NULL |
| 2012001    | 张三         | 15000000000     |        1 |
| 2012002    | 李四         | 16000000000     |        1 |
| 2012004    | 马六         | 18000000000     |        2 |
| 2012005    | 田七         | 19000000000     |        2 |
| 2012003    | 王五         | 17000000000     |        3 |
+------------+--------------+-----------------+----------+
6 rows in set (0.00 sec)
```

图 5-24　使用 order by 进行排序模拟实现分组功能

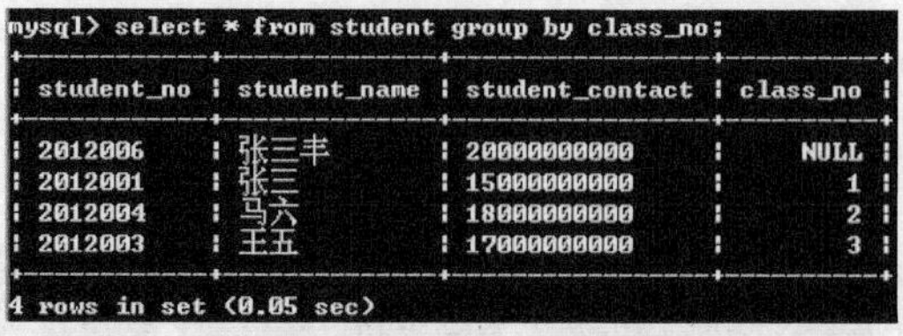

```
mysql> select * from student group by class_no;
+------------+--------------+-----------------+----------+
| student_no | student_name | student_contact | class_no |
+------------+--------------+-----------------+----------+
| 2012006    | 张三丰       | 20000000000     |     NULL |
| 2012001    | 张三         | 15000000000     |        1 |
| 2012004    | 马六         | 18000000000     |        2 |
| 2012003    | 王五         | 17000000000     |        3 |
+------------+--------------+-----------------+----------+
4 rows in set (0.05 sec)
```

图 5-25　单独使用 group by 子句进行分组实际意义不大

可以看到，单独使用 group by 子句对记录进行分组时，仅仅显示分组中的某一条记录（字段值相同的记录作为一个分组）。因此，单独使用 group by 子句进行分组的实际意义并不大。group by 子句通常与聚合函数一起使用。

5.5.1　group by 子句与聚合函数

例如，统计每一个班的学生人数，可以使用下面的 SQL 语句，执行结果如图 5-26 所示（说明：图中的部分测试数据，来自于本章实践任务 1 的场景 1）。

```
select class_name,count(student_no)
from classes left join student on student.class_no=classes.class_no
group by classes.class_no;
```

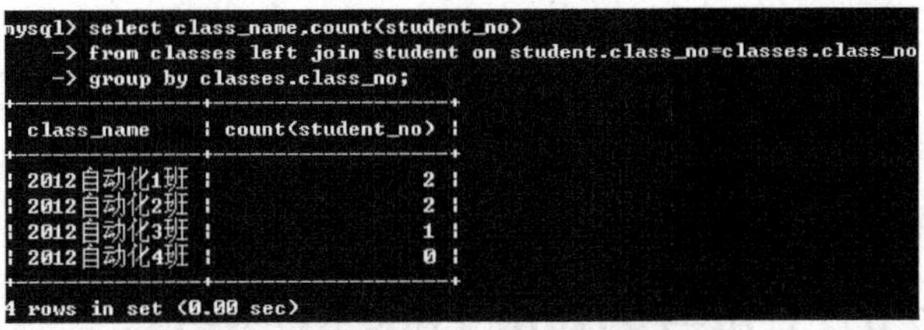

```
mysql> select class_name,count(student_no)
    -> from classes left join student on student.class_no=classes.class_no
    -> group by classes.class_no;
+--------------+-------------------+
| class_name   | count(student_no) |
+--------------+-------------------+
| 2012自动化1班 |                 2 |
| 2012自动化2班 |                 2 |
| 2012自动化3班 |                 1 |
| 2012自动化4班 |                 0 |
+--------------+-------------------+
4 rows in set (0.00 sec)
```

图 5-26　group by 子句与聚合函数（1）

例如，统计每个学生已经选修多少门课程，以及该生的最高分、最低分、总分及平均成绩，可以使用下面的 SQL 语句，执行结果如图 5-27 所示。

```
select student.student_no,student_name,count(course_no),max(score),min(score), sum(score),
avg(score)
from student left join choose on student.student_no=choose.student_no
group by student.student_no;
```

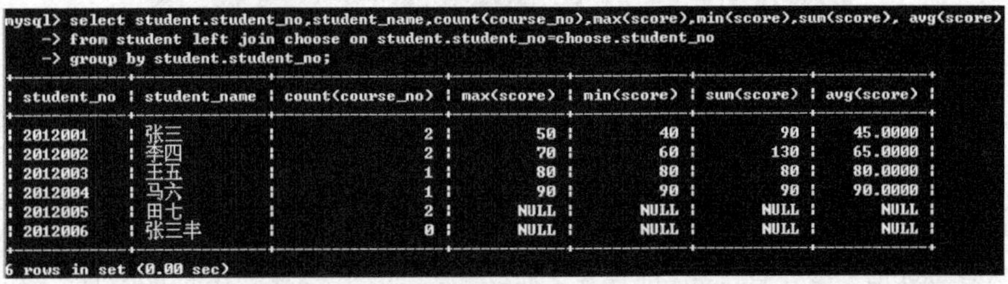

```
mysql> select student.student_no,student_name,count(course_no),max(score),min(score),sum(score), avg(score)
    -> from student left join choose on student.student_no=choose.student_no
    -> group by student.student_no;
+------------+--------------+------------------+------------+------------+------------+------------+
| student_no | student_name | count(course_no) | max(score) | min(score) | sum(score) | avg(score) |
+------------+--------------+------------------+------------+------------+------------+------------+
| 2012001    | 张三          |                2 |         50 |         40 |         90 |    45.0000 |
| 2012002    | 李四          |                2 |         70 |         60 |        130 |    65.0000 |
| 2012003    | 王五          |                1 |         80 |         80 |         80 |    80.0000 |
| 2012004    | 马六          |                1 |         90 |         90 |         90 |    90.0000 |
| 2012005    | 田七          |                2 |       NULL |       NULL |       NULL |       NULL |
| 2012006    | 张三丰        |                0 |       NULL |       NULL |       NULL |       NULL |
+------------+--------------+------------------+------------+------------+------------+------------+
6 rows in set (0.00 sec)
```

图 5-27　group by 子句与聚合函数（2）

5.5.2　group by 子句与 having 子句

having 子句用于设置分组或聚合函数的筛选条件，通常与 group by 子句一起使用。having 子句的语法格式与 where 子句的语法格式类似，having 子句语法格式如下。

```
having 条件表达式
```

其中，条件表达式是一个逻辑表达式，用于指定分组后的筛选条件。

例如，检索平均成绩高于 70 分的学生信息及平均成绩，可以使用下面的 SQL 语句，执行结果如图 5-28 所示。注意：该 SQL 语句中的 having 不能替换成 where。

```
select choose.student_no,student_name,avg(score)
from choose join student on choose.student_no=student.student_no
group by student.student_no
having avg(score)>70;
```

总结：在下面 select 语句的语法格式中，既有 where 子句，又有 group by 子句及 having 子句，该 select 语句的执行过程为，首先 where 子句对结果集进行筛选，接着 group by 子句对 where 子句的输出分组，最后 having 子句从分组的结果中再进行筛选。

图 5-28 group by 子句与 having 子句

```
select 字段列表
from 数据源
where 条件表达式
group by 分组字段  having 条件表达式
```

5.5.3 group by 子句与 group_concat()函数

group_concat()函数的功能是将集合中的字符串连接起来，此时 group_concat()函数的功能与字符串连接函数 concat()的功能相似。

例如，下面 SQL 语句中的 group_concat()函数和 concat()函数将集合 ('java', '程序', '设计')中的 3 个字符串连接起来，执行结果如图 5-29 所示。

```
select group_concat('Java','程序','设计'),concat('Java','程序','设计');
```

图 5-29 group_concat()函数以及 concat()函数

group_concat()函数还可以按照分组字段，将另一个字段的值（NULL 值除外）使用逗号连接起来。例如，统计所有班级的学生名单，可以使用下面的 SQL 语句，执行结果如图 5-30 所示（说明：图中的部分测试数据，来自于本章实践任务 1 的场景 1）。concat()函数却没有提供这样的功能。

```
select class_name 班级名,group_concat(student_name) 学生名单, concat(student_name) 部分名单
from classes left join student on student.class_no=classes.class_no
group by classes.class_no;
```

图 5-30 group_concat()函数的使用

需要注意的是，在默认情况下，group_concat()函数最多能够连接 1024 个字符。数据库管理员可以对 group_concat_max_len 系统变量的值重新设置，修改其默认值，这里不再赘述。

5.5.4 group by 子句与 with rollup 选项

group by 子句将结果集分为若干个组，使用聚合函数可以对每个组内的数据进行信息统计，

有时对各个组进行汇总运算时，需要在分组后加上一条汇总记录，可以通过 with rollup 选项实现。

例如，统计每一个班的学生人数，并在查询结果集的最后一条记录后附上所有班级的总人数，可以使用下面的 SQL 语句，执行结果如图 5-31 所示。

```
select classes.class_no,count(student_no)
from classes left join student on student.class_no=classes.class_no
group by classes.class_no with rollup;
```

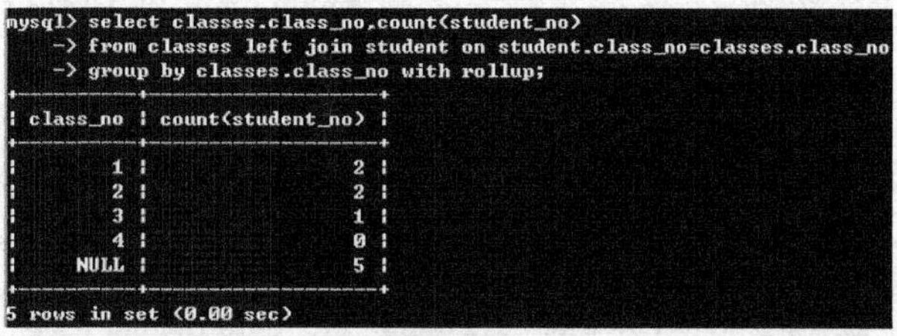

```
mysql> select classes.class_no,count(student_no)
    -> from classes left join student on student.class_no=classes.class_no
    -> group by classes.class_no with rollup;
+----------+-------------------+
| class_no | count(student_no) |
+----------+-------------------+
|        1 |                 2 |
|        2 |                 2 |
|        3 |                 1 |
|        4 |                 0 |
|     NULL |                 5 |
+----------+-------------------+
5 rows in set (0.00 sec)
```

图 5-31　group by 子句与 with rollup 选项

作为对比，去掉 with rollup 选项后的 SQL 语句，执行结果如图 5-32 所示。

```
select classes.class_no,count(student_no)
from classes left join student on student.class_no=classes.class_no
group by classes.class_no;
```

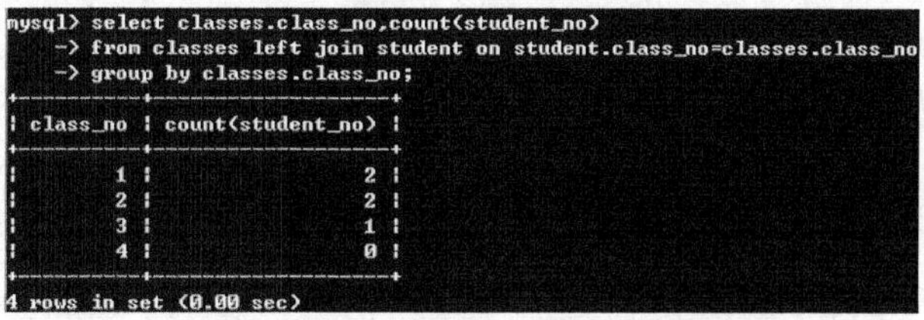

```
mysql> select classes.class_no,count(student_no)
    -> from classes left join student on student.class_no=classes.class_no
    -> group by classes.class_no;
+----------+-------------------+
| class_no | count(student_no) |
+----------+-------------------+
|        1 |                 2 |
|        2 |                 2 |
|        3 |                 1 |
|        4 |                 0 |
+----------+-------------------+
4 rows in set (0.00 sec)
```

图 5-32　去掉 with rollup 选项后的 SQL 语句执行结果

5.6　合并结果集

在 MySQL 数据库中，使用 union 可以将多个 select 语句的查询结果集组合成一个结果集，语法格式如下。

```
select 字段列表 1  from  table1
union [all]
select 字段列表 2   from  table2...
```

说明

字段列表 1 与字段列表 2 的字段个数必须相同，且具有相同的数据类型。多个结果集合并后会产生一个新的结果集，该结果集的字段名与字段列表 1 中的字段名对应。

union 与 union all 的区别：当使用 union 时，MySQL 会筛选并去除 select 结果集中重复的记录（结果集合并后会对新产生的结果集进行排序运算，效率稍低）。而使用 union all 时，MySQL 会直接合并两个结果集，效率高于 union。如果可以确定合并前的两个结果集中不包含重复的记录，则建议使用 union all。

例如，检索所有的学生及教师的信息，可以使用下面的 SQL 语句，执行结果如图 5-33 所示。

```
select student_no 账号,student_name 姓名,student_contact 联系方式
from student
union all
select teacher_no,teacher_name,teacher_contact
from teacher;
```

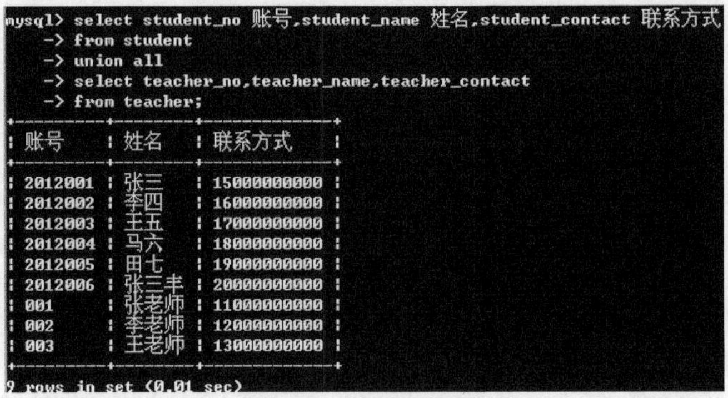

```
mysql> select student_no 账号,student_name 姓名,student_contact 联系方式
    -> from student
    -> union all
    -> select teacher_no,teacher_name,teacher_contact
    -> from teacher;
+---------+---------+--------------+
| 账号    | 姓名    | 联系方式     |
+---------+---------+--------------+
| 2012001 | 张三    | 15000000000  |
| 2012002 | 李四    | 16000000000  |
| 2012003 | 王五    | 17000000000  |
| 2012004 | 马六    | 18000000000  |
| 2012005 | 田七    | 19000000000  |
| 2012006 | 张三丰  | 20000000000  |
| 001     | 张老师  | 11000000000  |
| 002     | 李老师  | 12000000000  |
| 003     | 王老师  | 13000000000  |
+---------+---------+--------------+
9 rows in set (0.01 sec)
```

图 5-33　合并结果集

5.7　子查询

如果一个 select 语句能够返回单个值或者一列值,且该 select 语句嵌套在另一个 SQL 语句(例如 select 语句、insert 语句、update 语句或 delete 语句)中,那么该 select 语句称为"子查询"(也叫内层查询),包含子查询的 SQL 语句称为"主查询"(也叫外层查询)。为了标记子查询与主查询之间的关系,通常将子查询写在小括号内。子查询一般用在主查询的 where 子句或 having 子句中,与比较运算符或者逻辑运算符一起构成 where 筛选条件或 having 筛选条件。子查询分为相关子查询(dependent subquery)与非相关子查询。

5.7.1　子查询与比较运算符

如果子查询返回单个值,则可以将一个表达式的值与子查询的结果集进行比较。

例如,检索成绩比学生张三平均分高的所有学生及课程的信息,可以使用下面的 SQL 语句,执行结果如图 5-34 所示。

```
select class_name,student.student_no, student_name,course_name,score
from classes join student on student.class_no=classes.class_no
join choose on choose.student_no=student.student_no
join course on choose.course_no=course.course_no
where score>(
select avg(score)
from student,choose
where student.student_no=choose.student_no and student_name='张三'
);
```

说明　该示例中的子查询是一个单独的 select 语句,可以不依赖主查询单独运行。这种不依靠主查询,能够独立运行的子查询称为"非相关子查询"。

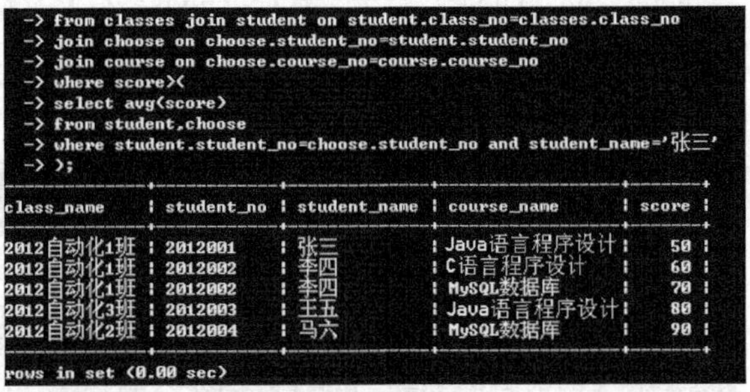

```
-> from classes join student on student.class_no=classes.class_no
-> join choose on choose.student_no=student.student_no
-> join course on choose.course_no=course.course_no
-> where score>(
-> select avg(score)
-> from student,choose
-> where student.student_no=choose.student_no and student_name='张三'
-> );
+--------------+------------+--------------+------------------+-------+
class_name     | student_no | student_name | course_name      | score |
+--------------+------------+--------------+------------------+-------+
2012自动化1班 | 2012001    | 张三         | Java语言程序设计 |    50 |
2012自动化1班 | 2012002    | 李四         | C语言程序设计    |    60 |
2012自动化1班 | 2012002    | 李四         | MySQL数据库      |    70 |
2012自动化3班 | 2012003    | 王五         | Java语言程序设计 |    80 |
2012自动化2班 | 2012004    | 马六         | MySQL数据库      |    90 |
+--------------+------------+--------------+------------------+-------+
rows in set (0.00 sec)
```

图 5-34　非相关子查询

下面的示例演示了相关子查询，粗体字部分标记了两条子查询语句之间的区别（其他 SQL 代码完全相同），执行结果如图 5-35 所示。

```
select class_name,student.student_no, student_name,course_name,score
from classes join student on student.class_no=classes.class_no
join choose on choose.student_no=student.student_no
join course on choose.course_no=course.course_no
where score>(
select avg(score)
from choose
where student.student_no=choose.student_no and student_name='张三'
);
```

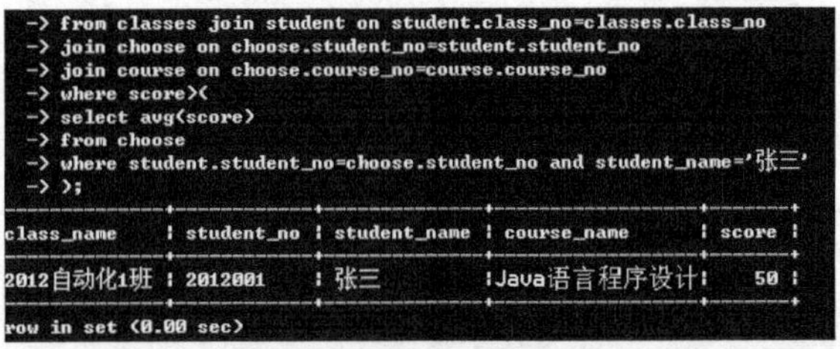

```
-> from classes join student on student.class_no=classes.class_no
-> join choose on choose.student_no=student.student_no
-> join course on choose.course_no=course.course_no
-> where score>(
-> select avg(score)
-> from choose
-> where student.student_no=choose.student_no and student_name='张三'
-> );
+--------------+------------+--------------+------------------+-------+
class_name     | student_no | student_name | course_name      | score |
+--------------+------------+--------------+------------------+-------+
2012自动化1班 | 2012001    | 张三         |Java语言程序设计 |    50 |
+--------------+------------+--------------+------------------+-------+
row in set (0.00 sec)
```

图 5-35　相关子查询

说明

从执行结果可以看到，子查询可以仅仅使用自己定义的数据源，也可以"直接引用"主查询中的数据源，但两者意义完全不同。

如果子查询中仅仅使用了自己定义的数据源，这种查询是非相关子查询。非相关子查询是独立于外部查询的子查询，子查询总共执行一次，执行完毕后将值传递给主查询。

如果子查询中使用了主查询的数据源，这种查询是相关子查询，此时主查询的执行与相关子查询的执行相互依赖。

例如，检索平均成绩比学生张三平均分高的所有学生及课程的信息，可以使用下面的 SQL 语句，执行结果如图 5-36 所示。该示例中的子查询也是一个非相关子查询。

```
select class_name,student.student_no,student_name,course_name,avg(score)
from classes join student on student.class_no=classes.class_no
join choose on choose.student_no=student.student_no
join course on choose.course_no=course.course_no
group by student.student_no
having avg(score)>(
select avg(score)
```

```
from choose join student on student.student_no=choose.student_no
where student_name='张三'
);
```

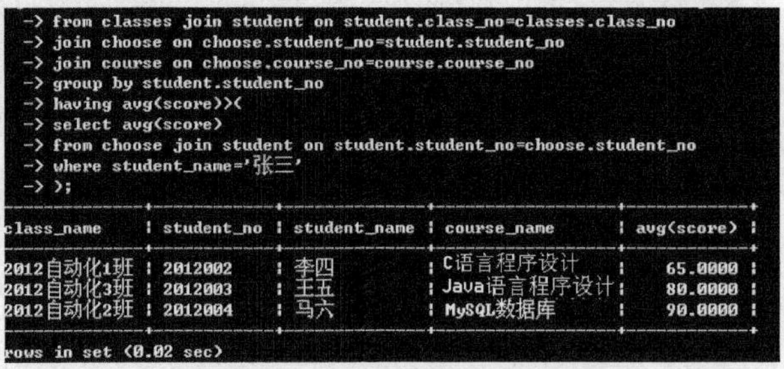

图 5-36 非相关子查询与 having 子句

5.7.2 子查询与 in 运算符

子查询经常与 in 运算符一起使用，用于将一个表达式的值与子查询返回的一列值进行比较，如果表达式的值是此列中的任何一个值，则条件表达式的结果为 TRUE，否则为 FALSE。

例如，检索 2012 自动化 1 班的所有学生的成绩，还可以使用下面的 SQL 语句，执行结果如图 5-37 所示。该示例中的子查询也是一个非相关子查询。

```
select student.student_no,student_name,course_name,score
from course join choose on choose.course_no=course.course_no
join student on choose.student_no=student.student_no
where student.student_no in (
select student_no
from student join classes on student.class_no=classes.class_no
where classes.class_name='2012 自动化 1 班'
);
```

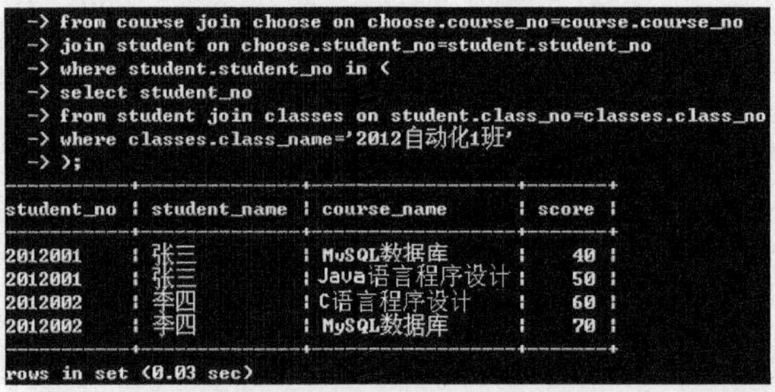

图 5-37 非相关子查询与 in 运算符

例如，检索没有申请选修课的教师信息，可以使用下面的 SQL 语句。该示例中的子查询是一个相关子查询。

```
select * from teacher where teacher_no
not in (
select teacher.teacher_no from course where course.teacher_no=teacher.teacher_no
);
```

使用下面的 SQL 语句向教师 teacher 表中添加一条新的教师信息后，执行上面的 SQL 语句，执行结果如图 5-38 所示。

```
insert into teacher values('004','马老师','10000000000');
```

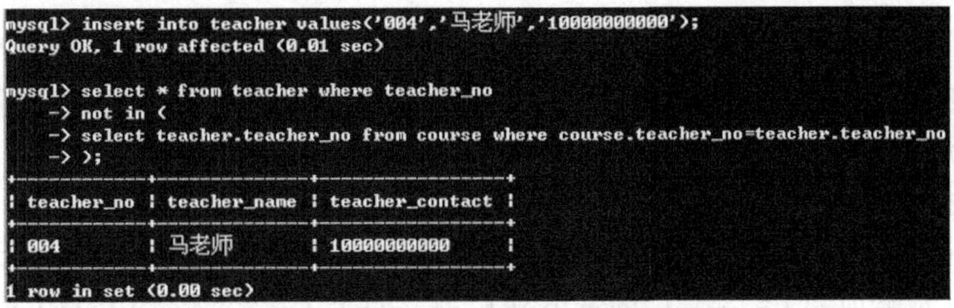

```
mysql> insert into teacher values('004','马老师','10000000000');
Query OK, 1 row affected (0.01 sec)

mysql> select * from teacher where teacher_no
    -> not in (
    -> select teacher.teacher_no from course where course.teacher_no=teacher.teacher_no
    -> );
+------------+--------------+-----------------+
| teacher_no | teacher_name | teacher_contact |
+------------+--------------+-----------------+
| 004        | 马老师       | 10000000000     |
+------------+--------------+-----------------+
1 row in set (0.00 sec)
```

图 5-38　相关子查询与 in 运算符

5.7.3　子查询与 exists 逻辑运算符

exists 逻辑运算符用于检测子查询的结果集是否包含记录。如果结果集中至少包含一条记录，则 exists 的结果为 TRUE，否则为 FALSE。在 exists 前面加上 not 时，与上述结果恰恰相反。

例如，检索没有申请选修课的教师的信息，还可以使用下面的 SQL 语句，执行结果如图 5-39 所示。该示例中的子查询是一个相关子查询。

```
select * from teacher
where not exists (
select * from course where course.teacher_no=teacher.teacher_no
);
```

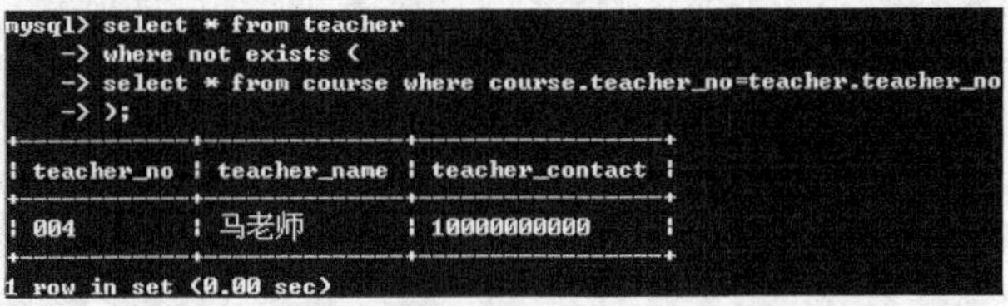

```
mysql> select * from teacher
    -> where not exists (
    -> select * from course where course.teacher_no=teacher.teacher_no
    -> );
+------------+--------------+-----------------+
| teacher_no | teacher_name | teacher_contact |
+------------+--------------+-----------------+
| 004        | 马老师       | 10000000000     |
+------------+--------------+-----------------+
1 row in set (0.00 sec)
```

图 5-39　相关子查询与 exists 逻辑运算符（1）

例如，检索尚未被任何学生选修的课程信息，可以使用下面的 SQL 语句。该示例中的子查询是一个相关子查询。

```
select * from course
where not exists (
select * from choose where course.course_no=choose.course_no
);
```

使用下面的 SQL 语句向课程 course 表中添加一条新的课程信息后，执行上面的 SQL 语句，执行结果如图 5-40 所示。

```
insert into course values(null,'PHP 程序设计',60,'暂无','已审核','004');
```

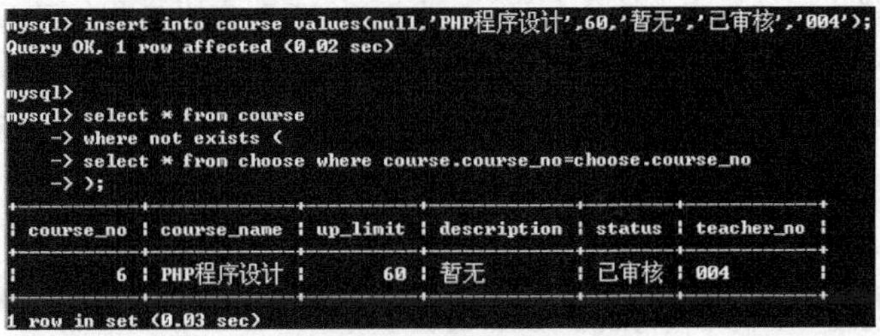

```
mysql> insert into course values(null,'PHP程序设计',60,'暂无','已审核','004');
Query OK, 1 row affected (0.02 sec)

mysql>
mysql> select * from course
    -> where not exists (
    -> select * from choose where course.course_no=choose.course_no
    -> );
+-----------+-------------+----------+-------------+--------+------------+
| course_no | course_name | up_limit | description | status | teacher_no |
+-----------+-------------+----------+-------------+--------+------------+
|         6 | PHP程序设计 |       60 | 暂无        | 已审核 | 004        |
+-----------+-------------+----------+-------------+--------+------------+
1 row in set (0.03 sec)
```

图 5-40　相关子查询与 exists 逻辑运算符（2）

5.7.4　子查询与 any 运算符

any 运算符通常与比较运算符一起使用。使用 any 运算符时，通过比较运算符将一个表达式的值与子查询返回的一列值逐一进行比较，若某次的比较结果为 TRUE，则整个表达式的值为 TRUE，否则为 FALSE。any 逻辑运算符的语法格式如下。

表达式 比较运算符 any(子查询)

例如，当比较运算符为大于号（>）时，"表达式 > any(子查询)"表示至少大于子查询结果集中的某一个值（或者说大于结果集中的最小值），那么整个表达式的结果为 TRUE。

例如，检索"2012 自动化 2 班"成绩比"2012 自动化 1 班"最低分高的学生信息，可以使用下面的 SQL 语句，执行结果如图 5-41 所示。该示例中的子查询是一个非相关子查询。

```
select student.student_no,student_name,class_name
from student join classes on student.class_no=classes.class_no
join choose on choose.student_no=student.student_no
where class_name='2012 自动化 2 班' and score>any(
select score
from choose join student on student.student_no=choose.student_no
join classes on classes.class_no=student.class_no
where class_name='2012 自动化 1 班'
);
```

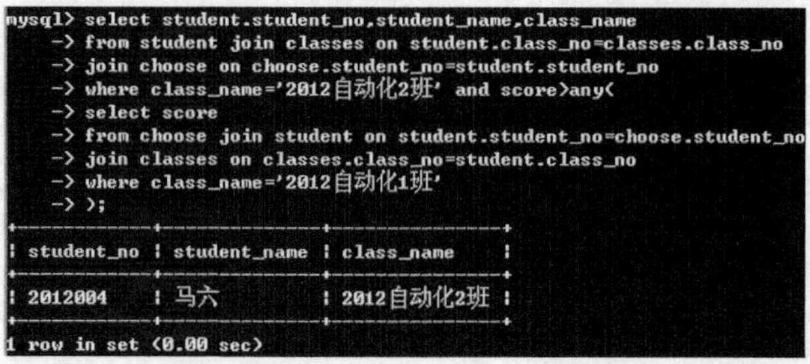

图 5-41　子查询与 any 运算符

5.7.5　子查询与 all 运算符

all 运算符通常与比较运算符一起使用。使用 all 运算符时，通过比较运算符将一个表达式的值与子查询返回的一列值逐一进行比较，若每次的比较结果都为 TRUE，则整个表达式的值为 TRUE，否则为 FALSE。all 逻辑运算符的语法格式如下。

表达式 比较运算符 all(子查询)

例如，当比较运算符为大于号（>）时，"表达式 > all(子查询)"表示大于子查询结果集中的任何一个值（或者说大于结果集中的最大值），那么整个表达式的结果为 TRUE。

例如，检索"2012 自动化 2 班"比"2012 自动化 1 班"最高分高的学生信息，可以使用下面的 SQL 语句，执行结果如图 5-42 所示。该示例中的子查询是一个非相关子查询。

```
select student.student_no,student_name,class_name
from student join classes on student.class_no=classes.class_no
join choose on choose.student_no=student.student_no
where class_name='2012 自动化 2 班' and score>all(
select score
```

```
from choose join student on student.student_no=choose.student_no
join classes on classes.class_no=student.class_no
where class_name='2012 自动化 1 班'
);
```

图 5-42　子查询与 all 运算符

5.8　使用正则表达式模糊查询

与 like 运算符相似，正则表达式主要用于判断一个字符串是否与给定的模式匹配。但正则表达式的模式匹配功能比 like 运算符的模式匹配功能更为强大，且更加灵活。使用正则表达式进行模糊查询时，需要使用 regexp 关键字，语法格式如下。

字段名[not] regexp [binary] '正则表达式'

> 正则表达式匹配英文字母时，默认情况下不区分大小写，除非添加 binary 选项或者将字符序 collation 设置为 bin 或 cs。

正则表达式由一些普通字符和一些元字符构成，普通字符包括大写字母、小写字母和数字，甚至是中文简体字符。而元字符具有特殊的含义。在最简单的情况下，一个正则表达式是一个不包含元字符的字符串。例如，正则表达式'testing'中没有包含任何元字符，它可以匹配'testing'、'123testing'等字符串。表 5-3 中列出了常用的元字符及对各个元字符的简单描述，之后提供了几个简单的示例程序。

表 5-3　　　　　　　　　　　　　　　正则表达式中常用的元字符

元字符	说明
.	匹配任何单个的字符
^	匹配字符串开始的部分
$	匹配字符串结尾的部分
[字符集合或数字集合]	匹配方括号内的任何字符，可以使用'-'表示范围。例如，[abc]匹配字符串"a""b"或"c"，[a-z]匹配任何字母，而[0-9]匹配任何数字
[^字符集合或数字集合]	匹配除了方括号内的任何字符
字符串 1|字符串 2	匹配字符串 1 或字符串 2
*	表示匹配 0 个或多个在它前面的字符。如 x*表示 0 个或多个 x 字符，.*表示匹配任何数量的任何字符

续表

元字符	说明
+	表示匹配 1 个或多个在它前面的字符，如 a+表示 1 个或多个 a 字符
?	表示匹配 0 个或 1 个在它前面的字符，如 a?表示 0 个或 1 个 a 字符
字符串{n}	字符串出现 *n* 次
字符串{m,n}	字符串至少出现 *m* 次，最多出现 *n* 次

例如，检索课程名中含有“java”的课程信息，可以使用下面的 SQL 语句，执行结果如图 5-43 所示。

```
select * from course where course_name regexp 'java';
```

该 SQL 语句等效于：select * from course where course_name like '%java%';

course_no	course_name	up_limit	description	status	teacher_no
1	Java语言程序设计	60	暂无	已审核	001

row in set (0.03 sec)

图 5-43 正则表达式的示例程序（1）

例如，检索以“程序设计”结尾的课程信息，可以使用下面的 SQL 语句，执行结果如图 5-44 所示。

```
select * from course where course_name regexp '程序设计$';
```

course_no	course_name	up_limit	description	status	teacher_no
1	Java语言程序设计	60	暂无	已审核	001
3	C语言程序设计	230	暂无	已审核	003
6	PHP程序设计	60	暂无	已审核	004

rows in set (0.00 sec)

图 5-44 正则表达式示例程序（2）

例如，检索以“j”开头，以“程序设计”结尾的课程信息，可以使用下面的 SQL 语句，执行结果如图 5-45 所示。

```
select * from course where course_name regexp '^j.*程序设计$';
```

course_no	course_name	up_limit	description	status	teacher_no
1	Java语言程序设计	60	暂无	已审核	001

row in set (0.00 sec)

图 5-45 正则表达式的示例程序（3）

例如，检索学生联系方式中以 15 开头或者 18 开头，且后面跟着 9 位数字的学生信息，可以使用下面的 SQL 语句，执行结果如图 5-46 所示。

```
select * from student where student_contact regexp '^1[58][0-9]{9}';
```

```
mysql> select * from student where student_contact regexp '^1[58][0-9]{9}';
```

student_no	student_name	student_contact	class_no
2012001	张三	15000000000	1
2012004	马六	18000000000	2

2 rows in set (0.01 sec)

图 5-46 正则表达式的示例程序（4）

5.9　使用中文全文索引模糊查询

截至目前，我们已经学会使用 like 关键字、正则表达式对字符串进行模糊查询。但是，使用这两种方法在海量字符串中模糊查询某个关键字，方法不当可能会导致全表扫描，检索效率低下。MySQL 支持全文索引。模糊查询时，MySQL 利用特定的分词技术创建全文索引，然后再利用查询关键字和查询字段内容之间的相关度进行模糊查询，继而可以避免全表扫描，加快模糊查询的效率。从 MySQL 5.7.6 版本开始，MySQL 才内置了 ngram 中文分词解析器，MySQL 中文全文索引的创建方法，请参看第 3 章的内容。本章主要讲解，如何使用中文全文索引字段进行模糊查询。

MySQL 全文检索的 select 语法格式如下。

```
select 字段列表
from 表名
where match (全文索引字段 1,全文索引字段 2,…) against (搜索关键字[全文检索模式])
```

说明 1：match 指定了数据源的全文索引字段，如果是一个字段组合，注意字段顺序与全文索引字段的顺序应保持一致。

说明 2：在表中搜索关键字时，以忽略字母大小写的方式进行搜索，除非指定 collation 为 bin 或者 cs 字符序。

说明 3：against 指定了搜索关键字及全文检索的模式。搜索关键字可以是一个用空格或者标点分开的长字符串，MySQL 会自动利用特定的分词技术将包含有空格或者标点的长字符串分隔成若干个小字符串。使用中文全文索引进行模糊查询时可以选择三种模式：自然语言检索、布尔检索及查询扩展检索。

1. 自然语言检索模式（in natural language mode）

自然语言检索模式是 MySQL 中文全文索引模糊查询的默认类型，可以实现中文全文检索的简单应用。

2. 布尔检索模式（in boolean mode）

布尔检索模式可以包含特定意义的操作符，如 +、−、<、>等，从而实现复杂语法的中文全文检索。

在布尔检索模式的 against 子句中，在搜索关键字前添加特定意义的操作符，如 +、−、<、>等，可以"降低"或"增加"搜索关键词的关联度，然后进行复杂语法的全文检索，布尔检索模式常用的操作符如表 5-4 所示。

表 5-4　　　　　　　　　　　　　布尔检索常用的操作符

操作符	说明
+	该词必须出现在每个返回的记录行中
−	该词不能出现在每个返回的记录行中
<	减少一个词的关联度
>	增加一个词的关联度

3. 查询扩展检索模式（with query expansion mode）

查询扩展检索模式扩展了自然语言检索。使用这种模式全文检索时，首先进行自然语言检索，然后把关联度较高的记录中的词添加到搜索关键字中进行二次自然语言检索，然后返回查询结果集。当检索关键字是短字符串，且使用自然语言检索后，查询结果集较少时，可以选用查询扩展检索模式。

至此，读者已经掌握了大部分 SQL 语句以及 MySQL 命令的语法格式，并具备了书写复杂 SQL 语句更新、检索数据的能力。从下一章开始，本书将为读者讲解 MySQL 编程方面的知识。随着学习的深入，知识难度逐渐加强，希望读者继续保持一份耐心。

习　题

1. 简述 limit 和 distinct 的用法。
2. 什么是内连接、外连接？MySQL 支持哪些外连接？
3. NULL 参与算术运算、比较运算及逻辑运算时，结果是什么？
4. NULL 参与排序时，MySQL 对 NULL 如何处理？
5. 您怎样理解 select 语句与字符集之间的关系？
6. MySQL 常用的聚合函数有哪些？这些聚合函数对 NULL 值操作的结果是什么？
7. 您怎样理解 having 子句与 where 子句之间的区别？
8. 您怎样理解 concat()与 group_concat()函数之间的区别？
9. 什么是相关子查询与非相关子查询？
10. 给定一个教师的工号（如'001'），统计该教师已经申报了哪些课程。
11. MySQL 如何使用 like 关键字实现模糊查询？有什么注意事项？
12. MySQL 如何使用正则表达式实现模糊查询？
13. MySQL 如何进行全文检索？全文检索有什么注意事项？
14. 您觉得全文检索与 like 模糊查询、正则表达式模糊查询最大的区别是什么？
15. 最新版本的 MySQL 中，InnoDB 存储引擎的表支持中文全文检索吗？
16. MySQL 不支持完全连接，您能不能通过其他技术手段实现完全连接的功能？
17. 合并结果集时，union 与 union all 有什么区别？

实践任务1　选课系统综合查询（必做）

1. 目的
（1）掌握内连接、左外连接、右外连接的用法，理解他们之间的区别；
（2）熟练掌握 select 语句的 where、group by、having、order by 等子句的用法；
（3）掌握 union all 语句的用法；
（4）掌握子查询的用法；
（5）使用 select 语句完成"选课系统"复杂的数据统计功能。

2. 说明
本任务依赖于第 3 章实践任务 2 及实践任务 4，还依赖于第 4 章实践任务及课后习题添加的测试数据。

执行 select 语句时，如果请求数据或者查询结果中包含有中文字符，注意设置正确的字符集。

3. 环境

MySQL 服务版本：8.0.15 或 5.7.26。

MySQL 客户机：CMD 命令提示符窗口。

4. 环境准备

打开 CMD 命令提示符窗口，键入如下命令，以 gbk 字符集方式连接 MySQL 服务器。

```
mysql --default-character-set=gbk -h localhost -u root -p
```

输入 root 账户的密码，建立 MySQL 服务器的连接。

5. 内容差异化考核

实践任务所使用的数据库名、表名中应该包含自己的学号或者自己姓名的全拼；使用的测试数据应该包含自己的学号或者自己姓名的全拼。以某真实学生张三丰为例，添加张三学生测试数据时，张三测试数据应该改为"张三_张三丰"；添加"2012 自动化 1 班"班级测试数据时，班级名测试数据应该改为"2012 自动化 1 班_张三丰"。

根据实践任务的完成情况，由学生自己完成知识点的汇总。

场景 1 表和表之间的连接

场景 1 步骤

（1）准备测试数据。

执行下面的 insert 语句向 classes 表中插入一条班级信息（注意：该班级暂时没有分配学生，为保证班级 class_no 值的连续性，将其手动设置为 4）。

```
insert into classes values (4,'2012 自动化 4 班','机电工程学院');
```

执行下面的 insert 语句向 student 表中插入一条学生信息（注意：该生暂时没有分配班级）。

```
insert into student values('2012006','张三丰','20000000000',null);
```

（2）内连接功能演示——检索分配有班级的学生信息。

首先执行下面的 select 语句，检索分配有班级的学生信息。

```
select student_no,student_name,student_contact,student.class_no,class_name, department_name
from student join classes on student.class_no=classes.class_no;
```

结论：select 语句中的内连接要求学生的 class_no 与班级的 class_no 值必须相等，且不能为 NULL。select 语句的执行结果如图所示。

上述 select 语句可以改写如下。

```
select student_no,student_name,student_contact,student.class_no,class_name, department_name
from classes join student on student.class_no=classes.class_no;
```

结论：内连接的两个表的位置可以互换。

还可以可以改写如下。

```
select student_no,student_name,student_contact,s.class_no,class_name,department_name
from classes as c join student s on s.class_no=c.class_no;
```

结论: 可以给 from 子句中的各个数据源指定别名, 例如, 可以将 classes 表的别名指定为 "c", 将 student 表的别名指定为 "s"。as 关键字可以省略。

（3）左连接功能演示——检索所有学生对应的班级信息。

执行下面的 select 语句, 检索所有学生对应的班级信息。

```
select student_no,student_name,student_contact,student.class_no,class_name, department_name
from student left join classes on student.class_no=classes.class_no;
```

结论: select 语句中的左连接要求必须包含左表（student 表）的所有记录, 该 select 语句的执行结果如图所示（张三丰还没有分配班级, 因此他的 class_no、class_name 及 department_name 字段值均设置为 NULL）。

（4）右连接功能演示——检索所有班级中的学生信息。

执行下面的 select 语句, 检索所有班级中的学生信息。

```
select classes.class_no,class_name,department_name,student_no,student_name, student_contact
from student right join classes on student.class_no=classes.class_no;
```

结论: select 语句中的右连接要求必须包含右表（classes 表）的所有记录, 该 select 语句的执行结果如图所示。由于 "2012 自动化 4 班" 还没有分配学生, 因此 "2012 自动化 4 班" 的 student_no、student_name 及 student_contact 字段值均设置为 NULL。

结论: 内连接和外连接的区别在于内连接将去除所有不符合连接条件的记录, 而外连接则保留其中一个表的所有记录。表 1 左连接表 2 时, 表 1 中的所有记录都会保留在结果集中; 右连接恰恰相反。"表 1 左连接表 2" 的结果与 "表 2 右连接表 1" 的结果是一样的。

（5）多表连接功能演示。

执行下面的 select 语句, 从 student 表、score 表和 choose 表中查询学生的成绩信息, 可以使用下面的 SQL 语句, 执行结果如图所示。

```
select student.student_no,student_name,course.course_no,course_name,score
from student inner join choose on student.student_no=choose.student_no
inner join course on choose.course_no=course.course_no;
```

student_no	student_name	student_contact	class_no
2012001	张三	15000000000	1
2012002	李四	16000000000	1
2012003	王五	17000000000	3
2012004	马六	18000000000	2
2012005	田七	19000000000	2

choose_no	student_no	course_no	score	choose_time
1	2012001	2	40	2012-8-11 10:33
2	2012001	1	50	2012-8-11 17:33
3	2012002	3	60	2012-8-12 0:33
4	2012002	2	70	2012-8-12 7:33
5	2012003	1	80	2012-8-12 14:33
6	2012004	2	90	2012-8-12 21:33
7	2012005	3	NULL	2012-8-13 4:33
8	2012005	1	NULL	2012-8-13 11:33

student_no	student_name	course_no	course_name	score
2012001	张三	2	MySQL数据库	40
2012001	张三	1	java语言程序设计	50
2012002	李四	3	c语言程序设计	60
2012002	李四	2	MySQL数据库	70
2012003	王五	1	java语言程序设计	80
2012004	马六	2	MySQL数据库	90
2012005	田七	3	c语言程序设计	NULL
2012005	田七	1	java语言程序设计	NULL

course_no	course_name	up_limit	description	status	teacher_no
1	java语言程序设计	60	暂无	已审核	001
2	MySQL数据库	150	暂无	已审核	002
3	c语言程序设计	230	暂无	已审核	003

场景 2　选课系统综合查询

场景 2 步骤

（1）给定一个学生（如 student_no='2012001'的学生），统计该生已经选修了几门课程。

该统计功能较为简单，SQL 语句如下（course_num 表示该生选修了几门课程），执行结果如图所示。

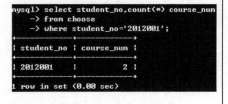

```
select student_no,count(*) course_num
from choose
where student_no='2012001';
```

（2）给定一个学生（如 student_no='2012001'的学生），统计该生已经选修了哪些课程。

该统计功能较为简单，SQL 语句如下，执行结果如图所示。

```
select choose.course_no, course_name,teacher_name,teacher_contact,description
from choose join course on course.course_no=choose.course_no
join teacher on teacher.teacher_no=course.teacher_no
where student_no='2012001';
```

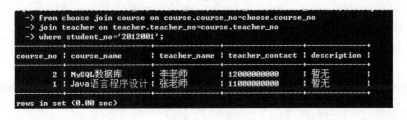

（3）给定一门课程（如 course_no=1 的课程），统计哪些学生选修了这门课程，查询结果先按院系排序，院系相同的按照班级排序，班级相同的按照学号排序。

该统计功能较为简单，SQL 语句如下，执行结果如图所示。

```
select department_name,class_name,student.student_no,student_name,student_contact
from student join classes on student.class_no=classes.class_no
join choose on student.student_no=choose.student_no
where course_no=1
order by department_name,class_name,student_no;
```

（4）统计哪些课程已经报满，其他学生不能再选修。

该统计功能也不复杂，SQL 语句如下，执行结果如图所示。图中 select 语句的返回结果为空结果集，表示所有的课程都没有报满。

```
select course.course_no,course_name,teacher_name,up_limit,description
from choose join course on choose.course_no=course.course_no
join teacher on teacher.teacher_no=course.teacher_no
group by course_no
having up_limit=count(*);
```

（5）统计选修人数少于 30 人的所有课程信息。

该统计功能较为复杂。首先在选课 choose 表中统计至少有一个学生选修，但人数少于 30 人的课程信息，可以使用下面的 SQL 语句（student_num 表示课程的已选人数）。

```
select course.course_no,course_name,teacher_name,teacher_contact,count(*) as student_num
from choose join course on choose.course_no=course.course_no
join teacher on teacher.teacher_no=course.teacher_no
group by course_no
having count(*)<30;
```

接着统计没有任何学生选修的课程的信息，可以使用下面的 SQL 语句。

```
select course.course_no,course_name,teacher_name,teacher_contact,0
from course join teacher on teacher.teacher_no=course.teacher_no
where not exists (
select * from choose where course.course_no=choose.course_no
);
```

最后将上述两个结果集合并，即可得到选修人数少于 30 人的所有课程的信息，执行结果如图所示。

```
select course.course_no,course_name,teacher_name,teacher_contact,count(*) as student_num
from choose join course on choose.course_no=course.course_no
```

```
join teacher on teacher.teacher_no=course.teacher_no
group by course_no
having count(*)<30
union all
select course.course_no, course_name,teacher_name,teacher_contact,0
from course join teacher on teacher.teacher_no=course.teacher_no
where not exists (
select * from choose where course.course_no=choose.course_no
);
```

```
-> from choose join course on choose.course_no=course.course_no
-> join teacher on teacher.teacher_no=course.teacher_no
-> group by course_no
-> having count(*)<30
-> union all
-> select course.course_no, course_name,teacher_name,teacher_contact,0
-> from course join teacher on teacher.teacher_no=course.teacher_no
-> where not exists (
-> select * from choose where course.course_no=choose.course_no
-> );
+-----------+----------------+--------------+------------------+-------------+
| course_no | course_name    | teacher_name | teacher_contact  | student_num |
+-----------+----------------+--------------+------------------+-------------+
|         1 | Java语言程序设计 | 张老师        | 11000000000      |           3 |
|         2 | MySQL数据库     | 李老师        | 12000000000      |           3 |
|         3 | C语言程序设计    | 王老师        | 13000000000      |           2 |
|         6 | PHP程序设计     | 马老师        | 10000000000      |           0 |
+-----------+----------------+--------------+------------------+-------------+
rows in set (0.00 sec)
```

（6）统计每一门课程已经有多少学生选修，还能供多少学生选修。

该统计功能较为复杂。首先在选课 choose 表中统计每一门课已经有多少学生选修，还能供多少学生选修，可以使用下面的 SQL 语句，其中，student_num 表示该课程已选的学生人数，available 表示该课程还能供多少学生选修。

```
select course.course_no,course_name,teacher_name,
up_limit,count(*) as student_num,up_limit-count(*) available
from choose join course on choose.course_no=course.course_no
join teacher on teacher.teacher_no=course.teacher_no
group by course_no;
```

然后，统计没有任何学生选修的课程还能供多少学生选修。

```
select course.course_no,course_name,teacher_name,up_limit,0,up_limit
from course join teacher on teacher.teacher_no=course.teacher_no
where not exists (
select * from choose where course.course_no=choose.course_no
);
```

最后，将上面两个结果集合并即可统计每一门课程已经有多少学生选修，还能供多少学生选修，执行结果如图所示。

```
select course.course_no,course_name,teacher_name,
up_limit,count(*) as student_num,up_limit-count(*) available
from choose join course on choose.course_no=course.course_no
join teacher on teacher.teacher_no=course.teacher_no
group by course_no
union all
select course.course_no,course_name,teacher_name,up_limit,0,up_limit
from course join teacher on teacher.teacher_no=course.teacher_no
where not exists (
select * from choose where course.course_no=choose.course_no
);
```

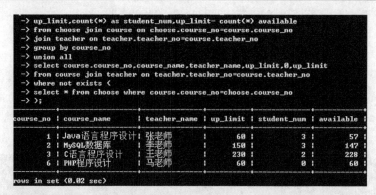

```
-> up_limit,count(*) as student_num,up_limit- count(*) available
-> from choose join course on choose.course_no=course.course_no
-> join teacher on teacher.teacher_no=course.teacher_no
-> group by course_no
-> union all
-> select course.course_no,course_name,teacher_name,up_limit,0,up_limit
-> from course join teacher on teacher.teacher_no=course.teacher_no
-> where not exists (
-> select * from choose where course.course_no=choose.course_no
-> );
```

course_no	course_name	teacher_name	up_limit	student_num	available
1	Java语言程序设计	张老师	60	3	57
2	MySQL数据库	李老师	150	3	147
3	C语言程序设计	王老师	230	2	228
6	PHP程序设计	马老师	60	0	60

```
rows in set (0.02 sec)
```

读者可以尝试使用下面的 update 语句将张三（student_no=1）的选修课程由"java 程序设计"（course_no=1）修改为"c 语言程序设计"（course_no=3），然后再次执行实现上述功能的 SQL 语句，执行结果如图所示。对比一下修改前后查询结果发生的变化。

```
update choose set course_no=3 where student_no='2012001' and course_no=1;
```

course_no	course_name	teacher_name	up_limit	student_num	available
1	Java语言程序设计	张老师	60	2	58
2	MySQL数据库	李老师	150	3	147
3	C语言程序设计	王老师	230	3	227
6	PHP程序设计	马老师	60	0	60

```
rows in set (0.00 sec)
```

实践任务 2　中文全文检索的应用（必做）

1. 目的

（1）掌握 like 模糊查询什么情况下不使用索引；

（2）了解 explain 语法；

（3）掌握 MySQL 三种中文全文检索模式的使用：自然语言检索、布尔检索以及查询扩展检索。

2. 环境

MySQL 服务版本：8.0.15 或 5.7.26。

MySQL 客户机：CMD 命令提示符窗口。

3. 环境准备

打开 CMD 命令提示符窗口，键入如下命令，以 gbk 字符集方式连接 MySQL 服务器。

```
mysql --default-character-set=gbk -h localhost -u root -p
```

输入 root 账户的密码，建立 MySQL 服务器的连接。

4. 内容差异化考核

实践任务所使用的数据库名、表名中应该包含自己的学号或者自己姓名的全拼；使用的测试数据应该包含自己的学号或者自己姓名的全拼。以某真实学生张三丰为例，添加真实书籍"PHP 编程基础与实例教程"时，应该改为"PHP 编程基础与实例教程_张三丰"。

根据实践任务的完成情况，由学生自己完成知识点的汇总。

5. 步骤

（1）测试数据准备工作。

执行下面的 SQL 语句，创建 test 数据库，并在该数据库中创建表 book，表 book 存在三个字段，book_name1 以及 book_name2 都为书籍名称字段，对 book_name1 字段创建普通索引

book_name_index，对 book_name2 字段创建基于 ngram 中文分词的全文索引，代码如下。

```
drop database if exists test;
create database if not exists test charset=gbk;
use test;
drop table if exists book;
create table if not exists book(
id int auto_increment primary key,
book_name1 varchar(100),
book_name2 varchar(100),
index book_name1_index (book_name1(100)),
fulltext index book_name2_fulltext (book_name2) with parser ngram
)engine=InnoDB charset=gbk;
#向 book 表添加 7 条测试数据，代码如下。
insert into book(book_name1,book_name2) values
('PHP 编程基础与实例教程','PHP 编程基础与实例教程'),
('MySQL 数据库基础与实例教程','MySQL 数据库基础与实例教程'),
('MySQL 核心技术与最佳实践','MySQL 核心技术与最佳实践'),
('SQL 必知必会','SQL 必知必会'),
('数据库系统概念','数据库系统概念'),
('数据分析与数据挖掘','数据分析与数据挖掘'),
('计算机网络','计算机网络');
```

（2）正则表达式模糊查询——全表扫描问题。

例如，检索 book_name1 中所有包含"数据库"的书籍信息，还可以使用下面的 SQL 语句。

```
explain select * from book where book_name1 regexp '数据库';
```

通过 explain 命令或者 desc 命令，查看上面的 select 语句检索数据时，是否使用了索引，从执行结果可以看出，select 语句的 type 值为 ALL，表示全表扫描，该 select 语句并没有利用索引。

```
explain select * from book where book_name1 like '%数据库%';
```

```
mysql> explain select * from book where book_name1 regexp '数据库';
+----+-------------+-------+------------+------+---------------+------+---------+------+------+----------+-------------+
| id | select_type | table | partitions | type | possible_keys | key  | key_len | ref  | rows | filtered | Extra       |
+----+-------------+-------+------------+------+---------------+------+---------+------+------+----------+-------------+
|  1 | SIMPLE      | book  | NULL       | ALL  | NULL          | NULL | NULL    | NULL |    7 |   100.00 | Using where |
+----+-------------+-------+------------+------+---------------+------+---------+------+------+----------+-------------+
1 row in set, 1 warning (0.00 sec)
```

（3）like 模糊查询——全表扫描问题。

例如，检索 book_name1 字段中所有包含"数据库"的书籍信息，可以使用下面的 SQL 语句。

```
select * from book where book_name1 like '%数据库%';
```

通过 explain 命令或者 desc 命令，查看上面的 select 语句检索数据时，是否使用了索引。

执行下面的 MySQL 命令，从执行结果可以看出，select 语句的 type 值为 ALL，表示全表扫描，该 select 语句并没有利用索引。

```
explain select * from book where book_name1 like '%数据库%';
```

```
mysql> explain select * from book where book_name1 like '%数据库%';
+----+-------------+-------+------------+------+---------------+------+---------+------+------+----------+-------------+
| id | select_type | table | partitions | type | possible_keys | key  | key_len | ref  | rows | filtered | Extra       |
+----+-------------+-------+------------+------+---------------+------+---------+------+------+----------+-------------+
|  1 | SIMPLE      | book  | NULL       | ALL  | NULL          | NULL | NULL    | NULL |    7 |    14.29 | Using where |
+----+-------------+-------+------------+------+---------------+------+---------+------+------+----------+-------------+
1 row in set, 1 warning (0.00 sec)
```

作为对比，将需求改为：检索 book_name1 字段中以"数据库"开头的书籍，使用的 select

语句如下。从执行结果可以看出，此时的 select 语句的 type 值为 range，key 为 " book_name1_fulltext" 表示使用了 " book_name1_fulltext" 索引，该 select 语句使用了索引。

```
explain select * from book where book_name1 like '数据库%';
```

结论：使用 like 模糊查询时，模式匹配的第一个字符如果是通配符 "%"，可能导致全表扫描。除此之外，使用正则表达式模糊查询时，也可能导致全表扫描、索引无法使用问题，模糊查询效率低下。为了提升模糊查询的效率，有必要引入 MySQL 中文全文索引。

（4）中文全文检索 —— 自然语言检索的简单应用。

检索 book_name2 字段中涉及 "数据库" 的所有图书信息，可以使用下列 select 语句，执行结果如图所示。

```
select * from book where match (book_name2) against ('数据库');
```

该语句等效于下面的 select 语句。

```
select * from book where match (book_name2) against ('数据库' IN NATURAL LANGUAGE MODE);
```

结论：自然语言检索是 MySQL 中文全文检索的默认类型。使用自然语言检索 "数据库" 关键词时，"数据库" 被拆分成 "数据" "据库" 和 "数据库" 后，在数据库表中模糊匹配后，返回查询结果集。

通过 explain 命令或者 desc 命令可以查看，上面的 select 语句检索数据时，是否使用了全文索引检索数据，执行结果如图所示。

```
explain select * from book where match (book_name2) against ('数据库')\G
```

说明

select 语句的 type 值为 fulltext 时，表示该 select 语句执行过程中使用了全文索引。

（5）中文全文检索 —— 自然语言检索的复杂应用。

例如，检索 book_name2 字段中涉及 "数据库" 或 "编程" 的所有图书信息，可以使用下列

select 语句，执行结果如图所示。

```
select * from book where match (book_name2) against ('数据库 编程');
```

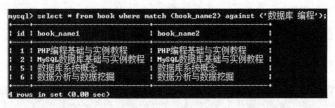

结论：MySQL 自然语言检索支持多关键字全文检索，各个关键字之间使用标点符号隔开即可（如空格字符）。

（6）中文全文检索的查询结果集排序问题。

检索 book_name2 字段中涉及"数据库"或"编程"的关联度信息，执行结果如图所示。

```
select book_name2,match (book_name2) against ('数据库 编程') 关联度 from book;
```

结论：MySQL 对中文全文检索的结果集是按照关联度进行排序的（ngram 的关联度算法规则非常繁杂）。

（7）中文全文检索——布尔检索的简单应用。

例如，检索 book_name2 字段中涉及"数据库"的所有图书信息，也可以使用下列布尔检索 select 语句，执行结果如图所示。

```
select * from book where match (book_name2) against ('数据库' IN BOOLEAN MODE)\G
```

结论：从执行结果可以看出，使用布尔检索"数据库"关键词时，"数据库"作为一个整体，在数据库表中模糊匹配后，返回查询结果集。

（8）中文全文检索——布尔检索的复杂应用。

例如，检索 book_name2 字段中涉及"数据库"或"编程"的所有图书信息，可以使用下列布尔检索 select 语句，执行结果如图所示。

```
select * from book where match (book_name2) against ('数据库 编程' IN BOOLEAN MODE);
```

结论：MySQL 布尔检索也支持多关键字全文检索，各个关键字之间使用标点符号隔开即可（如空格字符）。

例如，检索 book_name2 字段中涉及"数据库"但不涉及"概念"关键词的所有图书信息，可以使用下面的 SQL 语句，执行结果如图所示。

```
select * from book where match (book_name2) against ('+数据库 -概念' IN BOOLEAN MODE);
```

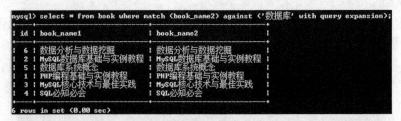

例如，检索 book_name2 字段中既涉及"数据库"又涉及"编程"的所有图书信息，但要求"数据库"的关联度高于"编程"的关联度，可以使用下面的 SQL 语句。执行结果如图所示。

```
select * from book where match (book_name2) against ('>数据库 <编程' IN BOOLEAN MODE);
```

（9）中文全文检索——查询扩展检索的简单应用。

例如，检索 book_name2 字段中涉及"数据库"的所有图书信息，也可以使用下面查询扩展检索的 select 语句，执行结果如图所示。

```
select * from book where match (book_name2) against ('数据库' with query expansion);
```

结论：从执行结果可以看出，使用查询扩展检索"数据库"关键词时，"数据库"被拆分成"数据""据库"和"数据库"后，在数据库表中模糊匹配后，返回第一次查询结果集。接着，将第一次查询结果集中关联度高的关键词作为搜索关键字进行二次自然语言检索。查询扩展检索最适合应用场景是：当检索关键字是短字符串，且使用自然语言检索后，查询结果集较少时，可以选用查询扩展检索模式。

（10）了解 ngram_token_size 参数的意义。

"ngram"中的"n"，代表的是分词后词的大小，n 的默认值是 2。执行下列语句，查看 ngram_token_size 系统变量的值，执行结果如图所示。

```
show variables like 'ngram_token_size';
```

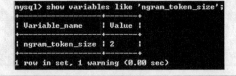

例如，检索 book_name2 字段中涉及"数"的所有图书信息，可以使用下列自然语言检索的 select 语句，执行结果如图所示。

```
select * from book where match (book_name2) against ('数');
```

```
mysql> select * from book where match (book_name2) against ('数');
Empty set (0.00 sec)
```

结论：当 n 等于 2 时，全文检索一个汉字时，将返回空结果集。如果想查询单个汉字，需要将 ngram_token_size 的值设置为 1，并且需要重新构建全文索引。

实践任务 3 中文全文检索停用词的应用（选做）

1．目的
（1）了解停用词的概念；
（2）了解重建索引的方法。

2．说明
本实践任务依赖于"中文全文检索"实践任务的操作结果。

停用词：在全文检索时，为节省索引存储空间、提高检索准确率以及提高检索效率，在创建索引前，可以让分词系统自动过滤掉某些词，这些词称为 Stop Words（停用词）。

3．环境
MySQL 服务版本：8.0.15 或 5.7.26。
MySQL 客户机：CMD 命令提示符窗口。

4．环境准备
打开 CMD 命令提示符窗口，键入如下命令，以 gbk 字符集方式连接 MySQL 服务器。

```
mysql --default-character-set=gbk -h localhost -u root -p
```

输入 root 账户的密码，建立 MySQL 服务器的连接。

根据实践任务的完成情况，由学生自己完成知识点的汇总。

5．步骤
（1）开启 InnoDB 存储引擎中文全文检索停用词功能。

InnoDB 存储引擎中文全文检索支持停用词，执行下列 MySQL 命令，当系统变量 innodb_ft_enable_stopword 的值为 ON 时，表示开启 InnoDB 存储引擎中文全文检索停用词功能。

```
show variables like 'innodb_ft_enable_stopword';
set innodb_ft_enable_stopword=ON;
```

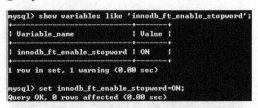

（2）创建停用词表。

开启 InnoDB 存储引擎中文全文检索停用词功能后，需要手动创建停用词表，停用词表存储引擎必须是 InnoDB，且只包含一个 value 字段，数据类型是 varchar。

例如，下面的 SQL 语句创建了 book_stopwords 停用词表，存储引擎是 InnoDB，默认字符集是 gbk。

```
use test;
drop table if exists book stopwords;
create table if not exists book_stopwords(
value varchar(30)
)engine=InnoDB charset=gbk;
```

（3）设置停用词表。

设置全局系统变量 innodb_ft_server_stopword_table 的参数值，参数值的格式为"数据库名/停用词表名"。

例如，下面的 SQL 语句设置了停用词表为 test 数据库中的 book_stopwords 停用词表。

```
set global innodb_ft_server_stopword_table = 'test/book_stopwords';
```

（4）添加停用词。

例如，下面的 SQL 语句向 choose 数据库中的 book_stopwords 停用词表添加了"数据"停用词。

```
insert into book_stopwords values ('数据');
select * from book_stopwords;
```

（5）测试停用词是否生效。

例如，检索书名中涉及"数据库"的所有图书信息，可以使用下列自然语言检索 select 语句，执行结果如图所示。

```
select * from book where match (book_name2) against ('数据库');
```

```
mysql> select * from book where match (book_name2) against ('数据库');
+----+--------------------------------+--------------------------------+
| id | book_name1                     | book_name2                     |
+----+--------------------------------+--------------------------------+
|  2 | MySQL数据库基础与实例教程       | MySQL数据库基础与实例教程       |
|  5 | 数据库系统概念                  | 数据库系统概念                  |
|  6 | 数据分析与数据挖掘              | 数据分析与数据挖掘              |
+----+--------------------------------+--------------------------------+
3 rows in set (0.02 sec)
```

结论：从结果可以看出，停用词"数据"并未生效。原因在于，停用词作用于索引，而不是作用于检索关键字，因此，为了让停用词"数据"生效，需要重建全文索引。

（6）重建全文索引。

MyISAM 表有专门的重建索引命令"repair table"，假设 book 表是 MyISAM 存储引擎的表，那么使用一条命令"repair table book quick"即可重建 book 表的索引。但是，对于 InnoDB 存储引擎的表来说，InnoDB 表就是聚簇索引，聚簇索引就是 InnoDB 表，并且没有专重建索引的命令。为了不影响已有记录，本书采用先删除全文索引、再创建全文索引的方法，执行下面的 MySQL 命令即可。

```
drop index book_name2_fulltext on book;
show index from book;
create fulltext index book_name2_fulltext on book(book_name2) with parser ngram;
```

（7）重新测试停用词。

例如，检索书名中涉及"数据库"的所有图书信息，可以使用下列自然语言检索 select 语句，执行结果如图所示。

```
select * from book where match (book_name2) against ('数据库');
```

```
mysql> select * from book where match (book_name2) against ('数据库');
+----+--------------------------------+--------------------------------+
| id | book_name1                     | book_name2                     |
+----+--------------------------------+--------------------------------+
|  2 | MySQL数据库基础与实例教程       | MySQL数据库基础与实例教程       |
|  5 | 数据库系统概念                  | 数据库系统概念                  |
+----+--------------------------------+--------------------------------+
2 rows in set (0.00 sec)
```

结论：从结果可以看出，重建索引后，设置好的停用词"数据"不会出现在分词后的索引中，"数据分析与数据挖掘"这条记录就被过滤掉了。因此，要想停用词生效，必须首先创建停用词表，再向停用词表中添加停用词，最后创建全文索引。

第6章
MySQL 编程基础和函数

本章首先介绍 MySQL 编程的基础知识,然后讲解自定义函数的实现方法,接着介绍 MySQL 常用的系统函数。本章内容将为读者后续编写更为复杂的存储程序代码（如存储过程）奠定基础。

6.1　MySQL 编程基础知识

几乎所有的数据库管理系统都提供了"程序设计结构",这些"程序设计结构"在 SQL 标准的基础上进行了扩展。例如,Oracle 定义了 PL/SQL 程序设计结构,SQL Server 定义了 T-SQL 程序设计结构,PostgreSQL 定义了 PL/pgSQL 程序设计结构,MySQL 也不例外（虽然至今没有为其命名）。MySQL 程序设计结构是在 SQL 标准的基础上增加了一些程序设计语言的元素,其中包括常量、变量、运算符、表达式以及流程控制等内容。

6.1.1　常量

按照 MySQL 的数据类型进行划分,可以将常量划分为字符串常量、数值常量、日期时间常量、布尔值、二进制常量、十六进制常量以及 NULL。

1. 字符串常量
字符串常量是指用单引号或双引号括起来的字符序列。例如,下面的 select 语句输出两个字符串,执行结果如图 6-1 所示。

```
select 'I\'m a \teacher' as col1, "you're a stude\nt" as col2;
```

2. 数值常量
数值常量可以分为整数常量（如 2013）和小数常量（如 5.26、101.5E5）,这里不再赘述。

3. 日期时间常量
日期时间常量是一个符合特殊格式的字符串。例如,'14:30:24'是一个时间常量,'2008-05-12 14:28:24'是一个日期时间常量。日期时间常量的值必须符合日期、时间标准,例如,'1996-02-31' 是错误的日期常量。

4. 布尔值
布尔值只包含两个值:TRUE 和 FALSE。例如,下面的 select 语句输出 TRUE 和 FALSE,执行结果如图 6-2 所示。

```
select true, false;
```

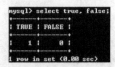

图6-1 字符串常量　　　　　　　　　　图6-2 布尔值以字符串的方式进行显示

　　　　　　使用 select 语句显示布尔值 TRUE 或 FALSE 时，会将其转换为字符串"1"或者字符串"0"。

5. 二进制常量

二进制常量由数字"0"和"1"组成。二进制常量的表示方法：前缀为"b"，后面紧跟一个"二进制"字符串。例如，下面的 select 语句输出 3 个字符，执行结果如图 6-3 所示，其中 b'111101'对应"等号"，b'1'对应"笑脸"符号，b'11'对应"心"形符号。

```
select b'111101',b'1', b'11';
```

　　　　　　使用 select 语句显示二进制数时，会将二进制数自动转换为"字符串"再进行显示。

6. 十六进制常量

十六进制常量由数字"0"～"9"及字母"a"～"f"或"A"～"F"组成（字母不区分大小写）。十六进制常量有两种表示方法。

第一种表示方法：前缀为大写字母"X"或小写字母"x"，后面紧跟一个"十六进制"字符串。例如，下面的 select 语句输出两个字符串，执行结果如图 6-4 所示，其中，X'41'对应大写字母 A。x'4D7953514C'对应字符串 MySQL。

```
select X'41', x'4D7953514C';
```

图6-3 二进制常量以字符串的方式进行显示　　　图6-4 十六进制常量以字符串的方式进行显示（1）

第二种表示方法：前缀为"0x"，后面紧跟一个"十六进制数"（不用引号）。例如，下面的 select 语句与上述 select 语句的执行结果相同，如图 6-5 所示，其中，0x41 对应大写字母 A，0x4D7953514C 对应字符串 MySQL。

```
select 0x41, 0x4D7953514C;
```

可以看到，使用 select 语句显示十六进制数时，会将十六进制数自动转换为"字符串"再进行显示。

如果需要将一个字符串或数字转换为十六进制格式的字符串，可以用 hex()函数实现。例如，在下面的 select 语句中，hex()函数将"MySQL"字符串转换为十六进制数，执行结果如图 6-6所示。

```
select hex('MySQL');
```

图 6-5   十六进制常量以字符串的方式进行显示（2）　　　图 6-6   将字符串转换为十六进制数

7. NULL 值

NULL 值可适用于各种字段类型，它通常用来表示"值不确定""值不存在"等含义。NULL 值参与算术运算、比较运算以及逻辑运算时，结果依然为 NULL。

6.1.2　运算符与表达式

运算符是数据操作的符号。表达式指的是将操作数（如变量、常量、函数等）用运算符按一定的规则连接起来的有意义的式子。根据运算符功能的不同，可将 MySQL 的运算符分为算术运算符、比较运算符、逻辑运算符以及位运算符。

1. 算术运算符

算术运算符用于在两个操作数之间执行算术运算。常用的算术运算符有+（加）、-（减）、*（乘）、/（除）、%（求余）及 div（求商）6 种。

例如，下面的 select 语句的执行结果如图 6-7 所示。

```
set @num = 15;
select @num+2, @num-2, @num *2, @num/2, @num%3,@num div 3;
```

MySQL 日期（或时间）类型的数据本身是一个数值类型，因此也可以进行简单的算术运算。例如，下面的 select 语句的执行结果如图 6-8 所示，interval 关键字后是一个时间间隔，具体用法稍后介绍。

```
select '2013-01-31' + interval '22' day, '2013-01-31' - interval '22' day;
```

图 6-7   算术运算符　　　　　　　　　　　图 6-8   日期可以参与算术运算

2. 比较运算符

比较运算符（又称关系运算符）用于比较操作数之间的大小，其运算结果要么为 TRUE，要么为 FALSE，要么为 NULL（不确定）。MySQL 中常用的比较运算符如表 6-1 所示。

表 6-1　　　　　　　　　　　MySQL 中常用的比较运算符

运算符	含义
=	等于
>	大于
<	小于
>=	大于等于
<=	小于等于
<>、!=	不等于

续表

运算符	含义
<=>	相等或都等于空
is null	是否为 NULL
between…and…	是否在区间内
in	是否在集合内
like	模式匹配
regexp	正则表达式模式匹配

下面的 select 语句的执行结果如图 6-9 所示，请读者仔细分析产生该结果的原因。其中，第一个比较表达式中第一个字符串'ab '为 3 个字符，最后一个字符为空格字符；第二个比较表达式中第一个字符串' ab'为 3 个字符，第一个字符为空格字符。

```
select 'ab '='ab', ' ab'='ab', 'b'>'a',NULL=NULL,NULL<=>NULL,NULL is NULL;
```

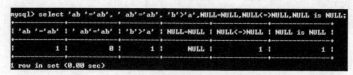

图 6-9　比较运算符

结论：默认情况下，字符串进行比较时，会截掉字符串尾部的空格字符，然后进行比较。

3. 逻辑运算符

逻辑运算符（又称布尔运算符）对布尔值进行操作，其运算结果要么为 TRUE，要么为 FALSE，要么为 NULL（不确定）。MySQL 中常用的逻辑运算符如表 6-2 所示。

表 6-2　　　　　　　　　　　　　　MySQL 中常用的逻辑运算符

运算符	含义
not 或!	逻辑非
and 或&&	逻辑与
or 或||	逻辑或
xor	逻辑异或

下面的 select 语句的执行结果如图 6-10 所示。

```
select 1 and 2, 2 and 0,2 and true,0 or true,not 2,not false;
```

下面的 select 语句的执行结果如图 6-11 所示。

```
select null and 2, 2 and 0.0,2 and 'true', 1 xor 2, 1 xor false;
```

图 6-10　逻辑运算符（1）　　　　　　　　　图 6-11　逻辑运算符（2）

 说明　　严格意义上讲，between…and…运算、in 运算、like 及 regexp 运算既是比较运算，又是逻辑运算，它们的使用方法请读者参看表记录的检索章节的内容，这里不再举例说明。

4. 位运算符

位运算符对二进制数据进行操作（如果不是二进制类型的数，将进行类型自动转换），其运算结果为二进制数。使用 select 语句显示二进制数时，会将其自动转换为十进制数显示。MySQL 中常用的位运算符如表 6-3 所示。

表 6-3　　　　　　　　　　　　　　MySQL 中常用的位运算符

运算符	运算规则
&	按位与
|	按位或
^	按位异或
~	按位取反
>>	位右移
<<	位左移

下面的 select 语句的执行结果如图 6-12 所示。

```
select b'101' & b'010',5&2,5|2, ~5,5 ^2,5>>2,5<<2;
```

图 6-12　位运算符

6.1.3　用户自定义变量

MySQL 变量分为系统变量（以@@开头）与用户自定义变量，本章主要讲解用户自定义变量的使用。用户自定义变量分为用户会话变量（以@开头）与局部变量（不以@开头）。

1. 用户会话变量

用户会话变量与会话系统变量相似，它们都与"当前会话"有密切关系。简单地讲，MySQL 客户机 1 定义的会话变量，会话期间，该会话变量一直有效；MySQL 客户机 2 不能访问 MySQL 客户机 1 定义的会话变量；MySQL 客户机 1 关闭或者 MySQL 客户机 1 与服务器断开连接后，MySQL 客户机 1 定义的所有会话变量将自动释放，以便节省 MySQL 服务器的内存空间，如图 6-13 所示。

会话系统变量与用户会话变量的共同之处在于：变量名大小写不敏感。会话系统变量与用户会话变量的区别在于：①用户会话变量以一个"@"开头，会话系统变量以两个"@"开头；②会话系统变量无须定义可以直接使用。

一般情况下，用户会话变量的定义与赋值会同时进行。用户会话变量的定义与赋值有两种方法：使用 set 命令或者使用 select 语句。

方法一：使用 set 命令定义用户会话变量，并为其赋值，语法格式如下。

```
set @user_variable1 = expression1 [,@user_variable2= expression2 , …]
```

说明

user_variable1、user_variable2 为用户会话变量名，expression1、expression2 可以是常量、变量或表达式。

set 命令可以同时定义多个变量，中间用逗号隔开即可。

例如，下面的 MySQL 命令负责创建用户会话变量@user_name 和@age，并为其赋值，接着使用 select 语句输出变量的值，执行结果如图 6-14 所示。

```
set @user_name = '张三';
select @user_name;
set @user_name = b'11', @age = 18;
select @user_name,@age;
set @age = @age+1;
select @user_name,@age;
```

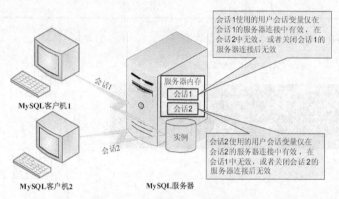

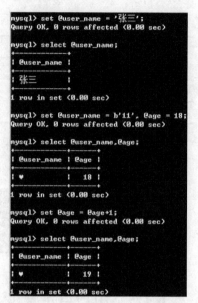

图 6-13　用户会话变量的使用　　　　　图 6-14　使用 set 命令定义用户会话变量

用户会话变量的数据类型是根据赋值运算符 "=" 右边表达式的计算结果自动分配的。也就是说，等号右边的值（包括字符集和字符序）决定了用户会话变量的数据类型（包括字符集和字符序）。如果给@user_name 变量重新赋予不同类型的值，则@user_name 的数据类型也会跟着改变。读者可以这样理解：用户会话变量是弱类型。

方法二：使用 select 语句定义用户会话变量，并为其赋值，语法格式有如下两种。
第一种语法格式：select @user_variable1:= expression1 [,user_variable2:= expression2，…]
第二种语法格式：select expression1 into @user_variable1, expression2 into @user_variable2，…

第一种语法格式中需要使用 ":=" 赋值语句，原因在于 "=" 是为 "比较" 保留的。
第一种语法格式与第二种语法格式的区别在于，第一种语法格式中的 select 语句会产生结果集，第二种语法格式中的 select 语句仅仅用于会话变量的定义及赋值（但不会产生结果集）。

例如，下面的 MySQL 命令，通过其执行结果可以看出 ":=" 与 "=" 的区别，如图 6-15 所示。

```
select @a='a';
select @a;
select @a := 'a';
select @a;
```

例如，下面的 MySQL 命令负责创建用户会话变量@user_name，并进行赋值，接着使用 select 语句输出该变量的值，执行结果如图 6-16 所示（注意：select…into…不会产生结果集）。

```
select @user_name:='张三';
select 19 into @age;
select @user_name,@age;
```

图 6-15　":＝" 与 "=" 的区别　　　　图 6-16　使用 select 语句定义用户会话变量

2. 局部变量

declare 命令专门用于定义局部变量及对应的数据类型。局部变量必须定义在存储程序中（例如，函数、触发器、存储过程以及事件中），并且局部变量的作用范围仅仅局限于存储程序中，脱离存储程序，局部变量没有丝毫意义。局部变量主要用于下面 3 种场合。

场合一：局部变量定义在存储程序的 begin-end 语句块之间。此时，局部变量必须首先使用 declare 命令定义，并且必须指定其数据类型。只有定义局部变量后，才可以使用 set 命令或者 select 语句为其赋值。

场合二：局部变量作为存储过程或者函数的参数使用，此时虽然不需要使用 declare 命令定义，但需要指定参数的数据类型。

场合三：局部变量也可以用在存储程序的 SQL 语句中。数据检索时，如果 select 语句的结果集是单个值，则可以将 select 语句的返回结果赋予局部变量。局部变量也可以直接嵌入 select、insert、update 及 delete 语句的条件表达式中。

　　　局部变量的数据类型是字符串时，建议使用 "character set gbk" 子句将局部变量的字符集声明为 gbk，否则可能出现 ERROR 1366 (HY000): Incorrect string value 错误。

例如，下面的存储过程中，choose_proc()存储过程的参数：s_no、c_no 及 state 是局部变量（场合二，粗体字表示），其中 s_no 是字符串类型，字符集声明为 gbk；s1、s2、s3、status 使用 declare 命令定义，位于 begin-end 语句块中，也是局部变量（场合一，斜体字），status 是字符串类型，字符集也声明为 gbk；在这些局部变量中，灰色底纹的局部变量用于 SQL 语句中（场合三）。

```
create procedure choose_proc(in s_no char(11) character set gbk,in c_no int,out state int)
modifies sql data
begin
    declare s1 int;
    declare s2 int;
    declare s3 int;
    declare status char(8) character set gbk;
    set state= 0;
    set status='未审核';
    select count(*) into s1 from choose where student_no=s_no and course_no=c_no;
    if(s1>=1) then
        set state = -1;
    else
        select count(*) into s2 from choose where student_no=s_no;
        if(s2>=2) then
            set state = -2;
        else
            start transaction;
            select state into status from course where course_no=c_no;
            select available into s3 from course where course_no=c_no for update;
            if(s3<=0 || status='未审核') then
                set state = -3;
            else
                insert into choose(student_no,course_no) values(s_no, c_no);
                set state = last_insert_id();
            end if;
            commit;
        end if;
    end if;
end;
```

　　choose_proc ()的存储过程用于实现学生的选课功能，该存储过程的具体实现方法请参看后续章节的内容。

3. 局部变量与用户会话变量的区别

局部变量与用户会话变量的区别有以下几点。

（1）用户会话变量名以"@"开头，而局部变量名前面没有"@"符号。

（2）局部变量使用 declare 命令定义（存储过程参数、函数参数除外），定义时必须指定局部变量的数据类型。局部变量定义后，才可以使用 set 命令或者 select 语句为其赋值。

用户会话变量使用 set 命令或者 select 语句定义并进行赋值，定义用户会话变量时无须指定数据类型（用户会话变量是弱类型）。

诸如"declare @student_no int;"的语句是错误语句，用户会话变量不能使用 declare 命令定义。

（3）用户会话变量的作用范围与生存周期大于局部变量。局部变量如果作为存储过程或者函数的参数使用，则在整个存储过程或函数内中有效；如果定义在存储程序的 begin-end 语句块中，则仅在当前的 begin-end 语句块内有效。用户会话变量在本次会话期间一直有效，直至关闭服务器连接。

（4）如果局部变量嵌入到 SQL 语句中，由于局部变量名前没有"@"符号，这就要求局部变量名不能与表字段名同名，否则将出现无法预期的结果。

例如，下面的 SQL 语句中，student_name1 与 student_no1 为局部变量（灰色底纹），student_name以及 student_no 为 student 表的字段名（粗体字），不能将 student_name1 与 student_no1 修改为

student_name 与 student_no，否则将出现无法预期的结果。

```
select student_name into student_name1 from student where student_no=student_no1;
```

用户会话变量前面存在@符号，因此会话变量没有该限制，可以与表字段名相同。例如，下面的 SQL 语句符合 MySQL 代码规范。

```
select student_name into @student_name from student where student_no=@student_no;
```

（5）declare 命令尽量写在 begin-end 语句块的开头，尽量写在其他语句的前面，否则会出现意想不到的错误。

由于局部变量涉及 begin-end 语句块、函数、存储过程等知识，其具体使用方法将结合这些知识稍后一起进行讲解。

6.1.4　begin-end 语句块

有些时候，为了完成某个功能，多条 MySQL 表达式密不可分，可以使用 "begin" 和 "end;" 将这些表达式包含起来形成语句块，语句块中表达式之间使用 ";" 隔开，一个 begin-end 语句块可以包含新的 begin-end 语句块。在 MySQL 中，单独使用 begin-end 语句块没有任何意义，只有将 begin-end 语句块封装到存储过程、函数、触发器及事件等存储程序内部才有意义。begin-end 语句块的使用方法将结合自定义函数稍后一起进行讲解。一个典型的 begin-end 语句块格式如下，其中开始标签名称与结束标签名称必须相同。

```
[开始标签:] begin
    [局部]变量的声明;
    错误触发条件的声明;        /*在触发器、存储过程和异常处理章节中进行详细讲解*/
    错误处理程序的声明;        /*在触发器、存储过程和异常处理章节中进行详细讲解*/
    业务逻辑代码;
end[结束标签];
```

begin-end 语句块中，end 后以 ";" 结束。

在每一个 begin-end 语句块中声明的局部变量，仅在当前的 begin-end 语句块内有效。

允许在一个 begin-end 语句块内使用 leave 语句跳出该语句块（leave 语句的使用方法稍后讲解）。

6.1.5　重置命令结束标记

begin-end 语句块中的 MySQL 语句使用 ";" 结束。在 MySQL 客户机上输入 MySQL 语句时，默认也是使用 ";" 结束。由于 begin-end 语句块中通常存在多条 MySQL 语句，并且这些 MySQL 语句密不可分，为了避免这些 MySQL 语句被拆开，需要重置 MySQL 客户机的命令结束标记（delimiter）。

例如，打开 MySQL 客户机，并在 MySQL 客户机上依次输入以下命令。第一条命令将当前 MySQL 客户机的命令结束标记 "临时地" 设置为 "$$"；紧接着在 select 语句中使用 "$$" 作为 select 语句的结束标记；第三条命令将当前 MySQL 客户机的命令结束标记恢复 "原状"；恢复 "原状" 后的 select 语句重新使用 ";" 作为结束标记。执行结果如图 6-17 所示。

```
delimiter $$
select * from student where student_name like '张_'$$
```

```
delimiter ;
select * from student where student_name like '张_';
```

```
mysql> delimiter $$
mysql> select * from student where student_name like '张_'$$
+------------+--------------+-----------------+----------+
| student_no | student_name | student_contact | class_no |
+------------+--------------+-----------------+----------+
| 2012001    | 张三         | 15000000000     |        1 |
+------------+--------------+-----------------+----------+
1 row in set (0.00 sec)

mysql> delimiter ;
mysql> select * from student where student_name like '张_';
+------------+--------------+-----------------+----------+
| student_no | student_name | student_contact | class_no |
+------------+--------------+-----------------+----------+
| 2012001    | 张三         | 15000000000     |        1 |
+------------+--------------+-----------------+----------+
1 row in set (0.00 sec)
```

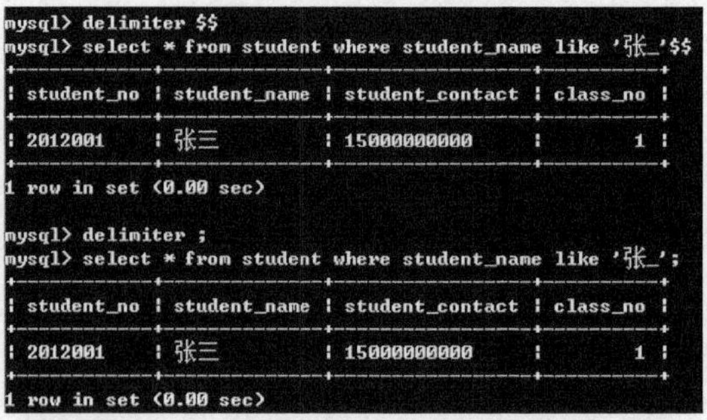

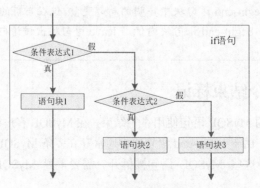

图 6-17　重置命令结束标记的示例程序

6.1.6　条件控制语句

MySQL 提供了简单的流程控制语句，其中包括条件控制语句及循环语句。条件控制语句分为两种，一种是 if 语句，另一种是 case 语句。

1. if 语句

if 语句根据条件表达式的值确定执行不同的语句块，用法格式如下。if 语句的程序流程图如图 6-18 所示。

```
if 条件表达式 1 then 语句块 1;
[elseif 条件表达式 2  then 语句块 2] ...
[else 语句块 n]
end if;
```

注意

end if 后必须以“;”结束。

图 6-18　if 语句的程序流程图

2. case 语句

case 语句用于实现比 if 语句分支更为复杂的条件判断，语法格式如下。case 语句的程序流程图如图 6-19 所示。

```
case 表达式
when value1 then  语句块 1;
```

```
when value2 then 语句块 2;
when value3 then 语句块 3;
…
else 语句块 n;
end case;
```

 end case 后必须以 ";" 结束。

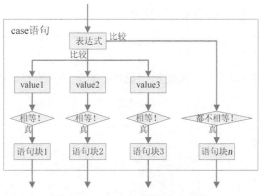

图 6-19　case 语句的程序流程图

 与高级编程语言不同，MySQL 中的 case 语句无须使用 "break" 语句。

6.1.7　循环语句和循环控制语句

MySQL 提供了 3 种循环语句，分别是 while、repeat 和 loop。除此以外，MySQL 还提供了 leave 语句和 iterate 语句，用于循环的内部控制。

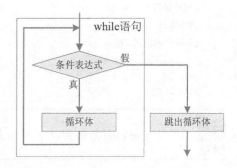

图 6-20　while 语句的程序流程图

1. while 语句

当条件表达式的值为 TRUE 时，反复执行循环体，直到条件表达式的值为 FALSE。while 语句的语法格式如下，程序流程图如图 6-20 所示。

```
[循环标签:]while 条件表达式 do
循环体;
end while [循环标签];
```

 end while 后必须以 ";" 结束。

2. leave 语句

leave 语句用于跳出当前的循环语句（如 while 语句），leave 语句的语法格式如下。

```
leave 循环标签;
```

leave 循环标签后必须以 ";" 结束。

3. iterate 语句

iterate 语句用于跳出本次循环，继而进行下次循环，iterate 语句的语法格式如下。

```
iterate 循环标签;
```

iterate 循环标签后必须以 ";" 结束。

4. repeat 语句

当条件表达式的值为 FALSE 时，反复执行循环，直到条件表达式的值为 TRUE。repeat 语句的语法格式如下。

```
[循环标签:]repeat
循环体;
until 条件表达式
end repeat [循环标签];
```

end repeat 后必须以 ";" 结束。

5. loop 语句

由于 loop 循环语句本身没有停止循环的语句，因此 loop 通常借助 leave 语句跳出 loop 循环，loop 的语法格式如下。

```
[循环标签:] loop
循环体;
if 条件表达式 then
    leave [循环标签];
end if;
end loop;
```

end loop 后必须以 ";" 结束。

6.2 自定义函数

函数可以看作是一个 "加工作坊"，这个 "加工作坊" 接收 "调用者" 传递过来的 "原料"（实际上是函数的参数），然后将这些 "原料" "加工处理" 成 "产品"（实际上是函数的返回值），再把 "产品" 返回给 "调用者"。MySQL 函数分为以下两种。

（1）系统函数：例如，now()、version()函数等，属于内置函数，无须定义可以直接使用。

（2）自定义函数：需要数据库开发人员根据业务逻辑的需要自行定义，并经过严格的测试后，方可使用。

创建自定义函数时，数据库开发人员需提供函数名、函数的参数、函数体（一系列的操作）及返回值等信息。创建自定义函数的语法格式如下。

```
create function 函数名 (参数 1, 参数 2, …) returns 返回值的数据类型
[函数选项]
begin
函数体;
return 语句;
end;
```

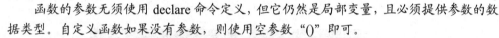

自定义函数是数据库的对象，因此，创建自定义函数时，需要指定该自定义函数隶属于哪个数据库。

同一个数据库内，自定义函数名不能与已有的函数名（包括系统函数名）重名。建议在自定义函数名中统一添加前缀 "fn_" 或者后缀 "_fn"。

函数的参数无须使用 declare 命令定义，但它仍然是局部变量，且必须提供参数的数据类型。自定义函数如果没有参数，则使用空参数 "()" 即可。

函数必须有 return 语句，即函数必须有返回值。

函数必须指定返回值数据类型，且须与 return 语句中的返回值的数据类型相近（长度可以不同）。

函数选项是由以下一种或几种选项组合而成的。

```
language sql
| [not] deterministic
| { contains sql | no sql | reads sql data | modifies sql data }
| sql security { definer | invoker }
| comment '注释'
```

函数选项说明如下。

language sql：默认选项，用于说明函数体使用 SQL 语言编写。

deterministic（确定性）：如果函数总是对同样的输入参数产生同样的结果，则函数被认为是"确定的"，否则就是"不确定"的。默认值是 not deterministic。

contains sql：表示函数体中包含 SQL 语句，但不包含读或写数据的语句（如 set 命令等）。

no sql：表示函数体中不包含 SQL 语句。

reads sql data：表示函数体中包含 select 查询语句，但不包含更新语句。

modifies sql data：表示函数体包含更新语句。如果上述选项没有明确指定，默认是 contains sql。

sql security：用于指定函数的执行许可。

definer：表示该函数只能由创建者调用。

invoker：表示该函数可以被其他数据库用户调用，默认值是 definer。

comment：为函数添加功能说明等注释信息。

6.2.1　自定义函数使用示例

1. 无参数的自定义函数（空参数）

创建名字为 row_no_fn() 的函数，功能是为查询结果集添加行号。

```
delimiter $$
create function row_no_fn() returns int
no sql
begin
    set @row_no = @row_no + 1;
    return @row_no;
end;
$$
delimiter ;
```

row_no_fn()函数体内定义了一个用户会话变量@row_no, 该变量在本次 MySQL 服务器的连接中一直生效, 从而实现会话期间的累加功能。

函数创建成功后, 记得将命令结束标记恢复 "原状"。

编写好函数后, 一定要经过严格的测试。使用下面的 MySQL 命令调用该函数并进行测试, 在查询结果集中加入行号, 执行结果如图 6-21 所示。

```
set @row_no=0;
select row_no_fn() 行号,student_no,student_name from student;
```

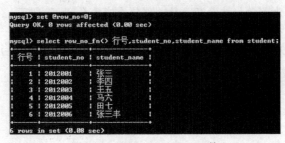

图 6-21　调用 row_no_fn()函数

2. 带有参数的自定义函数

创建函数, 使函数根据学生学号或者教师工号返回他们的姓名, 代码如下。

```
delimiter $$
create function get_name_fn(no int,role char(20) character set gbk) returns char(20)
character set gbk
reads sql data
begin
    declare name char(20) character set gbk;
    if('student'=role) then
        select student_name into name from student where student_no=no;
    elseif('teacher'=role) then
        select teacher_name into name from teacher where teacher_no=no;
    else set name='输入有误! ';
    end if;
    return name;
end;
$$
Delimiter ;
```

使用 MySQL 命令 "select get_name_fn('2012001','student'), get_name_fn('001','teacher'), get_name_fn('2012001','s');" 调用该函数并进行测试, 执行结果如图 6-22 所示。

将函数选项设置为 "reads sql data", 原因在于, 函数体存在一条 select 语句。

命名局部变量时（如 no、name），不要与字段名（如 student_no）重名。

图 6-22　测试 get_name_fn()函数

局部变量的数据类型是字符串时，建议使用 "character set gbk" 子句将局部变量的字符集声明为 gbk（也可以设置为 utf8 字符集），否则可能出现 ERROR 1366 (HY000): Incorrect string value 错误。

自定义函数体使用 select 语句时，该 select 语句不能产生结果集，否则将产生编译错误。

双下画线的代码可以修改为如下代码。

```
set name=(select student_name from student where student_no=no);
```

或者

```
select student_name from student where student_no=no into name;
```

但不可以将其修改为如下代码。

```
select name:=(select student_name from student where student_no=no);
```

也不可以将其修改为如下代码。

```
select name:=student_name from student where student_no=no;
```

将查询结果集赋予局部变量或者会话变量时，必须保证结果集中的记录为单行，否则将出现错误信息：ERROR 1172 (42000): Result consisted of more than one row.

6.2.2　查看函数的定义

查看当前数据库中所有的自定义函数的信息，可以使用 MySQL 命令 "show function status;"。如果自定义函数较多，可以使用 MySQL 命令 "show function status like 模式;" 按照函数名称进行模糊查询。

使用 MySQL 命令 "show create function 函数名;" 可以查看指定函数名的详细信息。例如，查看 get_name_fn()函数的详细信息，可以使用 "show create function row_no_fn\G"，如图 6-23 所示。

```
mysql> show create function row_no_fn\G
*************************** 1. row ***************************
            Function: row_no_fn
            sql_mode: STRICT_TRANS_TABLES,NO_AUTO_CREATE_USER,NO_ENGINE_SUBSTITUTION
     Create Function: CREATE DEFINER=`root`@`localhost` FUNCTION `row_no_fn` () RETURNS int(11)
    NO SQL
begin
        set @row_no = @row_no + 1;
        return @row_no;
end
  character_set_client: gbk
  collation_connection: gbk_chinese_ci
    Database Collation: gbk_chinese_ci
1 row in set (0.00 sec)
```

图 6-23　查看指定函数名的详细信息

函数的信息都保存在 information_schema 数据库中的 routines 表中，可以使用 select 语句检索 routines 表，查询函数的相关信息。例如，下面的 SQL 语句查看的是 row_no_fn()函数的相关信息，如图 6-24 所示。其中，ROUTINE_TYPE 的值如果是 function，则表示函数；如果是 procedure，则表示存储过程。

```
select * from information_schema.routines where routine_name='row_on_fn'\G
```

```
mysql> select * from information_schema.routines where routine_name='row_no_fn'\G
*************************** 1. row ***************************
           SPECIFIC_NAME: row_no_fn
          ROUTINE_CATALOG: def
           ROUTINE_SCHEMA: choose
             ROUTINE_NAME: row_no_fn
             ROUTINE_TYPE: FUNCTION
                DATA_TYPE: int
CHARACTER_MAXIMUM_LENGTH: NULL
  CHARACTER_OCTET_LENGTH: NULL
        NUMERIC_PRECISION: 10
            NUMERIC_SCALE: 0
       DATETIME_PRECISION: NULL
       CHARACTER_SET_NAME: NULL
           COLLATION_NAME: NULL
           DTD_IDENTIFIER: int(11)
             ROUTINE_BODY: SQL
       ROUTINE_DEFINITION: begin
    set @row_no = @row_no + 1;
      return @row_no;
end
```

图 6-24　查询函数的相关信息

6.2.3　修改函数的定义

由于函数保存的仅仅是函数体，函数自身不保存任何用户数据。当函数的函数体需要更改时，可以使用 drop function 语句暂时将函数的定义删除，然后使用 create function 语句重新创建相同名字的函数即可。这种方法对于存储过程、视图、触发器的修改同样适用。

6.2.4　删除函数的定义

使用 MySQL 命令"drop function 函数名"删除自定义函数。例如，删除 row_on_fn()函数可以使用命令 "drop function row_on_fn;"，如图 6-25 所示。

```
mysql> drop function row_no_fn;
Query OK, 0 rows affected (0.06 sec)
```

图 6-25　删除函数

6.3　系统函数

MySQL 功能强大的一个重要原因是 MySQL 提供了许多功能强大的内置函数（本书将这些内置函数称为系统函数），这些系统函数无须定义就可以直接使用。注意：本章讲解的所有函数 f(x)对参数 x 进行操作时，都会产生返回结果，并且内置 x 的值及数据类型不会发生丝毫变化。

6.3.1　数学函数

数学函数主要对数值类型的数据进行处理，从而实现一些比较复杂的数学运算。数学函数在进行数学运算的过程中，如果发生错误，那么返回值为 NULL。

1. 求近似值函数

（1）round(x)函数负责计算离 x 最近的整数；round(x,y)函数负责计算离 x 最近的小数（小数点后保留 y 位）。

（2）truncate(x,y)函数负责返回小数点后保留 y 位的 x（舍弃多余小数位，不进行四舍五入）。

（3）format(x,y)函数负责返回小数点后保留 y 位的 x（进行四舍五入）。

（4）ceil(x)函数负责返回大于等于 x 的最小整数。

（5）floor(x)函数负责返回小于等于 x 的最大整数。

例如，下面的 select 语句的执行结果如图 6-26 所示。

```
select round(2.4), round(2.5), round(2.44,1), round(2.45,1);
```

```
mysql> select round(2.4), round(2.5), round(2.44,1), round(2.45,1);
+------------+------------+---------------+---------------+
| round(2.4) | round(2.5) | round(2.44,1) | round(2.45,1) |
+------------+------------+---------------+---------------+
|          2 |          3 |           2.4 |           2.5 |
+------------+------------+---------------+---------------+
1 row in set (0.00 sec)
```

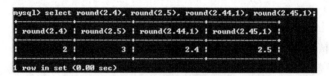

图 6-26　round 函数

例如，下面的 select 语句的执行结果如图 6-27 所示。

```
select truncate(2.44,1),truncate(2.45,1),format(2.44,1),format(2.45,1);
```

```
mysql> select truncate(2.44,1),truncate(2.45,1),format(2.44,1),format(2.45,1);
+------------------+------------------+----------------+----------------+
| truncate(2.44,1) | truncate(2.45,1) | format(2.44,1) | format(2.45,1) |
+------------------+------------------+----------------+----------------+
|              2.4 |              2.4 | 2.4            | 2.5            |
+------------------+------------------+----------------+----------------+
1 row in set (0.03 sec)
```

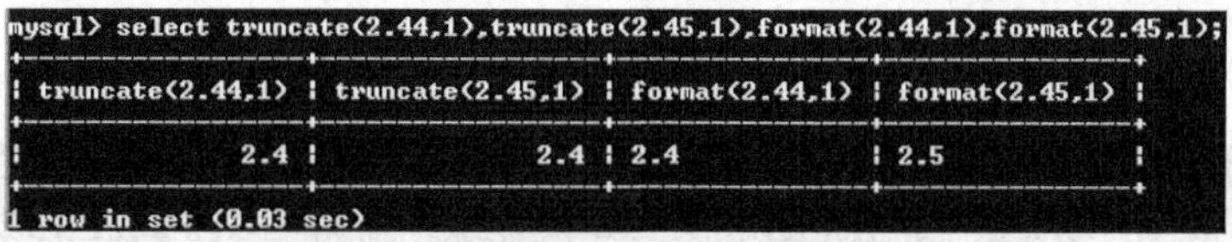

图 6-27　truncate 和 format 函数

例如，下面的 select 语句的执行结果如图 6-28 所示。

```
select ceil(2.4),ceil(-2.4), floor(2.4),floor(-2.4);
```

```
mysql> select ceil(2.4),ceil(-2.4), floor(2.4),floor(-2.4);
+-----------+------------+------------+-------------+
| ceil(2.4) | ceil(-2.4) | floor(2.4) | floor(-2.4) |
+-----------+------------+------------+-------------+
|         3 |         -2 |          2 |          -3 |
+-----------+------------+------------+-------------+
1 row in set (0.00 sec)
```

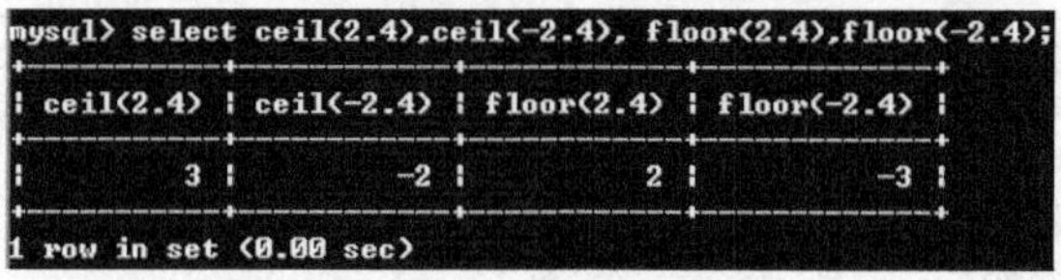

图 6-28　ceil 和 floor 函数

2. 随机函数

rand()函数返回一个随机数 v（0 ≤ v < 1.0）。

例如，获取一个随机数 v（i ≤ v<j），可以使用表达式 floor(i+rand()*(j- i))。

下面的 select 语句获取一个[0-100)的随机数，执行结果如图 6-29 所示。

```
mysql> select floor(rand()*100);
+-------------------+
| floor(rand()*100) |
+-------------------+
|                15 |
+-------------------+
1 row in set (0.00 sec)
```

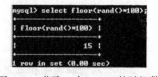

图 6-29　获取一个[0-100)的随机数

```
select floor(rand()*100);
```

rand()函数也可以用于对查询结果集随机排序。

例如，下面的 select 语句，随机取出 3 个学生。

```
select * from student order by rand() limit 3;
```

6.3.2 类型转换函数

常用的数据类型转换函数是 convert(x,type)与 cast(x as type)函数。

1. convert(x,type)函数

convert(x,type)函数以 type 数据类型返回数据 x（注意：x 的数据类型没有变化）。

type 可取以下值。

（1）binary：二进制。

（2）char()：字符串，可带参数。

（3）date：日期。

（4）time：时间。

（5）datetime：日期时间。

（6）decimal：精确浮点数，可带参数(**M[,D]**)。

（7）signed：整数。

（8）unsigned：无符号整数。

2. cast(x as type)函数

cast(x as type)函数实现 convert(x,type)函数相同的功能。

例如，下列命令中，字符串'123'按照数字进行处理，执行结果如图 6-30 所示。

```
select convert('123',decimal(10,4)), cast('123' as signed), '123'+0;
```

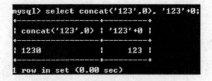

图 6-30　字符串'123'按照数字进行处理

'123'字符串加上整数零，'123'字符串会被自动转换为 123 整数。如果希望实现两个字符串的拼接，需要使用字符串拼接函数 concat()。例如，将字符串'123'和整数 0 拼接成一个字符串，可以使用下列命令，执行结果如图 6-31 所示。

```
select concat('123',0), '123'+0;
```

图 6-31　字符串拼接的方法

3. 十六进制与字符串之间的转换函数

hex(str)函数返回字符串 str 的十六进制数，unhex(x)函数负责将十六进制字符串 x 转换为十六进制数。

例如，下面的 select 语句的执行结果如图 6-32 所示（注意：必须在 gbk 字符集环境下运行）。

```
select hex('中国'),0xD6D0B9FA,'D6D0B9FA',unhex('D6D0B9FA');
```

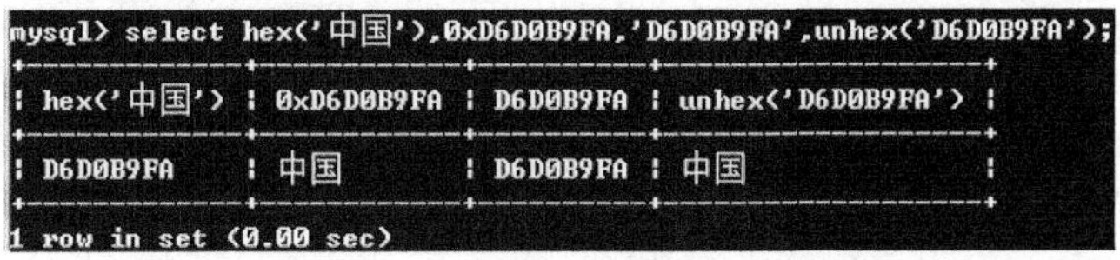

图 6-32　十六进制与字符串之间的转换

4. cast(x using charset)函数

convert()函数不仅可以进行类型转换，还可以进行字符串字符集的转换。

convert(x using charset)函数返回 x 的 charset 字符集数据（注意：x 的字符集没有变化）。

例如，将中文简体"王者荣耀"转换为中文繁体，"荣"字转换时产生乱码，执行结果如图 6-33 所示（"荣"的繁体字是"榮"，"荣"和"榮"不是一个字符编码，故而产生乱码）。

```
select convert('王者荣耀' using big5);
```

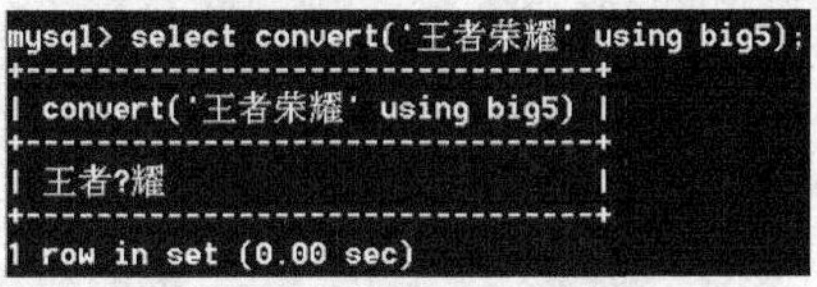

图 6-33　字符串字符集的转换

6.3.3　字符串函数

MySQL 提供了非常多的字符串函数，本书只罗列了部分字符串函数。需要注意的是：字符集、字符序的设置，对字符串的影响极大，同一函数对同一个字符串进行操作时，字符集或者字符序设置不同，那么操作结果可能不同。

1. 字符串基本信息函数

字符串基本信息函数包括字符串的字符集、字符序、字符长度、占用字节数等函数。

（1）字符集、字符序函数。

字符集 charset(x)函数返回 x 的字符集。

字符序 collation(x)函数返回 x 的字符序。

例如，下面的 select 语句的执行结果如图 6-34 所示（注意：必须在 gbk 字符集环境下运行）。

```
select charset('中'), charset(0xD6D0),collation('中'),collation(0xD6D0),0xD6D0;
```

图 6-34　获取字符集、字符序

（2）字符串长度及占用的字节数函数。

字符串长度函数 char_length(x)用于获取字符串 x 的长度。

字符串占用的字节数函数 length(x)用于获取字符串 x 占用的字节数。

例如，下面的 MySQL 语句执行结果如图 6-35 所示。

```
set names latin1;
select char_length('中国'),length('中国'),char_length('中国 China'),length('中国
China');
set names gbk;
select char_length('中国'),length('中国'),char_length('中国 China'),length('中国
China');
```

 注意　不同的字符集的设置，将导致 char_length(x)函数不同的运行结果。

```
mysql> set names latin1;
Query OK, 0 rows affected (0.00 sec)

mysql> select char_length('中国'),length('中国'),char_length('中国China'),length('中国China');
+-------------------+--------------+------------------------+-------------------+
| char_length('中国') | length('中国') | char_length('中国China') | length('中国China') |
+-------------------+--------------+------------------------+-------------------+
|                 4 |            4 |                      9 |                 9 |
+-------------------+--------------+------------------------+-------------------+
1 row in set (0.00 sec)

mysql> set names gbk;
Query OK, 0 rows affected (0.00 sec)

mysql> select char_length('中国'),length('中国'),char_length('中国China'),length('中国China');
+-------------------+--------------+------------------------+-------------------+
| char_length('中国') | length('中国') | char_length('中国China') | length('中国China') |
+-------------------+--------------+------------------------+-------------------+
|                 2 |            4 |                      7 |                 9 |
+-------------------+--------------+------------------------+-------------------+
1 row in set (0.02 sec)
```

图 6-35　获取字符串长度及占用的字节数

2. 加密函数

加密函数 md5(x)用于对 x 进行加密，默认返回 32 位的加密字符串。

例如，下面的 select 语句的执行结果如图 6-36 所示。对同一个字符串 md5 加密，加密后的结果相同。

```
select md5('中'),md5('中')\G
```

3. 字符串拼接函数

字符串拼接函数 concat(x1,x2,…)用于将 x1、x2 等若干个字符串拼接成一个新字符串。

例如，下面的 select 语句的执行结果如图 6-37 所示。

```
select concat('张', '三', '丰');
```

```
mysql> select md5('中'),md5('中')\G
*************************** 1. row ***************************
md5('中'): 5301da37e5ffca1823a5cef67488d4bf
md5('中'): 5301da37e5ffca1823a5cef67488d4bf
1 row in set (0.00 sec)
```

图 6-36　md5 加密函数的调用

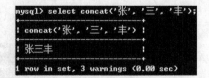

图 6-37　字符串连接函数的调用

 注意　字符串拼接不能使用 "+"，可以使用 "||" 拼接字符串，但是有个前提条件。默认情况下，MySQL 模式默认为严格的 SQL 模式（sql_mode 的值为 strict_trans_tables），此时 "||" 表示逻辑或；如果将 MySQL 模式设置为 ansi 模式（sql_mode 的值设置为 ansi），此时 "||" 表示管道符号，使用管道符号也可以拼接字符串。即便如此，还是建议使用 concat()拼接字符串。

4．字符串修剪函数

字符串修剪包括裁剪两边空格、字符串大小写转换、填充字符串等。

（1）裁剪两边空格。

字符串裁剪函数包括 ltrim(x)函数、rtrim(x)函数及 trim(x)函数，分别表示裁剪掉 x 的左边、右边及两边的所有空格字符。

例如，下面的 select 语句的执行结果如图 6-38 所示。

```
set @s = ' 我的两边各有一个空格 ';
set @no_left_blank = ltrim(@s1);
set @no_right_blank = rtrim(@s1);
set @no_both_blank = trim(@s1);
select @s, @no_left_blank , @no_right_blank, @no_both_blank;
```

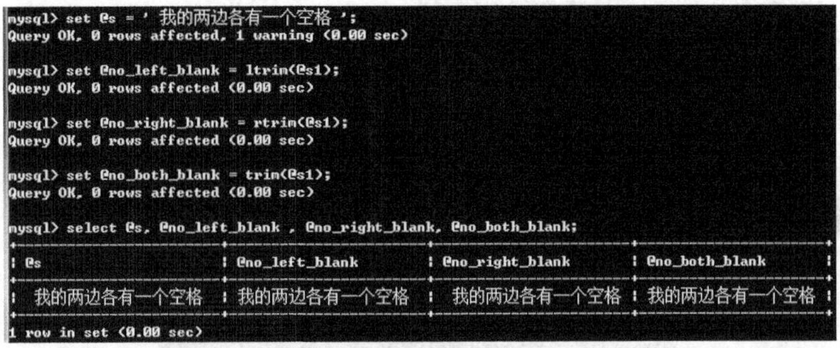

图 6-38　裁剪两边空格

（2）字符串大小写转换函数。

字符串大写转换函数 upper(x)将字符串 x 中的所有字母变成大写字母。

字符串小写转换函数 lower(x)将字符串 x 中的所有字母变成小写字母。

例如，下面的 select 语句的执行结果如图 6-39 所示。

```
set @s = '中国China';
select upper(@s), lower(@s),@s;
```

（3）填充字符串函数。

填充字符串函数 lpad(x1,len,x2)用于将字符串 x2 填充到 x1 的开始处，使字符串 x1 的长度达到 len；填充字符串函数 rpad(x1,len,x2)用于将字符串 x2 填充到 x1 的结尾处，使字符串 x1 的长度达到 len。

例如，下面的 select 语句的执行结果如图 6-40 所示。

```
set @s1 = '中国China';
set @s2 = '#&';
select lpad(@s1,12,@s2), rpad(@s1,12,@s2), @s1;
```

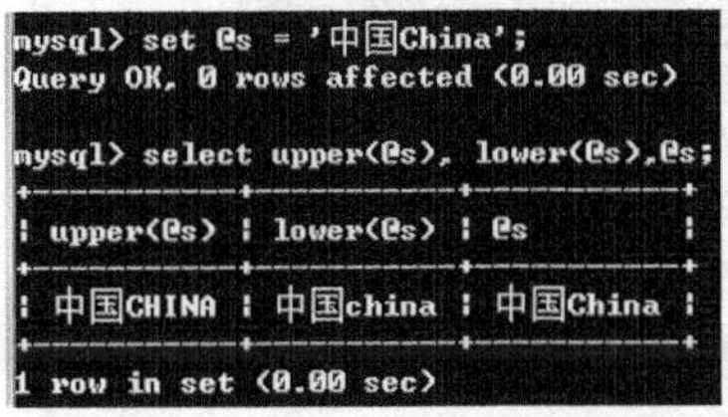

图 6-39　字符串大小写转换函数的调用

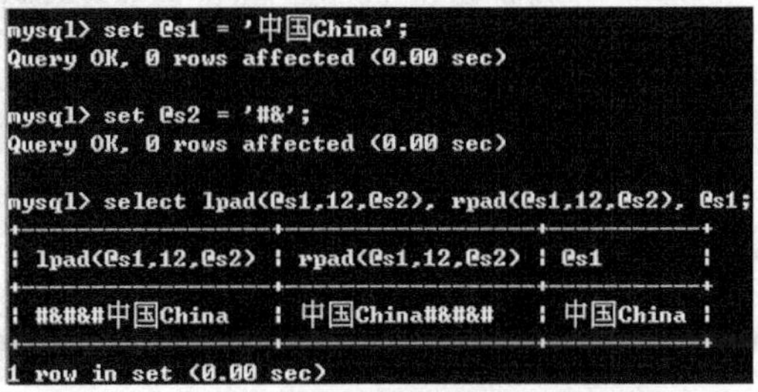

图 6-40　填充字符串函数的调用

5. 子字符串操作函数

子字符串操作包括取出指定位置的子字符串、查找子字符串的开始位置、子字符串替换等。

（1）取出指定位置的子字符串。

substring(x,start,length)函数用于从字符串 x 的第 start 个位置开始获取 length 长度的字符串。

例如，下面的 select 语句的执行结果如图 6-41 所示。

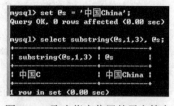

图 6-41　取出指定位置的子字符串

```
set @s = '中国China';
select substring(@s,1,3), @s;
```

> MySQL 中字符串的位置从 1 开始。

（2）在字符串中查找某子字符串的开始位置。

locate(x1,x2)函数和 position(x1 in x2)函数都是用于从字符串 x2 中获取字符串 x1 的开始位置。

例如，下面的 select 语句的执行结果如图 6-42 所示。

```
set @s1 = '白石搭';
set @s2 = '白石塔,白石搭,白石搭白塔,白塔白石搭。';
select locate(@s1,@s2), position(@s1 in @s2);
```

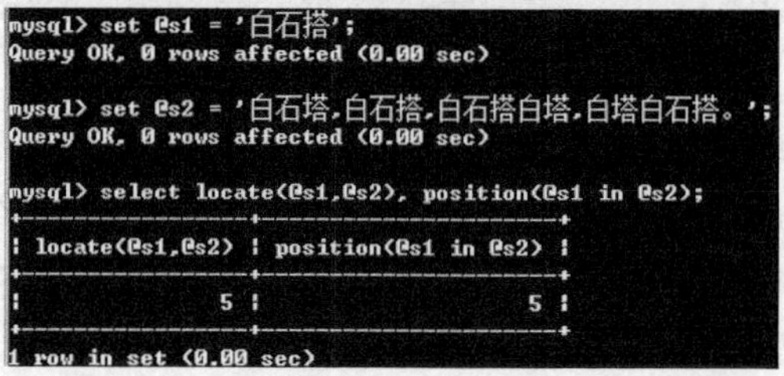

图 6-42　在字符串中查找指定子字符串的开始位置

（3）子字符串替换。

insert(x1,start, length,x2)函数用于将字符串 x1 中从 start 位置开始且长度为 length 的子字符串替换为 x2。

replace(x1,x2,x3)函数用于将字符串 x3 替换 x1 中出现的所有字符串 x2，最后返回替换后的字符串。

例如，下面的 select 语句的执行结果如图 6-43 所示。

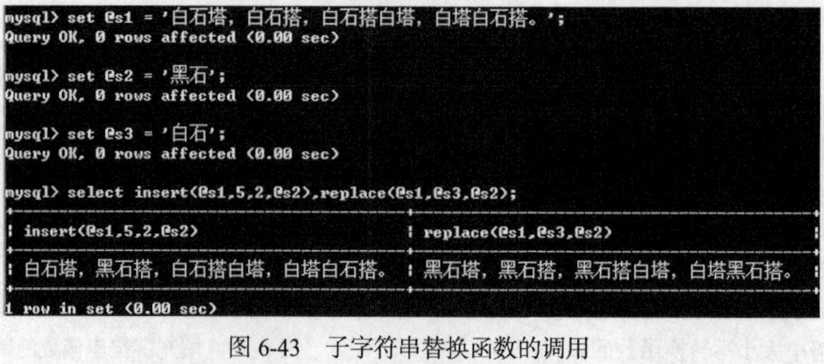

图 6-43　子字符串替换函数的调用

```
set @s1 = '白石塔，白石搭，白石搭白塔，白塔白石搭。';
set @s2 = '黑石';
set @s3 = '白石';
select insert(@s1,5,2,@s2),replace(@s1,@s3,@s2);
```

6. 字符串比较函数

strcmp(x1,x2)函数用于比较两个字符串 x1 和 x2，如果 x1>x2，函数返回值为 1；如果 x1=x2，函数返回值为 0；如果 x1<x2，函数返回值为−1。

例如，下面的 select 语句的执行结果如图 6-44 所示。

```
show variables like 'collation%';
select strcmp('中国 China','中国 CHINA'), strcmp('BBC','ABC'),strcmp('ABC', 'ICBC');
```

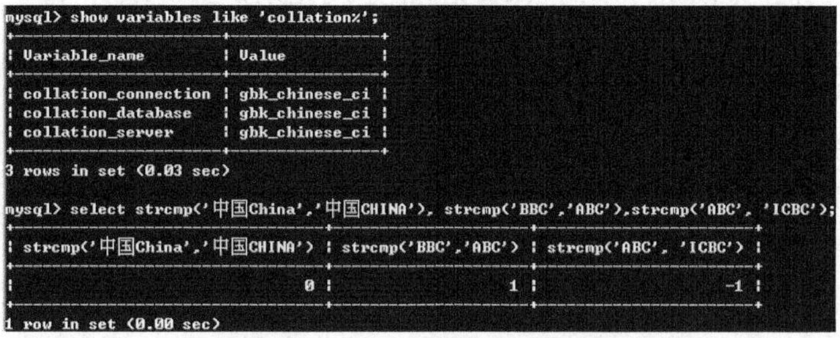

```
mysql> show variables like 'collation%';
+----------------------+----------------+
| Variable_name        | Value          |
+----------------------+----------------+
| collation_connection | gbk_chinese_ci |
| collation_database   | gbk_chinese_ci |
| collation_server     | gbk_chinese_ci |
+----------------------+----------------+
3 rows in set (0.03 sec)

mysql> select strcmp('中国China','中国CHINA'), strcmp('BBC','ABC'),strcmp('ABC', 'ICBC');
+------------------------------+---------------------+-----------------------+
| strcmp('中国China','中国CHINA') | strcmp('BBC','ABC') | strcmp('ABC', 'ICBC') |
+------------------------------+---------------------+-----------------------+
|                            0 |                   1 |                    -1 |
+------------------------------+---------------------+-----------------------+
1 row in set (0.00 sec)
```

图 6-44　字符串比较函数的调用

由于当前字符序设置为 gbk_chinese_ci，其中，ci 表示不区分字母大小写，因此字符串“中国 China”等于“中国 CHINA”。如果把字符序设置为 gbk_bin，则下面的 select 语句的执行结果如图 6-45 所示。

```
set collation_connection = gbk_bin;
select strcmp('中国 China','中国 CHINA'), strcmp('BBC','ABC'),strcmp('ABC', 'ICBC');
set collation_connection = gbk_chinese_ci;
```

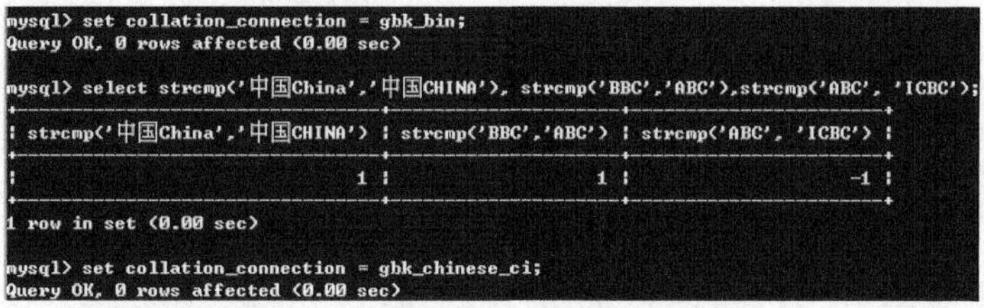

```
mysql> set collation_connection = gbk_bin;
Query OK, 0 rows affected (0.00 sec)

mysql> select strcmp('中国China','中国CHINA'), strcmp('BBC','ABC'),strcmp('ABC', 'ICBC');
+------------------------------+---------------------+-----------------------+
| strcmp('中国China','中国CHINA') | strcmp('BBC','ABC') | strcmp('ABC', 'ICBC') |
+------------------------------+---------------------+-----------------------+
|                            1 |                   1 |                    -1 |
+------------------------------+---------------------+-----------------------+
1 row in set (0.00 sec)

mysql> set collation_connection = gbk_chinese_ci;
Query OK, 0 rows affected (0.00 sec)
```

图 6-45　字符串比较函数与字符序的设置

6.3.4　条件控制函数

条件控制函数的功能是根据条件表达式的值返回不同的值，MySQL 中常用的条件控制函数有 if()、ifnull()和 case 函数。与先前讲解的 if 语句及 case 语句不同，MySQL 中的条件控制函数可以在 MySQL 客户机中直接调用，可以像 max()统计函数一样直接融入 SQL 语句中。

1. if()函数

if(condition,v1,v2)函数中，condition 为条件表达式，当 condition 的值为 TRUE 时，函数返回 v1 的值，否则返回 v2 的值。例如，下面的 select 语句的执行结果如图 6-46 所示。

```
set @score1 = 40;
set @score2 = 70;
select if(@score1>=60,'及格', '不及格'), if(@score2>=60,'及格', '不及格');
```

图 6-46　if()函数的调用

2. ifnull()函数

在 ifnull(v1,v2)函数中，如果 v1 的值为 NULL，则该函数返回 v2 的值；如果 v1 的值不为 NULL，则该函数返回 v1 的值。例如，下面的 select 语句的执行结果如图 6-47 所示。

```
set @score1 = 40;
select ifnull(@score1,'没有成绩'), ifnull(@score_null,'没有成绩');
```

3. case 函数

case 函数的语法格式如下。如果表达式的值等于 when 语句中某个"值 n"，则 case 函数返回值为"结果 n"；如果与所有的"值 n"都不相等，case 函数返回值为"其他值"。

```
case 表达式 when 值 1 then 结果 1 [ when 值 2 then 结果 2 ]…[ else 其他值] end
```

> 说明　case 函数并不符合函数的语法格式，这里把 case 称为函数有些勉强。

例如，下面的 select 语句完成了条件控制语句章节中 case 语句相同的功能，执行结果如图 6-48 所示。

```
set @t = now();
set @week_no = weekday(@t);
set @week = case @week_no
when 0 then '星期一'
when 1 then '星期二'
when 2 then '星期三'
when 3 then '星期四'
when 4 then '星期五'
else '今天休息' end;
select @t,@week_no,@week;
```

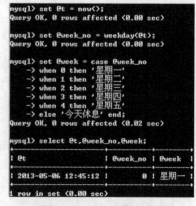

图 6-47　ifnull()函数的调用　　　　图 6-48　case 函数的调用

6.3.5　日期和时间函数

1．获取 MySQL 服务器当前日期或时间的函数

（1）获取"年-月-日　时:分:秒"格式的日期（时间）。

curdate()函数、current_date()函数用于获取 MySQL 服务器当前日期。

curtime()函数、current_time()函数用于获取 MySQL 服务器当前时间。

now()函数、current_timestamp()函数、localtime()函数及 sysdate()函数用于获取 MySQL 服务器当前日期和时间，这 4 个函数允许传递一个整数值（小于等于 6）作为函数参数，从而获取更为精确的时间信息。

这些函数的返回值与 MySQL 客户机的时区设置有关。

例如，下面的 select 语句的执行结果如图 6-49 所示。

```
select @@time_zone;
select curdate(),current_date(),curtime(),current_time(),now(),
current_timestamp(),localtime(),sysdate()\G
```

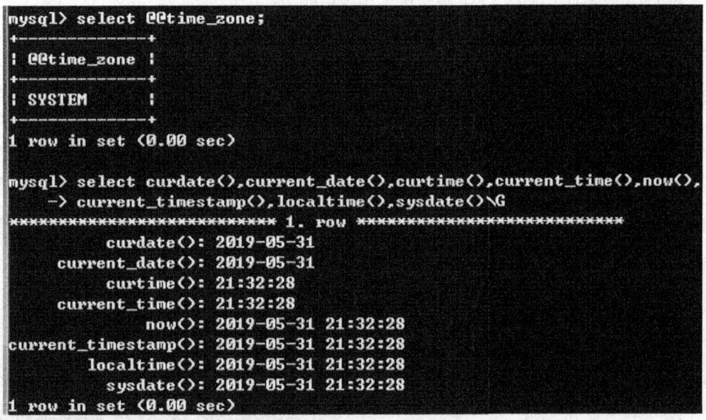

```
mysql> select @@time_zone;
+-------------+
| @@time_zone |
+-------------+
| SYSTEM      |
+-------------+
1 row in set (0.00 sec)

mysql> select curdate(),current_date(),curtime(),current_time(),now(),
    -> current_timestamp(),localtime(),sysdate()\G
*************************** 1. row ***************************
          curdate(): 2019-05-31
     current_date(): 2019-05-31
          curtime(): 21:32:28
     current_time(): 21:32:28
              now(): 2019-05-31 21:32:28
current_timestamp(): 2019-05-31 21:32:28
        localtime(): 2019-05-31 21:32:28
          sysdate(): 2019-05-31 21:32:28
1 row in set (0.00 sec)
```

图 6-49　获取 MySQL 服务器当前日期或时间

（2）获取 UNIX 时间戳。

UNIX 时间戳是从 1970 年 1 月 1 日（UTC/GMT 的午夜）开始所经过的秒数。

unix_timestamp()函数用于获取 MySQL 服务器当前 UNIX 时间戳。

unix_timestamp(datetime)函数将日期时间 datetime 转换成 UNIX 时间戳。

from_unixtime(timestamp)函数将 UNIX 时间戳转换成日期时间，该函数的返回值与时区的设置有关。

例如，下面的 select 语句的执行结果如图 6-50 所示。

```
select unix_timestamp(),unix_timestamp('2013-01-31 20:34:03'), from_unixtime
(1359635643);
set time_zone='+12:00';
select unix_timestamp(),unix_timestamp('2013-01-31 20:34:03'), from_unixtime
(1359635643);
set time_zone=default;
```

图 6-50　获取当前 UNIX 时间戳

（3）获取 MySQL 服务器当前 UTC 日期和时间。

UTC 即世界标准时间，中国、蒙古国、新加坡、马来西亚、菲律宾等的时间与 UTC 的时差均为+8，也就是 UTC+8。

utc_date()函数用于获取 UTC 日期。

utc_time()函数用于获取 UTC 时间。

例如，下面的 select 语句的执行结果如图 6-51 所示。

```
select curdate(),utc_date(),curtime(),utc_time();
```

2. 获取日期或时间的某一具体信息的函数

（1）获取年、月、日、时、分、秒、微秒等信息。

year(x)函数、month(x)函数、dayofmonth(x)函数、hour(x)函数、minute(x)函数、second(x)函数及 microsecond(x)函数分别用于获取日期时间 x 的年、月、日、时、分、秒、微秒等信息。

例如，下面的 select 语句的执行结果如图 6-52 所示。

```
set @d = '2013-01-31 20:34:03';
select @d,year(@d),month(@d),dayofmonth(@d),hour(@d),
minute(@d),second(@d),microsecond(@d)\G
```

图 6-51　获取当前 UTC 日期和时间

图 6-52　获取年、月、日、时、分、秒、微秒等信息

（2）获取月份、星期等信息。

monthname(x)函数用于获取日期时间 x 的月份信息。

dayname(x)函数与 weekday(x) 函数用于获取日期时间 x 的星期信息（星期一对应 Monday，对应整数 0）。

dayofweek(x) 函数用于获取日期时间 x 是本星期的第几天（默认情况下，星期日为第一天，依此类推）。

例如，下面的 select 语句的执行结果如图 6-53 所示。

```
select now(),monthname(now()),dayname(now()),weekday(now()),dayofweek(now());
```

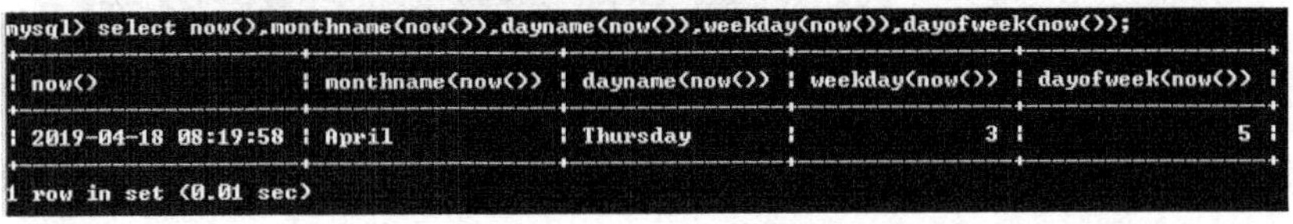

图 6-53　获取月份、星期等信息

（3）获取年度信息。

quarter(x)函数用于获取日期时间 x 在本年是第几季度。

week(x)函数与 weekofyear(x)函数用于获取日期时间 x 在本年是第几个星期。

dayofyear(x)函数用于获取日期时间 x 在本年是第几天。

例如，下面的 select 语句的执行结果如图 6-54 所示。

```
select now(),quarter(now()),week(now()),weekofyear(now()),dayofyear(now());
```

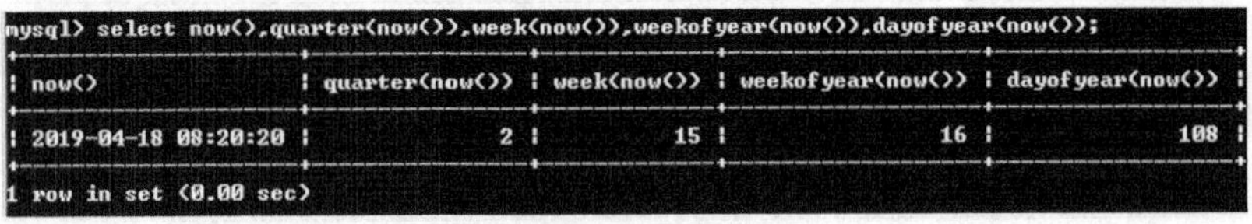

图 6-54　获取年度信息

3. 时间和秒数之间的转换函数

time_to_sec(x)函数用于获取时间 x 在当天的秒数。

sec_to_time(x)函数用于获取当天的秒数 x 对应的时间。

例如，下面的 select 语句的执行结果如图 6-55 所示。

```
select now(),time_to_sec(now()),sec_to_time(70570);
```

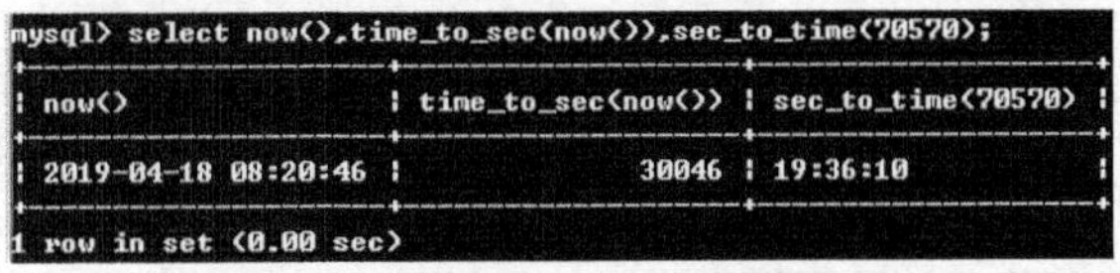

图 6-55　时间和秒数之间的转换

4. 日期间隔、时间间隔函数

（1）日期间隔函数。

to_days(x)函数用于计算日期 x 距离 0000 年 1 月 1 日的天数。

from_days(x)函数用于计算从 0000 年 1 月 1 日开始 *n* 天后的日期。

datediff(x1,x2)函数用于计算日期 x1 与 x2 之间的相隔天数。

adddate(d,n)函数返回起始日期 d 加上 *n* 天的日期。

subdate(d,n)函数返回起始日期 d 减去 *n* 天的日期。

例如，下面的 select 语句的执行结果如图 6-56 所示。

```
set @t1 = now();
set @t2 = '2008-8-8';
select @t1,to_days(@t1),from_days(735359), datediff(@t1,@t2),adddate(@t1,1),
subdate(@t1,1)\G
```

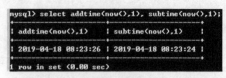

图 6-56　日期间隔函数的调用（1）

（2）时间间隔函数。

addtime(t,n)函数返回起始时间 t 加上 *n* 秒的时间。

subtime(t,n)函数返回起始时间 t 减去 *n* 秒的时间。

例如，下面的 select 语句的执行结果如图 6-57 所示。

```
select addtime(now(),1), subtime(now(),1);
```

图 6-57　时间间隔函数的调用（2）

（3）计算指定日期指定间隔的日期函数。

date_add(date,interval 间隔　间隔类型)函数返回指定日期 date 指定间隔的日期。

interval 是时间间隔关键字，间隔可以为正数或者负数（建议使用两个单引号括起来），间隔类型如表 6-4 所示。

表 6-4　　　　　　　　　　　　　　　时间、日期间隔类型

间隔类型	说明	格式
microsecond	微秒	间隔微秒数
second	秒	间隔秒数
minute	分钟	间隔分钟数
hour	小时	间隔小时数
day	天	间隔天数
week	星期	间隔星期数
month	月	间隔月数
quarter	季度	间隔季度数
year	年	间隔年数
second_microsecond	秒和微秒	秒·微秒
minute_microsecond	分钟和微秒	分钟：秒·微秒
minute_second	分钟和秒	分钟：秒
hour_microsecond	小时和微秒	小时：分钟：秒·微秒
hour_second	小时和秒	小时：分钟：秒
hour_minute	小时和分钟	小时：分钟
day_microsecond	日期和微秒	天 小时：分钟：秒·微秒
day_second	日期和秒	天 小时：分钟：秒
day_minute	日期和分钟	天 小时：分钟
day_hour	日期和小时	天 小时
year_month	年和月	年_月（下画线）

例如，下面的 select 语句的执行结果如图 6-58 所示。

```
set @t = now();
select @t,date_add(@t,interval '-3' day), date_add(@t,interval '3' day),
date_add(@t,interval '2_2' year_month)\G
```

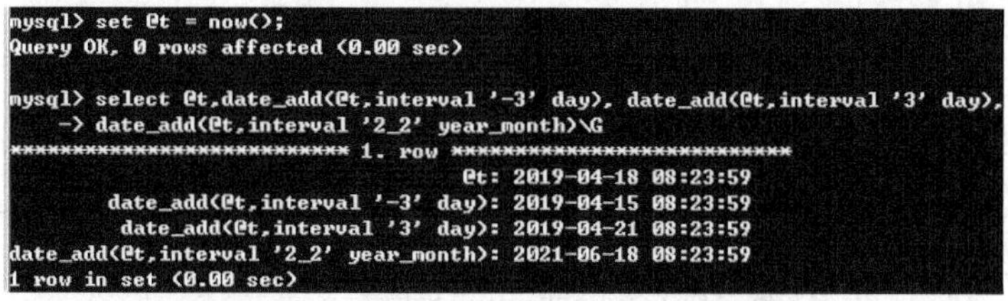

图 6-58　时间、日期间隔类型函数的调用

5. 日期和时间格式化函数

（1）时间格式化函数。

time_format(t,f)函数按照表达式 f 的要求显示时间 t，表达式 f 中定义了时间的显示格式，显示格式以 "%" 开头，常用的格式如表 6-5 所示。

例如，下面的 select 语句的执行结果如图 6-59 所示。

```
set @t = now();
select @t,time_format(@t,'%H 时%k 时%h 时%I 时%l 时%i 分 %r %T 时%S 秒%s 秒%p');
```

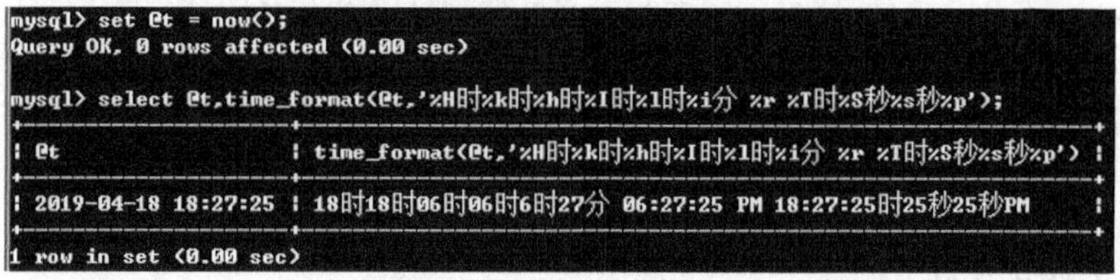

图 6-59　时间格式化函数的调用

表 6-5　　　　　　　　　　　　　　时间常用的格式

格式	说明
%H	小时（00，…，23）
%k	小时（0，…，23）
%h	小时（01，…，12）
%I	小时（01，…，12）
%l	小时（1，…，12）
%i	分钟，数字（00，…，59）
%r	时间，12 小时（hh:ii:ss[AP]M）
%T	时间，24 小时（hh: ii:ss）
%S	秒（00，…，59）
%s	秒（00，…，59）
%p	AM 或 PM

（2）日期格式化函数。

date_format(d,f)函数按照表达式 f 的要求显示日期和时间 d，表达式 f 中定义了日期和时间的

显示格式，显示格式以"%"开头，常用的格式如表 6-6 所示。date_format(d,f)函数的使用方法与
time_format(t,f)函数的使用方法基本相同，这里不再赘述。

表 6-6   日期常用的格式

格式	说明
%W	星期名字（Sunday，…，Saturday）
%D	有英语前缀的月份的日期（1st，2nd，3rd，等）
%Y	年，数字，4 位
%y	年，数字，2 位
%a	缩写的星期名字（Sun，…，Sat）
%d	月份中的天数，数字（00，…，31）
%e	月份中的天数，数字（0，…，31）
%m	月，数字（01，…，12）
%c	月，数字（1，…，12）
%b	缩写的月份名字（Jan，…，Dec）
%j	一年中的天数（001，…，366）
%w	一个星期中的天数（0=Sunday，…，6=Saturday）
%U	星期（0，…，52），这里星期天是星期的第一天
%u	星期（0，…，52），这里星期一是星期的第一天
%%	一个文字"%"

6.3.6   其他常用的 MySQL 函数

1. MySQL 版本函数

version()函数用于获取当前 MySQL 进程使用的 MySQL 版本号，该函数的返回值与@@version
静态变量的值相同。

2. 关于 MySQL 连接的函数

（1）有关 MySQL 连接的函数。

connection_id()函数用于获取当前 MySQL 服务器的连接 ID，该函数的返回值与@@pseudo_thread_id
系统变量的值相同。

database()函数与 schema()函数用于获取当前操作的数据库。

例如，下面的 select 语句的执行结果如图 6-60 所示。

```
select version(),@@version, @@pseudo_thread_id, connection_id(),database(),schema();
use choose;
select version(),@@version, @@pseudo_thread_id, connection_id(),database(),schema();
```

（2）获取登录用户信息的函数。

user()函数用于获取通过哪一台登录主机，使用什么账户名成功连接 MySQL 服务器。
system_user()与 session_user()是 user()的别名函数。

current_user()函数用于获取当前账户名允许哪些登录主机连接 MySQL 服务器。

例如，使用 192.168.1.102 的主机作为登录主机，使用 root 账户名成功连接 192.168.1.100 的
MySQL 服务器后，在登录主机的 MySQL 客户机中输入下面的 select 语句，执行结果如图 6-61 所示。

```
select user(),current_user(),system_user(),session_user();
```

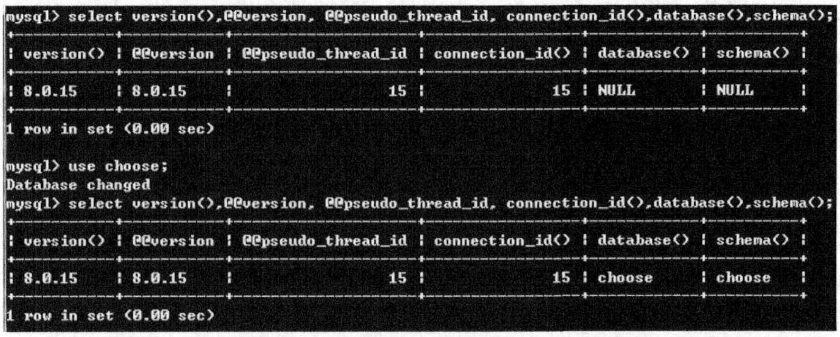

图 6-60　有关 MySQL 服务器连接的信息

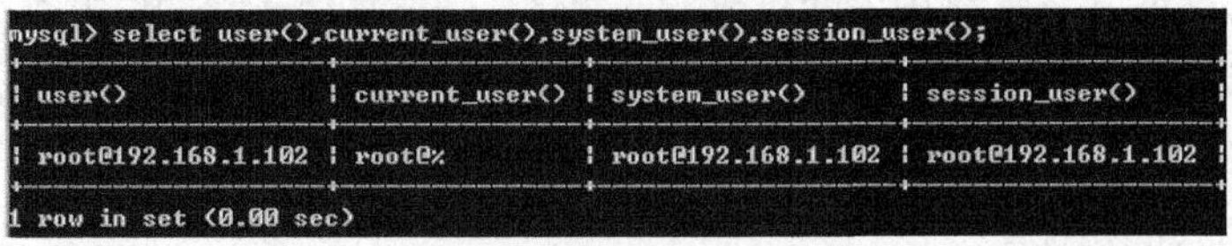

图 6-61　获取登录用户信息

执行结果中"root@192.168.1.102"表示的是使用 root 账户通过 192.168.1.102 的主机连接 MySQL 服务器。"root@%"表示的是 root 账户使用任何登录主机都可以成功连接 MySQL 服务器。

（3）获得当前 MySQL 会话最后一次自增字段值。

last_insert_id()函数返回当前 MySQL 会话最后一次 insert 或 update 语句设置的自增字段值。例如，下面的 SQL 语句中，首先使用一条 insert 语句向 new_class 表插入两条记录，紧接着调用 last_insert_id()函数，获取最后一次 insert 或 update 语句设置的自增字段值（参看下文原则（3）），执行结果如图 6-62 所示。

```
use choose;
drop table if exists new_class;
create table new_class like classes;
insert into new_class values
(null,'2012软件技术1班','软件学院'),
(null,'2012软件技术2班','软件学院');
select last_insert_id(),@@last_insert_id;
```

接着在另一个 MySQL 客户机上调用 last_insert_id()函数，获取最后一次 insert 或 update 语句设置的自增字段值（参看下文原则（1）），执行结果如图 6-63 所示。

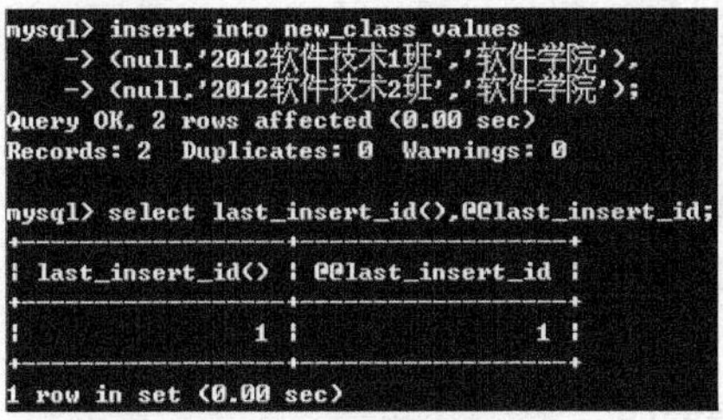

图 6-62　last_insert_id()函数的调用（1）

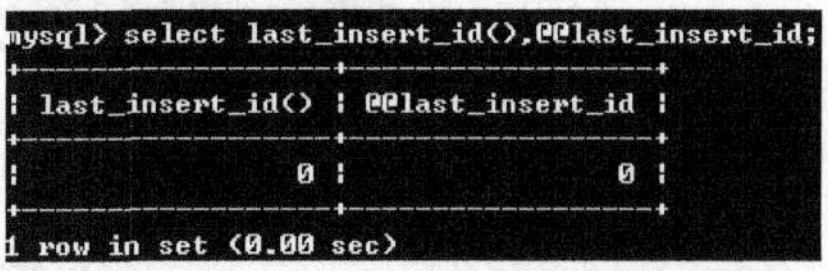

图 6-63　last_insert_id()函数的调用（2）

last_insert_id()函数的返回结果遵循一定的原则，具体原则如下。

（1）last_insert_id()函数仅仅用于获取当前 MySQL 会话中 insert 或 update 语句设置的自增字

段值，该函数的返回值与会话系统变量@@last_insert_id 的值一致。

（2）如果自增字段值是数据库用户自己指定的，而不是自动生成的，那么 last_insert_id()函数的返回值为 0。

（3）假如使用一条 insert 语句插入多行记录，last_insert_id()函数只返回第一条记录的自增字段值。

（4）last_insert_id()函数与表无关。如果向表 A 插入数据后再向表 B 插入数据，则 last_insert_id()函数返回表 B 的自增字段值。

3. uuid()函数

uuid()函数可以生成一个 128 位的通用唯一识别码（Universally Unique Identifier，UUID）。UUID 由 5 个段构成，其中前 3 个段与服务器主机的时间有关（精确到微秒）；第 4 段是一个随机数，在当前的 MySQL 服务实例中该随机数不会变化，除非重启 MySQL 服务；第 5 段是通过网卡 MAC 地址转换得到的，同一台 MySQL 服务器运行多个 MySQL 服务实例时，该值相等。例如，下面的 select 语句的执行结果如图 6-64 所示。

```
select uuid(),uuid();
```

 在 InnoDB 存储引擎中采用聚簇索引，会对插入的记录按照主键的顺序进行物理排序，而 UUID 由系统随机生成，虽然全球唯一但本身无序，因此如果在 InnoDB 存储引擎中使用 UUID 作为主键，可能会造成巨大的 I/O 开销。

4. isnull()函数

isnull(value)函数用于判断 value 的值是否为 NULL，如果 Value 的值为 NULL，函数则返回 1，否则函数返回 0。例如，下面的 select 语句的执行结果如图 6-65 所示。

```
select isnull(null),isnull(0);
```

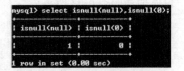

图 6-64　uuid()函数的调用　　　　　　　　　　　图 6-65　isnull()函数的调用

5. IP 地址与整数相互转换函数

inet_aton(ip)函数用于将 IP 地址（字符串数据）转换为整数；inet_ntoa(n)函数用于将整数转换为 IP 地址（字符串数据）。例如，下面的 select 语句的执行结果如图 6-66 所示。

```
select inet_aton('192.168.1.100'),inet_ntoa(3232235877);
```

图 6-66　IP 地址与整数相互转换

习　　题

1. 使用 select 语句输出各种数据类型的常量时，数据类型都是如何转换的？

2. 使用会话系统变量与用户会话变量时，有哪些注意事项？

3. 使用用户会话变量与局部变量时，有哪些注意事项？

4. 为用户会话变量或者局部变量赋值时，有哪些注意事项？

5. 编写 MySQL 存储程序时，为什么需要重置命令结束标记？

6. 总结哪些日期函数、时间函数的执行结果与时区的设置无关。

7. 请分析下面的 getdate() 函数完成的功能，创建该函数，并调用该函数。

```
delimiter $$
create function getdate(gdate datetime) returns varchar(255) character set gbk
no sql
begin
declare x varchar(255) default '';
set x= date_format(gdate,'%Y 年%m 月%d 日%h 时%i 分%s 秒');
return x;
end
$$
delimiter ;
```

实践任务 1　MySQL 编程基础与自定义函数（必做）

1. 目的

（1）熟练掌握 set 语句定义用户会话变量、赋值的方法；

（2）熟练掌握 select 语句:=命令定义用户会话变量、赋值的方法；

（3）熟练掌握 select 语句 into 命令定义用户会话变量、赋值的方法；

（4）熟练掌握 begin-end 语句块的用法；

（5）熟练掌握重置命令结束标记的用法；

（6）熟练掌握条件控制语句 if 语句及 case 语句的用法。

（7）掌握循环语句 while 语句、leave 语句、iterate 语句、repeat 语句、loop 语句的用法。

（8）熟练掌握自定义函数的创建、调用方法。

2. 说明

本任务依赖于第 3 章实践任务 2 及实践任务 4，还依赖于第 4 章实践任务以及课后习题添加的测试数据。

3. 环境

MySQL 服务版本：8.0.15 或 5.7.26。

MySQL 客户机：CMD 命令提示符窗口。

4. 环境准备

打开 CMD 命令提示符窗口，键入如下命令，以 gbk 字符集方式连接 MySQL 服务器。

```
mysql --default-character-set=gbk -h localhost -u root -p
```

输入 root 账户的密码，建立 MySQL 服务器的连接。

5. 内容差异化考核

实践任务所使用的用户会话变量名、局部变量名、数据库名、表名中应该包含自己的学号或者自己姓名的全拼；使用的测试数据应该包含自己的学号或者自己姓名的全拼。以某真实学生张三丰为例，添加张三学生测试数据时，张三测试数据应该改为"张三_张三丰"；添加"2012 自动化 1 班"班级测试数据时，班级名测试数据应该改为"2012 自动化 1 班_张三丰"。

根据实践任务的完成情况，由学生自己完成知识点的汇总。

场景1　用户会话变量的使用

场景1步骤

（1）统计学生人数，使用 set 命令将学生人数赋值给用户会话变量@student_count。
执行下面的 MySQL 命令，执行结果如图所示。

```
set @student_count = (select count(*) from student);
select @student_count;
```

注意

set 命令中的 select 查询语句需要使用括号括起来。

（2）统计学生人数，使用 select 将学生人数赋值给用户会话变量@student_count。
执行下面的 MySQL 命令。

```
select @student_count := (select count(*) from student);
```

也可以这样写：

```
select @student_count:= count(*) from student;
```

也可以使用 into 命令：

```
select count(*) into @student_count from student;
```

也可以这样使用 into 命令：

```
select count(*) from student into @student_count;
```

结论：给用户会话变量赋值时，如果不希望 MySQL 命令产生查询结果集，可以选用 set 命令
或者 select 的 into 命令。

（3）用户会话变量可以直接嵌入到 select、insert、update 及 delete 语句的条件表达式中。
例如，执行下面的 MySQL 命令，执行结果如图所示。

```
set @student_no='2012001';
select * from student where student_no=@student_no;
```

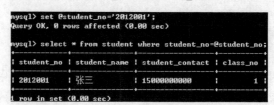

结论：由于用户会话变量前存在 "@" 符号，MySQL 解析器可以分辨哪个 "student_no" 是
字段名，哪个 "student_no" 是用户会话变量名。

场景 2　流程控制语句结合自定义函数的使用

流程控制语句需要编写在函数、存储过程中。

场景 2 步骤

（1）if 语句。

创建函数，使函数根据 MySQL 服务器的系统时间打印星期几。

```
delimiter $$
create function get_week_if_fn(week_no int) returns char(20) character set gbk
contains sql
begin
    declare week char(20) character set gbk;
    if(week_no=0) then
        set week = '星期一';
    elseif(week_no=1) then
        set week = '星期二';
    elseif(week_no=2) then
        set week = '星期三';
    elseif(week_no=3) then
        set week = '星期四';
    elseif(week_no=4) then
        set week = '星期五';
    else
        set week = '今天休息';
    end if;
    return week;
end
$$
delimiter ;
```

使用 MySQL 命令"select now(),get_week_if_fn(**weekday**(now()));"调用该函数，并进行测试，执行结果如图所示。

函数的返回值（局部变量 week）含有汉字，有必要将 week 设置为 gbk 字符集。

weekday(datetime)函数用于获取日期时间 datetime 的星期信息（星期一对应整数 0，以此类推）。

（2）case 语句。

创建函数，使函数根据 MySQL 服务器的系统时间打印星期几。

```
delimiter $$
create function get_week_case_fn(week_no int) returns char(20) character set gbk
no sql
```

```
begin
    declare week char(20) character set gbk;
    case week_no
        when 0 then set week = '星期一';
        when 1 then set week = '星期二';
        when 2 then set week = '星期三';
        when 3 then set week = '星期四';
        when 4 then set week = '星期五';
        else set week = '今天休息';
    end case;
    return week;
end
$$
delimiter ;
```

使用 MySQL 命令 "select now(),get_week_case_fn(**weekday**(now()));" 调用该函数，并进行测试，执行结果如图所示。

（3）while 语句。

创建函数，使函数实现从 $1 \sim n$（$n>1$）的累加。

```
delimiter $$
create function get_sum_while_fn(n int) returns int
no sql
begin
    declare sum int default 0;
    declare start int default 0;
    while start<n do
        set start = start + 1;
        set sum = sum + start;
    end while;
    return sum;
end;
$$
delimiter ;
```

使用 MySQL 命令 "select get_sum_while_fn(100);" 调用该函数并进行测试，计算 $1+2+\cdots+100$ 的结果，执行结果如图所示。

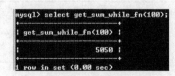

（4）leave 语句。

创建函数，使函数实现从 $1 \sim n$（$n>1$）的累加（灰色底纹部分的代码必须一致），其中，add_num 为循环标签。

```
delimiter $$
create function get_sum_leave_fn(n int) returns int
```

```
no sql
begin
    declare sum int default 0;
    declare start int default 0;
    add_num : while true do
        set start = start + 1;
        set sum = sum + start;
        if(start=n) then
        leave add_num;
    end if;
    end while add_num;
    return sum;
end;
$$
delimiter ;
```

使用 MySQL 命令 "select get_sum_leave_fn(100);" 调用该函数并进行测试, 计算 1+2+…+100 的结果, 执行结果如图所示。

（5）iterate 语句。

创建函数, 使函数实现从 1~n（n>1）的偶数累加（灰色底纹部分的代码必须一致）, 其中 add_num 为循环标签。

```
delimiter $$
create function get_sum_iterate_fn(n int) returns int
no sql
begin
    declare sum int default 0;
    declare start int default 0;
    add_num: while true do
        set start = start + 1;
        if(start%2=0) then
        set sum = sum + start;
    else
        iterate add_num;
    end if;
        if(start=n) then
        leave add_num;
    end if;
    end while add_num;
    return sum;
end;
$$
delimiter ;
```

使用 MySQL 命令 "select get_sum_iterate_fn(100);" 调用该函数, 可以计算 1+2+…+100 偶数的和, 并进行测试, 执行结果如图所示。

（6）repeat 语句。

创建函数, 使该函数实现从 1~n（n>1）的累加。

```
delimiter $$
create function get_sum_repeat_fn(n int) returns int
no sql
begin
    declare sum int default 0;
    declare start int default 0;
```

```
    repeat
        set start = start + 1;
        set sum = sum + start;
        until start=n
    end repeat;
    return sum;
end;
$$
delimiter ;
```

使用 MySQL 命令 "select get_sum_repeat_fn(100);" 调用该函数并进行测试，计算 1+2+…+100 的和，执行结果如图所示。

（7）loop 语句的语法格式。

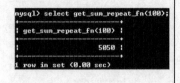

创建函数，使函数实现从 1～n（n>1）的累加（灰色底纹部分的代码必须保持一致），其中 add_num 为循环标签。

```
delimiter $$
create function get_sum_loop_fn(n int) returns int
no sql
begin
    declare sum int default 0;
    declare start int default 0;
    add_sum : loop
        set start = start + 1;
        set sum = sum + start;
        if (start=n) then
        leave add_sum;
        end if;
    end loop;
    return sum;
end;
$$
delimiter ;
```

使用 MySQL 命令 "select get_sum_loop_fn(100);" 调用该函数并进行测试，可以计算 1+2+…+100 的和，执行结果如图所示。

实践任务 2　系统函数结合自定义函数的综合使用（选做）

1. 目的

（1）熟练掌握字符串、数学系统函数的使用；

（2）熟练掌握日期、时间系统函数的使用。

2. 说明

本任务依赖于第 3 章实践任务 2 及实践任务 4，还依赖于第 4 章实践任务及课后习题添加的测试数据。

3. 环境

MySQL 服务版本：8.0.15 或 5.7.26。

MySQL 客户机：CMD 命令提示符窗口。

4. 环境准备

打开 CMD 命令提示符窗口，键入如下命令，以 gbk 字符集方式连接 MySQL 服务器。

```
mysql --default-character-set=gbk -h localhost -u root -p
```

输入 root 账户的密码，建立 MySQL 服务器的连接。

5. 内容差异化考核

实践任务所使用的用户会话变量名、局部变量名、数据库名、表名中应该包含自己的学号或者自己姓名的全拼；使用的测试数据应该包含自己的学号或者自己姓名的全拼。以某真实学生张三丰为例，添加张三学生测试数据时，张三测试数据应该改为"张三_张三丰"；添加"2012 自动化 1 班"班级测试数据时，班级名测试数据应该改为"2012 自动化 1 班_张三丰"。

根据实践任务的完成情况，由学生自己完成知识点的汇总。

场景 1　生成一个随机手机号

场景 1 步骤

（1）定义一个会话变量@head，存储手机号区段字符串。

```
set @head =
'130,131,132,133, ';
```

各个区段之间使用英文分号分隔。

（2）获取区段字符串中共有多少个区段，赋值给会话变量@head_num。

```
set @head_num = char_length(@head) / 4;
```

（3）获取一个随机值（1≤随机值≤@head_num），该随机值代表获取第几个区段，并赋值给会话变量@rand_value。

```
set @rand_value=floor(1+rand()*(@head_num-1));
```

（4）取出这个区段，赋值给会话变量@head_rand。

```
set @head_rand = substring(@head,(@rand_value-1)*4+1,3);
```

(@rand_value-1)*4+1 获取的是第@rand_value 个区段的位置。

（5）随机生成一个 4 位整数（1000～9999），赋值给会话变量@middle_rand。

```
set @middle_rand = floor(1000+rand()*9000);
```

（6）再次随机生成一个 4 位整数（1000～9999），赋值给会话变量@end_rand。

```
set @end_rand = floor(1000+rand()*9000);
```

（7）拼接成手机号，赋值给会话变量@phone，并显示。

```
set @phone = concat(@head_rand,@middle_rand,@end_rand);
select @phone;
```

场景 2　创建一个随机生成手机号的函数

场景 2 是场景 1 的升级程序。

场景 2 步骤

（1）按照场景 1 的方法，构建一个 get_rand_phone_fun()函数。

```
drop function if exists get_rand_phone_fun;
delimiter $$
create function get_rand_phone_fun() returns char(11)
no sql
begin
    declare head varchar(300);
    declare rand_value int;
    declare head_num int;
    declare head_rand varchar(3);
    declare middle_rand varchar(4);
    declare end_rand varchar(4);
    declare phone varchar(11);
    set head =
    '130,131,132,133';
    set head_num = char_length(head) / 4;
    set rand_value=floor(1+rand()*(head_num-1));
    set head_rand = substring(head,(rand_value-1)*4+1,3);
    set middle_rand = floor(1000+rand()*9000);
    set end_rand = floor(1000+rand()*9000);
    set phone = concat(head_rand,middle_rand,end_rand);
    return phone;
end
$$
delimiter ;
```

（2）测试该函数。

```
select get_rand_phone_fun();
```

场景 3 从姓氏字符串中，随机取出一个姓氏

场景 3 步骤

（1）定义一个会话变量@last_name，存储姓氏字符串。

set @last_name='李王张刘陈杨黄赵周吴徐孙朱马胡郭林何高梁郑罗宋谢唐韩曹许邓萧冯曾程蔡彭潘袁于董余苏叶吕魏蒋田杜丁沈姜范江傅钟卢汪戴崔任陆廖姚方金邱夏谭韦贾邹石熊孟秦阎薛侯雷白龙段郝孔邵史毛常万顾赖武康贺严尹钱施牛洪龚';

（2）计算姓氏字符串的长度，并赋值给会话变量@last_name_len。

```
set @last_name_len=char_length(@last_name);
```

（3）计算一个随机值（1≤随机值≤@last_name_len），并赋值给会话变量@rand_value。

```
set @rand_value=floor(1+rand()*(@last_name_len-1));
```

（4）随机取出一个姓氏，并赋值给会话变量@last_name_rand。

```
set @last_name_rand=substring(@last_name,@rand_value,1);
```

（5）显示随机姓氏。

```
select @last_name_rand;
```

场景 4 制作一个随机取字函数

场景 4 是场景 3 的升级程序。

场景 4 步骤

（1）按照场景 3 的方法，构建一个 get_rand_char_fun()函数。

```
drop function if exists get_rand_char_fun;
delimiter $$
create function get_rand_char_fun(str varchar(300) character set gbk) returns char(1)
character set gbk
    no sql
    begin
        declare str_len int;
        declare rand_value int;
        declare rand_char varchar(1) character set gbk;
        set str_len = char_length(str);
        set rand_value = floor(1+rand()*(str_len-1));
        set rand_char = substring(str,rand_value,1);
        return rand_char;
    end
    $$
    delimiter ;
```

（2）测试该函数。

set @last_name='李王张刘陈杨黄赵周吴徐孙朱马胡郭林何高梁郑罗宋谢唐韩曹许邓萧冯曾
程蔡彭潘袁于董余苏叶吕魏蒋田杜丁沈姜范江傅钟卢汪戴崔任陆廖姚方金邱夏谭韦贾邹石熊孟秦
阎薛侯雷白龙段郝孔邵史毛常万顾赖武康贺严尹钱施牛洪龚';

```
select get_rand_char_fun(@last_name);
```

场景 5　制作一个随机取名函数

　　　　　场景 5 需要使用场景 4 中创建的函数。

场景 5 步骤

（1）构建一个 get_rand_name_fun()函数。

```
drop function if exists get_rand_name_fun;
delimiter $$
delimiter $$
create function get_rand_name_fun() returns char(3) character set gbk
no sql
begin
declare last_name varchar(300) character set gbk;
declare middle_name varchar(200) character set gbk;
declare first_name varchar(200) character set gbk;
declare rand_name varchar(3) character set gbk;
```

set last_name='李王张刘陈杨黄赵周吴徐孙朱马胡郭林何高梁郑罗宋谢唐韩曹许邓萧冯曾程蔡彭潘袁于董余苏
叶吕魏蒋田杜丁沈姜范江傅钟卢汪戴崔任陆廖姚方金邱夏谭韦贾邹石熊孟秦阎薛侯雷白龙段郝邵史毛常万顾赖武康贺
严尹钱施牛洪龚';

set middle_name='德绍宗邦裕傅家积善昌世贻维孝友继绪定呈祥大正启仕执必定仲元魁家生先泽远永盛在人
为任伐风树秀文光谨潭棰';

set first_name='丽云峰磊亮宏红洪量良梁良粮靓七旗奇琪谋牟弭米密祢磊类蕾肋庆情清青兴幸星刑';

set rand_name =

```
concat(get_rand_char_fun(last_name),get_rand_char_fun(middle_name),get_rand_char_fun
(first_name));
    return rand_name;
    end
    $$
    delimiter ;
```

（2）测试该函数。

```
select get_rand_name_fun();
```

场景 6　制作一个函数，生成学生的学号

学生学号=学号最大值+1。

场景 6 步骤

构建一个 get_student_no_fun()函数。

```
drop function if exists get_student_no_fun;
delimiter $$
create function get_student_no_fun() returns char(11)
modifies sql data
begin
    declare student_no_max char(11);
    select max(student_no) into student_no_max from student;
    return student_no_max+1;
end
$$
delimiter ;
```

学号字段是字符串，由于学号不包含中文字符，因此没有指定学号的字符集。

场景 7　制作一个函数，向 student 添加 *n* 条测试数据

场景 4 需要使用场景 2 和场景 5 的自定义函数。

场景 7 步骤

（1）创建函数。

函数功能：某一届的学生添加 *n* 条测试数据，函数返回值永远是 1。

```
drop function if exists insert_n_student_fun;
delimiter $$
create function insert_n_student_fun(year int,n int) returns int
deterministic
begin
    declare i int;
    set i=1;
    while i<=n do
        insert into student values
```

```
        (concat(year,'-',i),get_rand_name_fun(),get_rand_phone_fun(),1);
            set i=i+1;
        end while;
        return 1;
        end
        $$
    delimiter ;
```

说明

　　由于函数返回值确定，函数选项使用了 deterministic。如果设置成 modifies sql data，创建该函数时会产生错误：ERROR 1418 (HY000): This function has none of DETERMINISTIC, NO SQL, or READS SQL DATA in its declaration and binary logging is enabled (you *might* want to use the less safe log_bin_trust_function_creators variable).

　　解决方案是执行语句：set global log_bin_trust_function_creators=1;

（2）测试该函数。

向学生表添加 2017 届 5 名测试数据。

```
select * from student;
select insert_n_student_fun(2017,5);
select * from student;
```

场景 8　时间、时间戳与字符串之间的相互转换
场景 8 步骤

（1）时间转字符串。

```
select date_format(now(), '%Y-%m-%d');
```

（2）时间转时间戳。

```
select unix_timestamp(now());
```

（3）字符串转时间。

```
select str_to_date('2016-01-02', '%Y-%m-%d %H');
```

（4）字符串转时间戳。

```
select unix_timestamp('2016-01-02');
```

（5）时间戳转时间。

```
select from_unixtime(1451997924);
```

（6）时间戳转字符串。

```
select from_unixtime(1451997924,'%Y-%d');
```

第7章
视图、临时表、派生表

视图、临时表、派生表是 MySQL 中几种特殊的"表"，它们可以为数据的查询操作提供便利。本章结合"选课系统"，讲解视图、临时表、派生表，以及子查询与它们之间的关系。

7.1　视图

视图与表有很多相似的地方，视图也是由若干个字段及若干条记录构成的，它也可以作为 select 语句的数据源。甚至在某些特定条件下，可以通过视图对表进行更新操作，如图 7-1 所示。然而，视图中的数据并不像表、索引那样需要占用存储空间，视图中保存的仅仅是一条 select 语句，其源数据都来自于数据库表，数据库表称为基本表或者基表，视图称为虚表。基表的数据发生变化时，虚表的数据也会随之变化。

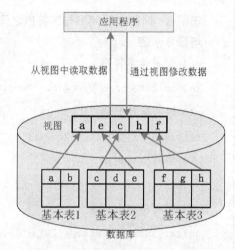

图 7-1　视图与基本表之间，以及应用程序与视图的关系

7.1.1　创建视图

视图中保存的仅仅是一条 select 语句，该 select 语句的数据源可以是基表，也可以是另一个视图。创建视图的语法格式如下。

```
create view 视图名[ (视图字段列表) ]
as
select 语句
```

视图是数据库的对象，因此创建视图时，需要指定该视图隶属于哪个数据库。

视图字段列表中定义了视图的字段名，字段名之间使用逗号隔开。视图字段列表中的字段个数必须等于 select 语句字段列表中的字段个数。如果省略视图字段列表，则视图字段列表与 select 语句的字段列表相同。

为了区分视图与基本表，在命名视图时，建议在视图名中统一添加前缀"view_"或后缀"_view"。

对于经常使用的结构复杂的 select 语句，建议将其封装为视图。例如，统计"每一门课程已

198

经有多少学生选修，还能供多少学生选修”，该统计经常使用，且其对应的 select 语句结构复杂，因此有必要将其封装为视图。

下面的 SQL 语句在 choose 数据库中定义了名为 available_course_view 的视图，该视图返回的信息是“每一门课程已经有多少学生选修，还能供多少学生选修”。

```
use choose;
create view available_course_view
as
select course.course_no,course_name,teacher_name,
up_limit,count(*) as student_num,up_limit-count(*) available
from choose join course on choose.course_no=course.course_no
join teacher on teacher.teacher_no=course.teacher_no
group by course_no
union all
select course.course_no,course_name,teacher_name,up_limit,0,up_limit
from course join teacher on teacher.teacher_no=course.teacher_no
where not exists (
select * from choose where course.course_no=choose.course_no
);
```

当需要统计“每一门课程已经有多少学生选修，还能供多少学生选修”时，只需要执行下面的 SQL 语句即可，执行结果如图 7-2 所示。

```
select * from available_course_view;
```

course_no	course_name	teacher_name	up_limit	student_num	available
1	Java语言程序设计	张老师	60	3	57
2	MySQL数据库	李老师	150	3	147
3	C语言程序设计	王老师	230	2	228
6	PHP程序设计	马老师	60	0	60

rows in set (0.00 sec)

图 7-2　查询视图中的“数据”

我们可以看到，视图可以屏蔽数据库表设计的复杂性，简化数据库开发人员的操作，为数据的查询提供了一条捷径。

7.1.2　查看视图的定义

查看视图的定义是指查看数据库中已存在视图的定义、状态和语法等信息，可以使用下面 3 种方法查看视图的定义。

（1）视图是一个虚表，可以使用查看表结构的方式查看视图的定义。例如，可以使用下面的命令查看视图 available_course_view 的定义。

```
desc available_course_view;
```

还可以使用命令“show create view available_course_view;”或者“show create table available_course_view;”查看视图的定义。

（2）MySQL 命令“show tables;”不仅显示当前数据库中所有的基表，也会将所有的视图罗列出来。

（3）MySQL 系统数据库 information_schema 的 views 表存储了所有视图的定义，使用下面的 select 语句可以查看 choose 数据库中的所有视图的详细信息。

```
select * from information_schema.views where table_schema='choose'\G
```

7.1.3　视图的作用

与直接从数据库表中提取数据相比，视图的作用可以归纳为以下几点。

1. 使操作变得简单

使用视图可以简化数据查询操作，对于经常使用但结构复杂的 select 语句，建议将其封装为一个视图。

2. 避免数据冗余

由于视图保存的是一条 select 语句，所有的数据保存在数据库表中，这样就可以由一个表或多个表派生出多种视图，为不同的应用程序提供服务的同时，避免数据冗余。

3. 增强数据安全性

同一个数据库表可以创建不同的视图，为不同的用户分配不同的视图，这样就可以实现不同的用户只能查询或修改与之对应的数据，继而增强了数据的安全访问控制。

4. 提高数据的逻辑独立性

如果没有视图，应用程序一定是建立在数据库表上的；有了视图之后，应用程序就可以建立在视图之上，从而使应用程序和数据库表结构在一定程度上逻辑分离。视图在以下两个方面使应用程序与数据逻辑独立。

（1）使用视图可以向应用程序屏蔽表结构，此时即便表结构发生变化（如表的字段名发生变化），只需重新定义视图或者修改视图的定义，无须修改应用程序即可使应用程序正常运行。

（2）使用视图可以向数据库表屏蔽应用程序，此时即便应用程序发生变化，只需重新定义视图或者修改视图的定义，无须修改数据库表结构即可使应用程序正常运行。

7.1.4　删除视图

如果某个视图不再使用，可以使用 drop view 语句将其删除，语法格式如下。

```
drop view 视图名
```

例如，删除 available_course_view 视图，可以使用下面的
SQL 语句，执行结果如图 7-3 所示。

```
mysql> drop view available_course_view;
Query OK, 0 rows affected (0.02 sec)
```

图 7-3　删除视图

```
drop view available_course_view;
```

　　由于视图保存的是一条 select 语句，没有保存表数据，所以当视图中定义的 select 语句需要修改时，可以使用 drop view 语句暂时将该视图删除，然后使用 create view 语句重新创建相同名字的视图即可。

7.1.5　检查视图[+]

视图是一个基于基表的虚表，数据库开发人员不仅可以通过视图检索数据，还可以通过视图修改数据，这就好比数据库开发人员不仅可以通过"窗户"查看房屋内的布局，还可以通过"窗户"修改房屋内的布局，这种视图称为普通视图。创建视图时，没有使用"with check option"子句的视图都是普通视图，之前创建的 available_course_view 视图就是一个普通视图。

MySQL 为数据库开发人员提供了另外一种视图：检查视图。通过检查视图更新基表数据时，只有满足检查条件的更新语句才能成功执行。检查视图分为 local 检查视图与 cascaded 检查视图。创建检查视图的语法格式如下。

create view 视图名[(视图字段列表)]

```
as
select 语句
with [ local | cascaded ] check option
```

　　　　创建视图时，没有使用 with check option 子句时，即 with_check_option 的值为 0 时，表示该视图为普通视图；使用 with check option 子句或者 with cascaded check option 子句时，表示该视图为 cascaded 检查视图；使用 with local check option 子句时，表示该视图为 local 检查视图。

with_check_option 的值为 1 时表示视图为 local 检查视图，通过 local 检查视图对表进行更新操作时，只有满足了视图检查条件的更新语句才能够顺利执行；值为 2 时表示视图为 cascaded 检查视图（级联检查视图，在视图的基础上再次创建另一个视图），通过 cascaded 检查视图对表进行更新操作时，只有满足所有针对该视图的所有视图的检查条件的更新语句才能够顺利执行。local 检查视图与 cascaded 检查视图的区别如图 7-4 所示。

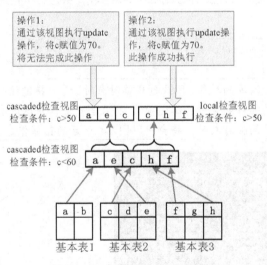

图 7-4　local 与 cascaded 检查视图

7.2　临时表

按照 MySQL 临时表的存储位置，可以将 MySQL 临时表分为内存临时表（in-memory）和外存临时表（on-disk）。按照 MySQL 临时表的创建时机，可以将 MySQL 临时表分为自动创建的临时表和手工创建的临时表。

7.2.1　临时表概述

当"主查询"中包含派生表（稍后介绍），或者当 select 语句中包含 union 子句，或者当

select 语句中包含对一个字段的 order by 子句（对另一个字段的 group by 子句）时，为了完成查询，MySQL 需要自动创建临时表存储临时结果集，这种临时表由 MySQL 自行创建、自行维护，称为自动创建的临时表。对于自动创建的临时表，由于内存临时表的性能更为优越，MySQL 总是首先使用内存临时表，而当内存临时表变得太大，达到某个阈值的时候，内存临时表被转存为外存临时表。也就是说，外存临时表是内存临时表在存储空间上的一种"延伸"。内存临时表转存为外存临时表的阈值由系统变量 max_heap_table_size 和 tmp_table_size 的较小值决定。

另外，数据库开发人员也可以根据自身需要，手工创建临时表完成复杂功能，本章主要讲解手工创建临时表的使用方法。

7.2.2 临时表的创建、查看与删除

手动创建临时表时，临时表与基表的使用方法基本上没有区别，它们之间的不同之处在于，临时表的生命周期类似于会话变量的生命周期，临时表仅在当前 MySQL 会话中生效，关闭当前 MySQL 服务器连接后，临时表中的数据将被清除，临时表也将消失。

1. 手工创建临时表

手工创建临时表很容易，给正常的 create table 语句加上 temporary 关键字即可。例如，下面的 MySQL 语句创建了 temp 临时表，然后向其添加了测试数据，并进行了查询，执行结果如图 7-5 所示。

```
use choose;
create temporary table temp(name char(100)) charset=gbk;
insert into temp values('test');
select * from temp;
```

 说明　临时表是数据库的对象，因此创建临时表时，需要指定该临时表隶属于哪个数据库。手工创建的临时表是"会话变量"，将在当前会话中永远有效。打开另一个 MySQL 服务器连接，访问临时表时，将会出现图 7-6 所示的错误信息。

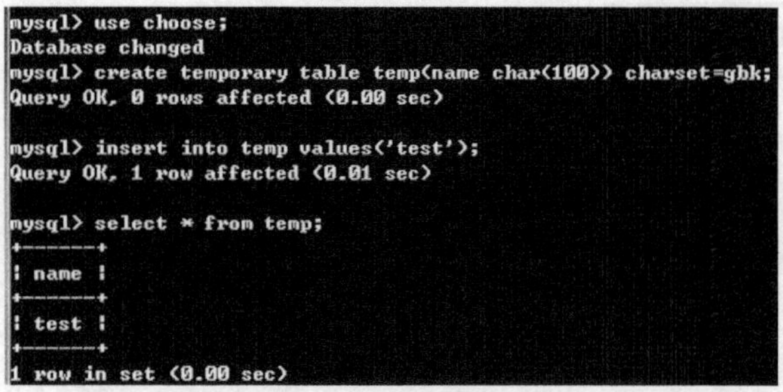

```
mysql> use choose;
Database changed
mysql> create temporary table temp(name char(100)) charset=gbk;
Query OK, 0 rows affected (0.00 sec)

mysql> insert into temp values('test');
Query OK, 1 row affected (0.01 sec)

mysql> select * from temp;
+------+
| name |
+------+
| test |
+------+
1 row in set (0.00 sec)
```

图 7-5　临时表的使用

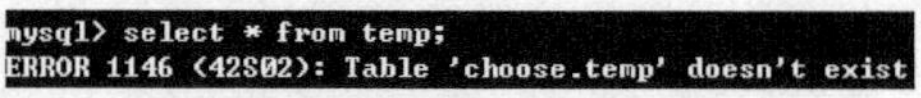

```
mysql> select * from temp;
ERROR 1146 (42S02): Table 'choose.temp' doesn't exist
```

图 7-6　临时表基于当前 MySQL 会话

2. 查看临时表的定义

查看临时表的定义可以使用 MySQL 命令"show create table 临时表名"。例如，"show create table temp\G"的执行结果如图 7-7 所示。从执行结果可以看到临时表的字符集、存储引擎等信息。

图 7-7　查看临时表的定义

3. 删除临时表

断开 MySQL 服务器的连接，临时表和表记录将被清除。使用 drop 命令也可以删除临时表，

语法格式如下。

```
drop temporary table 临时表表名
```

7.2.3　使用临时表的注意事项

MySQL 不支持表类型变量，临时表可以模拟实现表类型变量的功能。

临时表如果与基表重名，那么基表将被隐藏，除非删除临时表，基表才能被访问。

MyISAM、Merge 或者 InnoDB 存储引擎都支持临时表。临时表的默认存储引擎由系统变量 default_tmp_storage_engine 决定。

临时表不支持聚簇索引、触发器。

show tables 命令不会显示临时表的信息。

不能用 rename 来重命名一个临时表，但可以使用 alter table 重命名临时表。

在同一条 select 语句中，临时表只能引用一次。例如，执行下面的 select 语句，系统将报出 "ERROR 1137 (HY000): Can't reopen table: 't1'" 错误信息。

```
select * from temp as t1, temp as t2;
```

7.3　派生表

派生表（derived table）类似于临时表，但与临时表相比，派生表的性能更优越。派生表与视图一样，一般在 from 子句中使用，其语法格式如下（粗体字代码为派生表代码）。

```
…from (select 子句) 派生表名…
```

派生表必须是一个有效的表，因此它必须遵守以下规则。

（1）每个派生表必须有自己的表名。

（2）派生表中的所有字段必须要有名称，字段名必须唯一。

7.4　子查询、视图、临时表、派生表之间的关系

子查询需要嵌套在另一个主查询语句（如 select、insert、update 或 delete 语句）中。子查询分为相关子查询与非相关子查询（请参看第 5 章的相关内容）。子查询一般在主查询语句的 where 子句或者 having 子句中使用。

视图中保存的仅仅是一条 select 语句，并且该 select 语句是一条独立的 select 语句，这就意味着该 select 语句可以单独运行。非相关子查询虽然是一条独立且能单独运行的 select 语句，但是，在通常情况下，不会将非相关子查询封装为一个视图，原因在于视图与子查询的使用场景不同。子查询主要在主查询语句的 where 子句或者 having 子句中使用，而视图通常在主查询语句的 from 子句中使用。由于视图本质是一条 select 语句，执行的是某一个数据源的某个字段的查询操作，如果视图的"主查询"语句是 update 语句、delete 语句或者 insert 语句，且"主查询"语句执行了该字段的更新操作，那么主查询语句将出错。原因非常简单，在对某个表的某个字段进行操作时，查询操作（如 select 语句）不能与更新操作（如 update 语句、delete 语句或者 insert 语句）同

时进行。

　　视图与临时表通常在 from 子句中使用，就这一点而言，临时表与视图相似。临时表与视图的区别在于：视图是虚表，视图中的源数据全部来自于数据库表；临时表不是虚表，临时表的数据需要占用一定的存储空间，要么存在于内存，要么存在于外存。正因为这样，本章场景描述 5 中，"临时表"的"主查询"语句（如 update、delete 或 insert 语句）执行字段的更新操作时，不会产生"ERROR 1443 (HY000)"错误。

　　派生表与临时表的功能基本相同，它们之间最大的区别在于生命周期不同。如果临时表是手工创建的，那么临时表的生命周期在 MySQL 服务器连接过程中有效；而派生表的生命周期仅在本次 select 语句执行的过程中有效，本次 select 语句执行结束，派生表立即清除。因此，如果希望延长查询结果集的生命周期，可以选用临时表；反之亦然。

　　另外，通过视图虽然可以更新基表的数据，但本书并不建议这样做。原因在于，通过视图更新基表数据，并不会触发触发器的运行。

习　　题

1. 视图与基表有什么区别和联系？视图与 select 语句有什么关系？
2. 什么是检查视图？什么是 local 检查视图与 cascaded 检查视图？
3. 您是如何理解临时表的？临时表与基表有什么关系？
4. 您是如何理解视图、子查询、临时表、派生表之间的关系的？

实践任务　视图、临时表、派生表在"选课系统"中的应用（必做）

1. 目的
（1）掌握定义视图的方法；
（2）利用视图优化"选课系统"的查询；
（3）利用视图对 course 表的 available 字段值进行初始化；
（4）掌握临时表与派生表的使用方法。

2. 环境
MySQL 服务版本：8.0.15 或 5.7.26。
MySQL 客户机：CMD 命令提示符窗口。

3. 环境准备
打开 CMD 命令提示符窗口，键入如下命令，以 gbk 字符集方式连接 MySQL 服务器。

```
mysql --default-character-set=gbk -h localhost -u root -p
```

输入 root 账户的密码，建立 MySQL 服务器的连接。

4. 内容差异化考核
实践任务所使用的数据库名、表名、视图名、临时表名、派生表名中应该包含自己的学号或者自己姓名的全拼；使用的测试数据应该包含自己的学号或者自己姓名的全拼。以某真实学生张三丰为例，添加张三学生测试数据时，张三测试数据应该改为"张三_张三丰"；添加"2012 自动化 1 班"班级测试数据时，班级名测试数据应该改为"2012 自动化 1 班_张三丰"。

根据实践任务的完成情况，由学生自己完成知识点的汇总。

场景 1　利用视图初始化 course 表 available 冗余字段的值

　　为了计算选课系统"剩余的学生名额",本书提供了两个解决方案。方案 1: 课程表 course 多了一个"剩余的学生名额" available 冗余字段; 方案 2: 课程表 course 没有该冗余字段。从本实践任务开始,为了更好地将触发器、存储过程、事务、锁机制等概念融入"选课系统",选择"方案 1"(课程表 course 引入 available 冗余字段)实现学生选课功能。本场景利用视图初始化 course 表 available 冗余字段的值。

场景 1 步骤

(1)重新创建 available_course_view 视图。

执行下面的 SQL 语句,在 choose 数据库中定义了名为 available_course_view 的视图。该视图的功能是"统计每一门课程已经有多少学生选修,还能供多少学生选修"。

```
use choose;
drop view if exists available_course_view;
create view available_course_view
as
select course.course_no,course_name,teacher_name,
up_limit,count(*) as student_num,up_limit-count(*) available
from choose join course on choose.course_no=course.course_no
join teacher on teacher.teacher_no=course.teacher_no
group by course_no
union all
select course.course_no,course_name,teacher_name,up_limit,0,up_limit
from course join teacher on teacher.teacher_no=course.teacher_no
where not exists (
select * from choose where course.course_no=choose.course_no
);
```

(2)执行下面的 SQL 语句,向课程表 course 中新增 available 字段,默认值为 0。

```
alter table course add available int default 0;
```

(3)执行下面的 select 语句,查询课程表 course 的相关信息,执行结果如图所示。其中,available 的字段值初始化为默认值 0。

```
select course_no,course_name,up_limit,available from course;
```

```
+-----------+--------------------+----------+-----------+
| course_no | course_name        | up_limit | available |
+-----------+--------------------+----------+-----------+
|         1 | Java语言程序设计    |       60 |         0 |
|         2 | MySQL数据库         |      150 |         0 |
|         3 | C语言程序设计        |      230 |         0 |
|         6 | PHP程序设计          |       60 |         0 |
+-----------+--------------------+----------+-----------+
rows in set (0.00 sec)
```

(4)执行下面的 update 语句,将每一门课程的 available 的字段值设置为"剩余的学生名额"。available 字段值可以从 available_course_view 视图中获取,执行结果如图所示。

```
update course set available=up_limit-(select student_num from available_course_view
where available_course_view.course_no=course.course_no);
```

（5）执行下面的 select 语句，查询课程表 course 的相关信息，执行结果如图所示。

```
select course_no,course_name,up_limit,available from course;
```

结论：使用 available_course_view 视图可以轻松地初始化 course 表的 available 冗余字段的值。

场景 2　利用视图完成"选课系统"的统计工作

场景 2 步骤

创建 course_teacher_view 视图，完成"选课系统"的统计工作。

选课系统经常需要检索全校的选修课程，使用下面的 SQL 语句，创建一个 course_teacher_view 视图，方便检索选修课程信息（课程号、课程名、上限、描述、教师号、教师名、教师联系方式及课程状态）。

```
create view course_teacher_view as
select course_no,course_name,up_limit,description,teacher. teacher_no, teacher_name,
teacher_contact,available,status
from course join teacher on course.teacher_no=teacher.teacher_no;
```

场景 3　临时表的使用

　本场景利用临时表，批量初始化密码，将学生的密码初始化为学生本人学号使用 md5 加密后产生的加密字符串，以便学生能够登录"选课系统"选课。

场景 3 步骤

（1）向 student 表和 teacher 表添加 password 字段。

```
alter table student add password char(32) not null after student_no;
alter table teacher add password char(32) not null after teacher_no;
```

　上面的 SQL 语句向 student 表和 teacher 表添加 password 字段，本场景使用 md5 函数对密码进行加密，产生的 32 位的加密字符串，因此 password 字段设置为 char(32)。

（2）使用下面的 SQL 语句创建临时表 password_temp，该表共有两个字段 s_no 和 pwd，并将学生表中所有学号 student_no 字段值及学生学号使用 md5 加密后的加密字符串值置入其中。

```
drop temporary table if exists password_temp;
create temporary table password_temp select student_no s_no, md5(student_no) pwd from
student;
```

（3）使用临时表将所有学生的密码初始化。

使用下面的 update 语句修改 student 表的 password 字段的值，并对该字段值进行初始化。

```
update student set password=(
select pwd
from password_temp
where student_no=s_no
);
```

必须在同一个 MySQL 客户机上创建 password_temp 临时表，在同一个 MySQL 客户机上执行上述 update 语句。

（4）查询 student 表的所有记录，执行结果如图所示。

```
mysql> select * from student;
+------------+----------------------------------+--------------+-----------------+----------+
| student_no | password                         | student_name | student_contact | class_no |
+------------+----------------------------------+--------------+-----------------+----------+
| 2012001    | 17bb26ebcb7c07aa1caedef7f4e1342a | 张三         | 15000000000     | 1        |
| 2012002    | 3bcd9a2eb0bf9c1d18f0552a3be9b383 | 李四         | 16000000000     | 1        |
| 2012003    | 1ce4e770ad638fc2b20e9f2dd9fb86d3 | 王五         | 17000000000     | 3        |
| 2012004    | ee7a4dad3b5661a884123b58af666d10 | 马六         | 18000000000     | 2        |
| 2012005    | 19ff22755e2b53e716380a6f3daa3bc5 | 田七         | 19000000000     | 2        |
| 2012006    | 106dbd48e235095ca524bdfd8d469662 | 张三丰       | 20000000000     | NULL     |
+------------+----------------------------------+--------------+-----------------+----------+
6 rows in set (0.00 sec)
```

（5）临时表使用完毕后，记得使用下面的 SQL 语句删除临时表。

```
drop temporary table if exists password_temp;
```

结论：临时表的使用流程是先删除临时表，再创建临时表，接着使用临时表，最后再次删除临时表。

场景 4　派生表的使用

　　　　本场景利用派生表，批量初始化密码，将教师的密码初始化为教师本人工号通过 md5 加密后产生的加密字符串，以便教师能够登录"选课系统"申报课程。

场景 4 步骤

（1）下面的一条 update 语句就可以实现 teacher 表中 password 字段的初始化，其中粗体字代码产生了派生表 u。

```
update teacher s set s.password =(
select md5(u.teacher_no)
from
(select teacher_no from teacher) u
where s.teacher_no=u.teacher_no
);
```

（2）查询 teacher 表的所有记录，执行结果如图所示。

```
mysql> select * from teacher;
+------------+----------------------------------+--------------+-----------------+
| teacher_no | password                         | teacher_name | teacher_contact |
+------------+----------------------------------+--------------+-----------------+
| 001        | dc5c7986daef50c1e02ab09b442ee34f | 张老师       | 11000000000     |
| 002        | 93dd4de5cddba2c733c65f233097f05a | 李老师       | 12000000000     |
| 003        | e88a49bccde359f0cabb40db83ba6080 | 王老师       | 13000000000     |
| 004        | 11364907cf269dd2183b64287156072a | 马老师       | 10000000000     |
| 005        | ce08becc73195df12d99d761bfbba68d | 田老师       | 00000000000     |
+------------+----------------------------------+--------------+-----------------+
5 rows in set (0.00 sec)
```

结论：将学生表或者教师表的密码初始化为账户名通过 md5 加密后产生的加密字符串，有两种方法：一种方法是使用临时表，这种方法较为复杂，但却容易理解。另一种方法是使用派生表，这种方法较为简单，却不容易理解。

场景 5　同一字段，不能同时进行查询操作和更新操作

场景 5 步骤

（1）创建视图 temp_view。

```
create view temp_view as select student_no s_no, md5(student_no) pwd from student;
```

（2）使用下面的 update 语句修改学生表 student 的 password 字段的值，并对该字段值进行初始化，执行结果如图所示。

```
update student set password=(
select pwd
from temp_view
where student_no=s_no
);
```

```
mysql> create view temp_view as select student_no s_no, md5(student_no) pwd from student;
Query OK, 0 rows affected (0.02 sec)

mysql> update student set password=(
    -> select pwd
    -> from temp_view
    -> where student_no=s_no
    -> );
ERROR 1443 (HY000): The definition of table 'temp_view' prevents operation UPDATE on table
nt'.
```

分析：视图中 "select student_no s_no, md5(student_no) pwd from student" 执行的是 student 表的 password 字段的"查询"操作，而 update 语句执行的是 password 字段的更新操作，password 字段"查询"操作执行的同时，不允许执行该字段的"更新"操作。

场景 6　普通视图与更新操作（选做）
场景 6 步骤

（1）下面的 SQL 语句创建了一个查看成绩不及格(成绩小于 60 分)的选修视图 choose_1_view。
```
create view choose_1_view as select * from choose where score<60;
```
（2）使用下面的 insert 语句通过 choose_1_view 视图向 choose 表插入选课信息（成绩大于 60分），然后检索 choose 表的数据，最后删除该选课信息，执行结果如图所示。

 视图不会触发触发器的执行。为了避免 insert 语句导致数据不一致问题的发生（剩余的学生名额+已选学生人数≠课程的人数上限），最后使用 delete 语句删除了该选课信息。

```
insert into choose_1_view values (null,'2012003',2,100,now(),null);
select * from choose;
delete from choose where student_no='2012003' and course_no=2;
```

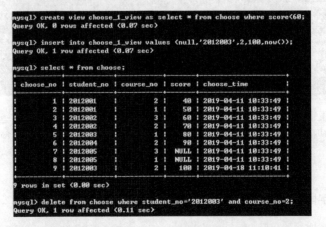

结论：通过普通视图更新数据库表记录时，普通视图并没有对更新语句进行条件检查（如

score<60 的条件检查）。

场景 7　检查视图与更新操作（选做）

场景 7 步骤

（1）下面的 SQL 语句创建了查看不及格学生的视图 choose_2_view，该视图为检查视图，且 with_check_option 的值为 1（local 检查视图）。

create view choose_2_view as select * from choose where **score<60** with local check option;

（2）向 choose_2_view 视图中插入如下选课信息（**score>60**）后，执行结果如图所示。

insert into choose_2_view values (null,'2012004',2,100,now(),null);

```
mysql> insert into choose_2_view values (null,'2012004',2,100,now(),null);
ERROR 1369 (HY000): CHECK OPTION failed 'choose.choose_2_view'
```

结论：通过检查视图更新基表数据时，检查视图对更新语句进行了先行检查，如果更新语句不满足检查视图定义的检查条件，则检查视图抛出异常，更新失败。

第8章
触发器、存储过程和异常处理

触发器可以实现表记录的自动维护，存储过程实现的功能比函数更为强大，异常处理机制可以帮助数据库开发人员自行控制异常处理流程。本章讲解触发器、存储过程及异常处理在"选课系统"中的应用，最后本章对存储程序做了总结。本章内容将为读者后续编写更为复杂的业务逻辑代码奠定基础。

8.1　触发器

触发器是 MySQL 5.0 新增的功能。触发器定义了一系列操作，这一系列操作称为触发程序。当触发事件发生时，触发程序会自动运行。

触发器主要用于监视某个表的 insert、update 及 delete 等更新操作，这些操作可以分别激活该表的 insert、update 或者 delete 类型的触发程序运行（见图 8-1），从而实现数据的自动维护。触发器可以实现的功能包括：使用触发器实现检查约束，使用触发器维护冗余数据，使用触发器模拟外键级联选项等。

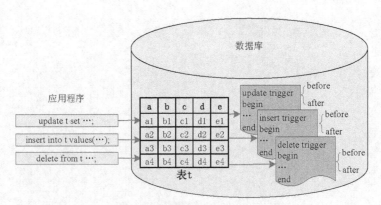

图 8-1　触发器种类共有 2×3=6 种

8.1.1　创建触发器的语法格式

使用 create trigger 语句可以创建一个触发器，语法格式如下。

```
create trigger 触发器名 触发时间 触发事件 on 表名 for each row
begin
```

触发程序
```
end;
```

（1）触发器是数据库的对象，因此创建触发器时，需要指定该触发器隶属于哪个数据库。

（2）触发器基于表（严格地说是基于表的记录），这里的表是基表，不是临时表（temporary 类型的表），也不是视图。

（3）MySQL 的触发事件有 3 种：insert、update 及 delete。

● insert：将新记录插入表时激活触发程序，例如，通过 insert、load data 和 replace 语句可以激活触发程序运行。

● update：更改某一行记录时激活触发程序，例如，通过 update 语句可以激活触发程序运行。

● delete：从表中删除某一行记录时激活触发程序，例如，通过 delete 和 replace 语句可以激活触发程序运行。

（4）触发器的触发时间有两种：before 与 after。

before 表示在触发事件发生之前执行触发程序，after 表示在触发事件发生之后执行触发程序。因此，严格意义上讲，一个数据库表最多可以设置 6 种类型的触发器，在命名这 6 种触发器时，建议使用 "表名_insert_before_trigger"（或者 "表名_before_insert_trigger"）等命名方式，以便区分某一种触发器的触发事件及触发时间。

（5）for each row 表示行级触发器。

目前，MySQL 仅支持行级触发器，不支持语句级别的触发器（如 create table 等语句）。for each row 表示更新（insert、update 或 delete）操作影响的每一条记录都会执行一次触发程序。

（6）触发程序中可以使用 old 关键字与 new 关键字。

● 当向表插入新记录时，在触发程序中可以使用 new 关键字表示新记录。当需要访问新记录的某个字段值时，可以使用 "new.字段名" 的方式访问。

● 当从表中删除某条旧记录时，在触发程序中可以使用 old 关键字表示旧记录。当需要访问旧记录的某个字段值时，可以使用 "old.字段名" 的方式访问。

● 当修改表的某条记录时，在触发程序中可以使用 old 关键字表示修改前的旧记录，使用 new 关键字表示修改后的新记录。当需要访问旧记录的某个字段值时，可以使用 "old.字段名" 的方式访问。当需要访问修改后的新记录的某个字段值时，可以使用 "new.字段名" 的方式访问。

● old 记录是只读的，可以引用它，但不能更改它。在 before 触发程序中，可使用 "set new.col_name = value" 更改 new 记录的值。但在 after 触发程序中，不能使用 "set new.col_name = value" 更改 new 记录的值。

8.1.2　查看触发器的定义

可以使用下面 3 种方法查看触发器的定义。

（1）使用 show triggers 命令查看触发器的定义。

使用 "show triggers\G" 命令可以查看当前数据库中所有触发器的信息。用这种方式查看触发器的定义时，可以查看当前数据库中所有触发器的定义。如果触发器较多，可以使用 "show trigger like 模式\G"命令查看与模式模糊匹配的触发器信息。

（2）通过查询 information_schema 数据库中的 triggers 表，可以查看触发器的定义。

MySQL 中所有触发器的定义都存放在 information_schema 数据库下的 triggers 表中，查询 triggers 表时，可以查看数据库中所有触发器的详细信息，查询语句如下。

```
select * from information_schema.triggers\G
```

（3）使用"show create trigger"命令可以查看某一个触发器的定义。

8.1.3　删除触发器

如果某个触发器不再使用，则可以使用 drop trigger 语句将其删除，语法格式如下。

drop trigger 触发器名

8.1.4　使用触发器的注意事项

MySQL 从 5.0 版本才开始支持触发器，与其他成熟的商业数据库管理系统相比，无论功能还是性能，触发器在 MySQL 中的使用还有待完善。在 MySQL 中使用触发器时有如下注意事项。

（1）如果触发程序中包含 select 语句，则该 select 语句不能返回结果集（这一点与函数相同）。

（2）同一张表不能创建两个相同触发时间、触发事件的触发程序。

（3）触发程序中不能使用以显式或隐式方式打开、开始或结束事务的语句，如 start transaction、commit、rollback 或者 set autocommit=0 等语句。

（4）MySQL 触发器针对记录进行操作，当批量更新数据时，引入触发器会导致批量更新操作的性能降低。

（5）在 MyISAM 存储引擎中，触发器不能保证原子性，例如，当使用一个更新语句更新一个表后，触发程序实现另外一个表的更新，若触发程序执行失败，则不会回滚第一个表的更新。InnoDB 存储引擎支持事务，使用触发器可以保证更新操作与触发程序的原子性，触发程序和更新操作是在同一个事务中完成的。

（6）InnoDB 存储引擎实现外键约束关系时，建议使用级联选项维护外键数据；MyISAM 存储引擎虽然不支持外键约束关系，但可以使用触发器实现级联修改和级联删除，进而模拟维护外键数据，模拟实现外键约束关系。

（7）使用触发器维护 InnoDB 外键约束的级联选项时，应该首先维护子表的数据，然后再维护父表的数据，否则可能出现错误。例如，实践任务场景 4 中定义了一个 organization_delete_before_trigger 触发器，该触发器的触发时间不能修改为 after，否则直接删除父表 organization 的记录时，可能出现下面的错误信息。

```
ERROR 1451 (23000): Cannot delete or update a parent row: a foreign key constraint fails
('tt'.'member', CONSTRAINT 'organization_member_fk' FOREIGN KEY ('o_no') REFERENCES
'organization' ('o_no'))
```

（8）MySQL 的触发程序不能对本表执行 update 操作，否则可能出现错误信息，甚至陷入死循环。触发程序中的 update 操作可以使用 set 命令替代。

（9）在 before 触发程序中，auto_increment 字段的 new 值为 0，不是实际插入新记录时自动生成的自增型字段值。

（10）添加触发器后，建议对其进行详细的测试，测试通过后再决定是否使用触发器。

8.2　存储过程

与函数一样，存储过程也可以看作是一个"加工作坊"，这个"加工作坊"接收"调用者"传递过来的"原料"（in 参数或 inout 参数），然后将这些"原料""加工处理"成"产品"（out 参数或 inout 参数）。与函数不同，存储过程没有返回值。

8.2.1　创建存储过程的语法格式

创建存储过程时，数据库开发人员需提供存储过程名、存储过程的参数及存储过程语句块（一系列的操作）等信息。创建存储过程的语法格式如下。

```
create procedure 存储过程名（参数 1，参数 2，…）
[存储过程选项]
begin
存储过程语句块；
end；
```

存储过程选项可能由以下一种或几种存储过程选项组合而成。有关存储过程选项的说明请参看自定义函数语法格式中的说明，这里不再赘述。

存储过程选项由以下一种或几种选项组合而成。

```
language sql
| [not] deterministic
| { contains sql | no sql | reads sql data | modifies sql data }
| sql security { definer | invoker }
| comment '注释'
```

　　　存储过程是数据库的对象，因此创建存储过程时，需要指定该存储过程隶属于哪个数据库。

　　　同一个数据库内，存储过程名不能与已经存在的存储过程名重名，建议在存储过程名中统一添加前缀"proc_"或者后缀"_proc"。

　　　与函数相同之处在于，存储过程的参数也是局部变量，需要提供参数的数据类型；与函数不同的是，存储过程有 3 种类型的参数：in 参数、out 参数及 inout 参数。其中，in 代表输入参数（默认情况下为 in 参数），表示该参数的值必须由调用程序指定；out 代表输出参数，表示该参数的值经存储过程计算后，将 out 参数的计算结果返回给调用程序；inout 代表既是输入参数，又是输出参数，表示该参数的值既可以由调用程序指定，又可以将该参数的计算结果返回给调用程序。

　　　存储过程如果没有参数，使用空参数"()"即可。

前面的章节曾经创建了一个名字为 get_name_fn() 的函数，该函数实现的功能是根据学生学号或者教师工号返回他们的姓名。下面的 SQL 语句创建了名字为 get_name_proc() 的存储过程，实现了相同的功能。该存储过程中 no 和 role 是 in 参数，name 是 out 参数。

```
delimiter $$
create procedure get_name_proc(in no char(20) character set gbk,in role char(20)
character set gbk,out name char(20) character set gbk)
    reads sql data
```

```
begin
    if('student'=role) then
        select student_name into name from student where student_no=no;
    elseif('teacher'=role) then
        select teacher_name into name from teacher where teacher_no=no;
    else set name='输入有误! ';
    end if;
end;
$$
delimiter ;
```

8.2.2　存储过程的调用

调用存储过程需使用 call 关键字，另外，还要向存储过程传递 in 参数、out 参数或者 inout 参数。例如，调用 get_name_proc()存储过程的方法如下，执行结果如图 8-2 所示。

```
set @no = '2012001';
set @role = 'student';
set @name = '';
call get_name_proc(@no,@role,@name);
select @name;
```

 存储过程没有返回值，应用程序若要获取存储过程的"产品"数据，除了要借助 out 参数或者 inout 参数，还需要借助会话变量（例如@name 就是会话变量）。

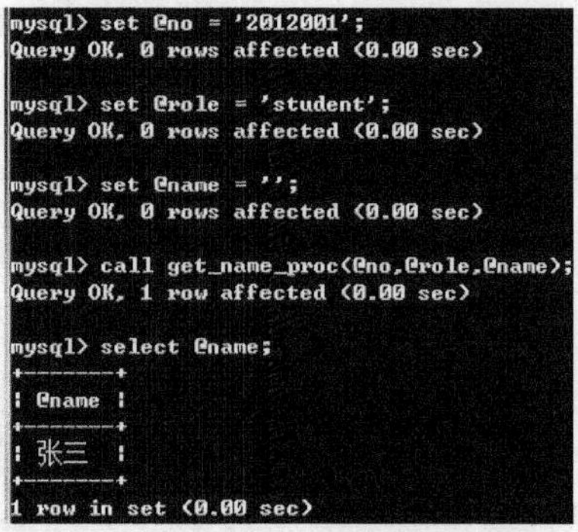

```
mysql> set @no = '2012001';
Query OK, 0 rows affected (0.00 sec)

mysql> set @role = 'student';
Query OK, 0 rows affected (0.00 sec)

mysql> set @name = '';
Query OK, 0 rows affected (0.00 sec)

mysql> call get_name_proc(@no,@role,@name);
Query OK, 1 row affected (0.00 sec)

mysql> select @name;
+-------+
| @name |
+-------+
| 张三  |
+-------+
1 row in set (0.00 sec)
```

图 8-2　in 参数、out 参数存储过程的使用

8.2.3　查看存储过程的定义

查看存储过程的具体方法，读者请参看自定义函数的 3 种方法，限于篇幅，这里不再赘述。

8.2.4　删除存储过程

如果某个存储过程不再使用，则可以使用 drop procedure 语句将其删除，语法格式如下。

```
drop procedure 存储过程名
```

8.3　存储过程与函数的比较

MySQL 的存储过程（stored procedure）和函数（stored function）统称为存储程序（stored routines），它们都可以看作是一个"加工作坊"。什么时候需要将"加工作坊"定义为函数？存储过程与函数之间的共同特点有以下几点。

（1）应用程序调用存储过程或者函数时，只需要提供存储过程名或者函数名，以及参数信息，无须将若干条 MySQL 命令或 SQL 语句发送到 MySQL 服务器上，从而节省了网络开销，如图 8-3 所示。

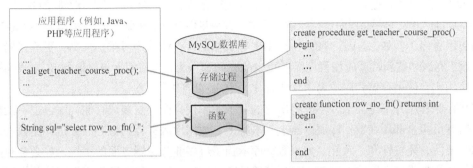

图 8-3　存储过程与函数的调用

（2）存储过程或者函数可以重复使用，从而可以减少数据库开发人员，尤其是应用程序开发人员的工作量。

（3）使用存储过程或者函数可以增强数据的安全访问控制。可以设定只有某些数据库用户才具有某些存储过程或者函数的执行权。

存储过程与函数之间的不同之处有以下几点。

（1）存储过程实现的功能要复杂一点，而函数实现的功能更加单一、针对性更强一点。

（2）函数必须有且仅有一个返回值，且必须指定返回值的数据类型（返回值的类型目前仅仅支持字符串、数值类型）。存储过程没有返回值，但却可以通过 out 参数或者 inout 参数向外传出数据。

（3）函数封装在 SQL 语句（或者 MySQL 表达式）中才能被调用，最重要的是函数可以用于扩展标准的 SQL 语句。存储过程不能封装在 SQL 语句中调用，通常被封装在应用程序（例如，Java、PHP、Python 等应用程序）中调用，调用时需要使用 call 关键字。

（4）在函数体内的 select 不能返回结果集，存储过程则没有这方面的限制。

（5）函数中的函数体限制比较多，如函数体内不能使用以显式或隐式方式打开、开始或结束事务的语句，即不能使用 start transaction、commit、rollback 或者 set autocommit=0 等语句；不能在函数体内使用预处理 SQL 语句（稍后讲解）。存储过程的限制比较少，基本上所有的 MySQL 语句都可以在存储过程中使用，如在存储过程中可以进行事务操作。

8.4　存储程序的说明

MySQL 的存储程序分为 4 类：函数、触发器、存储过程及事件，它们都是数据库的对象，因此在创建存储程序时，一定要指定在哪个数据库中创建存储程序。

目前，本书已经依次介绍了函数、触发器及存储过程等知识，数据库开发人员刚刚接触存储程序时，都会对存储程序的开发感到陌生、恐惧，原因是多方面的，可以简单概括如下。

（1）对于 MySQL 而言，存储程序本身就是新生事物。

（2）与简单的 SQL 语句相比，存储程序本身的业务逻辑较为复杂。

（3）与高级语言集成开发环境 IDE（例如，Java 的 Eclipse、NetBeans 等）相比，编写存储程序的 IDE 工具并不成熟，调试存储程序、测试存储程序的步骤较为繁琐。

基于上述原因，编写存储程序时，即便是有经验的数据库开发人员尽量不要"一气呵成"，避免一次性地将存储程序中的所有代码编写完毕后，再进行测试。无论初学者还是有经验的数据库开发人员，都要对自己开发的存储程序进行严格的测试，并尽量保存测试步骤、测试数据以及测试结果。

与应用程序（例如，Java、.NET 或 PHP 等）相比，存储程序可维护性高，更改存储程序通常比更改、测试和重新部署应用程序需要更少的时间和精力。与使用大量离散的 SQL 语句写出的应用程序相比，使用存储程序更易于代码优化、重用和维护。

当然存储程序并不是神话，不能将所有的业务逻辑代码全部封装成存储程序，也不能把业务处理的所有负担全部压在数据库服务器上。事实上，数据库服务器的核心任务是存储数据，保证数据的安全性、完整性和一致性。如果数据库承担了过多业务逻辑方面的工作，势必会对数据库服务器的性能造成负面影响。因此，对于简单的业务逻辑，在不影响数据库性能的前提下，为了节省网络资源，可以将业务逻辑封装成存储程序。对于较为复杂的业务逻辑，建议使用高级语言（例如，Java、.NET 或者 PHP 等）实现，让应用服务器（例如，Apache、IIS 等）承担更多的业务逻辑，保持负载均衡。

8.5　异常处理机制

默认情况下，存储程序在运行过程中发生异常时，MySQL 将自动终止存储程序的执行。然而，数据库开发人员有时希望可以自行控制程序的运行流程，MySQL 的异常处理机制可以帮助数据库开发人员自行控制异常处理流程。

8.5.1　异常处理程序

MySQL 支持异常处理机制，在存储程序运行期间发生异常后，会将程序控制交由异常处理程序处理。使用 declare 关键字可以定义异常处理程序，语法格式如下。

```
declare 异常处理类型 handler for 异常触发条件 异常处理程序;
```

异常处理程序的定义必须放在所有变量定义之后，并且放在其他所有 MySQL 表达式之前。

异常处理类型的取值要么是 continue，要么是 exit。当异常处理类型是 continue 时，表示异常发生后，MySQL 立即执行自定义异常处理程序，然后忽略该异常继续执行剩余 MySQL 语句。当异常处理类型是 exit 时，表示异常发生后，MySQL 立即执行自定义异常处理程序，然后立刻停止剩余 MySQL 语句的执行。

异常触发条件：满足什么条件时，自定义异常处理程序开始运行，定义了自定义异常处理程序运行的时机。异常触发条件有 3 种取值：MySQL 异常代码、ANSI 标准异常代码及重命名后的异常代码。例如，1452 是 MySQL 异常代码，它对应于 ANSI 标准异常代码 23000。MySQL 异常代码及 ANSI 标准异常间的关系，读者可以参考 MySQL 官方文档。

8.5.2　异常代码重命名

MySQL 为数据库开发人员提供了将近 500 个异常代码，如何记住并区分这些异常代码？最简单的方法就是为每个异常代码重命名。这就好比打电话时，由于无法记住太多的电话号码，更多时候是通过姓名拨打电话。自定义异常触发条件允许数据库开发人员为 MySQL 异常代码或者 ANSI 标准异常代码重命名，语法格式如下。

```
declare 重命名后的异常代码 condition for MySQL 异常代码或者ANSI标准异常代码;
```

8.5.3　自定义异常处理程序说明

重命名后的异常代码及自定义异常处理程序可以在触发器、函数及存储过程中使用。

参与软件项目的多个数据库开发人员，如果每个人都自建一套重命名后的异常代码及异常处理程序，极易造成 MySQL 异常管理混乱。在实际开发过程中，建议数据库开发人员建立清晰的异常处理规范，必要时可以将自定义异常触发条件、自定义异常处理程序封装在一个存储程序中。

习　题

1. 请用触发器实现检查约束："选课系统"中 choose 表的成绩 score 字段要求在 0~100 取值。
2. MySQL 触发器中的触发事件有几种？触发器的触发时间有几种？
3. 创建触发器时，有哪些注意事项？
4. 使用触发器可以实现哪些数据的自动维护？
5. 编写"选课系统"的存储过程，并对其进行调用、测试。
6. 查看存储过程定义的方法有哪些？
7. 请罗列存储过程与函数的区别与联系。

实践任务　触发器、存储过程和异常处理（必做）

1. 目的
（1）掌握使用触发器实现检查约束的方法；
（2）掌握使用触发器维护冗余数据的方法；
（3）掌握使用触发器模拟外键级联选项的方法；
（4）利用存储过程实现"选课系统"中的学生选课功能。
（5）掌握异常处理的执行流程；
（6）掌握自定义异常触发条件的方法；
（7）利用异常处理机制优化"选课系统"中的学生选课功能。

2. 环境
MySQL 服务版本：8.0.15 或 5.7.26。
MySQL 客户机：CMD 命令提示符窗口。

3. 环境准备
打开 CMD 命令提示符窗口，键入如下命令，以 gbk 字符集方式连接 MySQL 服务器。

```
mysql --default-character-set=gbk -h localhost -u root -p
```

输入 root 账户的密码，建立 MySQL 服务器的连接。

4. 内容差异化考核

实践任务所使用的数据库名、表名中应该包含自己的学号或者自己姓名的全拼；所创建触发器名、存储过程名应该包含自己的学号或者自己姓名的全拼；使用的测试数据应该包含自己的学号或者自己姓名的全拼。以某真实学生张三丰为例，添加张三学生测试数据时，张三测试数据应该改为"张三_张三丰"；添加"2012 自动化 1 班"班级测试数据时，班级名测试数据应该改为"2012 自动化 1 班_张三丰"；添加某银行账户"甲"测试数据时，测试数据应该改为"甲_张三丰"。

根据实践任务的完成情况，由学生自己完成知识点的汇总。

场景 1　使用触发器实现检查约束

 本场景利用触发器实现 course 表的 up_limit 字段值在集合（60,150,230）中的取值。为了实现该场景描述，需要创建一个"插入前检查"触发器和一个"修改前检查"触发器。

场景 1 步骤

（1）创建"插入前检查"触发器——up_limit 字段值在集合（60,150,230）中取值。

执行下面的 create trigger 语句，创建名字为 course_insert_before_trigger 的触发器。

```
drop trigger course_insert_before_trigger;
delimiter $$
create trigger course_insert_before_trigger before insert on course for each row
begin
if(new.up_limit=60 || new.up_limit=150 || new.up_limit=230) then
set new.up_limit = new.up_limit;
else signal sqlstate 'ERROR' set message_text = 'up_limit 取值只能是 60、150 和 230';
end if;
end;
$$
delimiter ;
```

 创建的 course_insert_before_trigger 触发器，实现的功能是：向 course 表插入记录前（before），首先检查 up_limit 是否在集合（60,150,230）中取值。如果检查不通过，则产生一个"ERROR"错误。

（2）测试"插入前检查"触发器。

执行下面的两条 insert 语句测试该触发器能否完成任务目标，执行结果如图所示（teacher 表多了一个密码 password 字段）。

```
insert into teacher values('005',md5('005')'田老师','00000000000');
insert into course values(null,'高等数学',20,'暂无','已审核','005',20);
```

```
mysql> insert into teacher values('005',md5('005'),'田老师','00000000000');
Query OK, 1 row affected (0.04 sec)

mysql> insert into course values(null,'高等数学',20,'暂无','已审核','005',20);
ERROR 1644 (ERROR): up_limit 取值只能是 60、150 和 230
```

结论：第一条 insert 语句向 teacher 表插入一条测试记录；第二条 insert 语句向 course 表插入一条记录时，将上课人数上限 up_limit 字段值设置为 20。第二条 insert 语句首先激活 course_insert_before_trigger 触发器运行，由于触发程序中 new.up_limit 的值为 20，因此导致触发程序

"signal sqlstate 'ERROR' set message = 'up_limit 取值只能是 60、150 和 230';" 的运行，从而手动产生一个异常，导致 MySQL 事务回滚，最终回滚了第二条 insert 语句，从而实现了 course 表中 up_limit 字段的检查约束。

 该场景描述触发器的触发时机非常重要，如果将触发时机 before 修改为 after，则无法实现 course 表中 up_limit 字段的检查约束。

 有关事务的概念，请参看后续章节内容。

（3）创建"修改前检查"触发器——up_limit 字段值在集合（60,150,230）中取值。

执行下面的 SQL 语句，创建了 course_update_before_trigger 触发器。

```
delimiter $$
create trigger course_update_before_trigger before update on course for each row
begin
if(new.up_limit!=60 || new.up_limit!=150 || new.up_limit!=230) then
    set new.up_limit = old.up_limit;
end if;
end;
$$
delimiter ;
```

结论：course_insert_before_trigger 触发器负责"插入前"检查，course_update_before_trigger 触发器负责"修改前"检查，确保课程的人数上限 up_limit 在集合（60,150,230）中取值。

 当需要更改某个字段值时，由于触发器中的 for each row 表示更新操作影响的每一条记录都会执行一次触发程序，因此可以直接使用"set new.字段名 = 新值;"的方法修改当前记录的字段值。在触发程序中修改记录时，不要使用 update 语句（因为 update 语句会再次激活该表的 update 触发器，可能导致陷入死循环）。

（4）测试"修改前检查"触发器。

执行下面的 update 语句将所有课程的 up_limit 值修改为 10，执行结果如图所示。从执行结果可以看出，0 条记录发生了变化，这就说明触发器已经起到了检查约束的作用。

```
mysql> update course set up_limit=10;
Query OK, 0 rows affected (0.02 sec)
Rows matched: 4  Changed: 0  Warnings: 0
```

```
update course set up_limit=10;
```

场景 2　使用触发器自动维护冗余数据 available

 本场景依赖于第 7 章实践任务 1 的场景 1，course 表多了一个 available 冗余字段。

场景 2 步骤

（1）执行下面的 SQL 语句创建 choose_insert_before_trigger 触发器。

```
delimiter $$
create trigger choose_insert_before_trigger before insert on choose for each row
begin
update course set available=available-1 where course_no=new.course_no;
```

```
end;
$$
delimiter ;
```

 该触发器实现的功能是，当某位学生选修了某门课程，向 choose 表中的添加一条记录时，该课程 available 的字段值自动执行减一操作。

 在该触发程序中虽然使用了 update 语句，但不会陷入死循环。原因在于，触发器定义在了 choose 表上，而 update 语句修改的是 course 表的记录。

（2）执行下面的 SQL 语句创建 choose_delete_before_trigger 触发器。

```
delimiter $$
create trigger choose_delete_before_trigger before delete on choose for each row
begin
update course set available=available+1 where course_no=old.course_no;
end;
$$
delimiter ;
```

 该触发器实现的功能是，当某位学生放弃选修某门课程，删除 choose 表中的某条记录时，该课程 available 的字段值自动执行加一操作。

结论：冗余的数据需要额外的维护。为了避免数据不一致问题的发生（例如，剩余的学生名额+已选学生人数 ≠ 课程的人数上限），冗余的数据应该尽量避免交由人工维护，建议交由应用系统（如触发器）自动维护。

（3）测试触发器。

执行下面的 SQL 语句测试 choose_insert_before_trigger 以及 choose_delete_before_trigger 触发器，执行结果如图所示。从执行结果可以看出，course_no='2'课程，available 字段发生了变化，这就说明触发器已经起到自动维护冗余数据的作用。

```
select * from course where course_no='2';
delete from choose where student_no='2012001' and course_no='2';
select * from course where course_no='2';
insert into choose values (null,'2012001',2,40,now(),null);
select * from course where course_no='2';
```

```
mysql> select * from course where course_no='2';
+-----------+-------------+----------+-------------+--------+------------+-----------+
| course_no | course_name | up_limit | description | status | teacher_no | available |
+-----------+-------------+----------+-------------+--------+------------+-----------+
|         2 | MySQL数据库  |      150 | 暂无         | 已审核  | 002        |       147 |
+-----------+-------------+----------+-------------+--------+------------+-----------+
1 row in set (0.00 sec)

mysql> delete from choose where student_no='2012001' and course_no='2';
Query OK, 1 row affected (0.04 sec)

mysql> select * from course where course_no='2';
+-----------+-------------+----------+-------------+--------+------------+-----------+
| course_no | course_name | up_limit | description | status | teacher_no | available |
+-----------+-------------+----------+-------------+--------+------------+-----------+
|         2 | MySQL数据库  |      150 | 暂无         | 已审核  | 002        |       148 |
+-----------+-------------+----------+-------------+--------+------------+-----------+
1 row in set (0.00 sec)

mysql> insert into choose values (null,'2012001',2,40,now(),null);
Query OK, 1 row affected (0.04 sec)

mysql> select * from course where course_no='2';
+-----------+-------------+----------+-------------+--------+------------+-----------+
| course_no | course_name | up_limit | description | status | teacher_no | available |
+-----------+-------------+----------+-------------+--------+------------+-----------+
|         2 | MySQL数据库  |      150 | 暂无         | 已审核  | 002        |       147 |
+-----------+-------------+----------+-------------+--------+------------+-----------+
1 row in set (0.00 sec)
```

场景 3　InnoDB 支持外键级联选项功能

说明

"选课系统"中，有些课程选修人数少于30人，为了避免资源浪费，数据库管理员可以删除这些课程信息。课程信息删除后，选修了这些课程的选课信息也应该随之删除，以便相关学生可以选修其他课程。

场景 3 步骤

执行下面的 SQL 语句，首先删除 choose 表与 course 表已有的外键约束关系 choose_course_fk，然后重新创建外键约束关系 choose_course_fk，并添加级联删除选项。

```
alter table choose drop foreign key choose_course_fk;
alter table choose add constraint choose_course_fk foreign key (course_no) references
course(course_no) on delete cascade;
```

结论：对于 InnoDB 存储引擎的表而言，由于支持外键约束，在定义外键约束时，通过设置外键的级联选项 cascade、set null 或者 no action（restrict），外键约束关系可以交由 InnoDB 存储引擎自动维护。上述 SQL 语句实现了级联删除的功能：当删除父表 course 表中的某条课程信息时，级联删除与之对应的选课信息。

场景 4　使用触发器模拟外键级联选项

场景 4 步骤

（1）创建父表和子表。

执行下面的 SQL 语句，创建 test 数据库，并在该数据库中分别创建组织 organization 表（父表）与成员 member 表（子表）。

```
drop database if exists test;
create database if not exists test charset=gbk;
use test;
create table organization(
o_no int not null auto_increment,
o_name varchar(32) default '',
primary key (o_no)
) engine=InnoDB charset=gbk;
create table member(
m_no int not null auto_increment,
m_name varchar(32) default '',
o_no int,
primary key (m_no),
constraint organization_member_fk foreign key (o_no) references organization(o_no)
) engine=InnoDB;
```

说明

这两个表之间虽然创建了外键约束关系，但不存在级联删除选项，本场景使用触发器模拟实现"外键约束"之间的"级联选项"。

（2）向父表和子表中分别添加测试数据。

执行下面的 insert 语句分别向两个表中插入若干条测试数据。

```
insert into organization(o_no, o_name) values
(null, 'o1'),
(null, 'o2');
insert into member(m_no,m_name,o_no) values
```

```
(null, 'm1',1),
(null, 'm2',1),
(null, 'm3',1),
(null, 'm4',2),
(null, 'm5',2);
```

（3）创建触发器。

使用 create trigger 语句创建名字为 organization_delete_before_trigger 的触发器，该触发器实现的功能是：删除 organization 表中的某条组织信息前，首先删除成员 member 表中与之对应的信息。

```
delimiter $$
create trigger organization_delete_before_trigger before delete on organization for each row
begin
delete from member where o_no=old.o_no;
end;
$$
delimiter ;
```

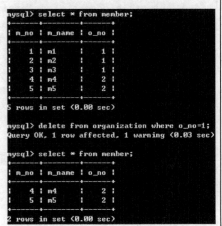

（4）测试触发器。

下面的 SQL 语句，首先，使用 select 语句查询 member 表中的所有记录信息；然后，使用 delete 语句删除 o_no=1 的组织信息；最后，使用 select 语句重新查询 member 表中的所有记录信息，如图所示。

```
select * from member;
delete from organization where o_no=1;
select * from member;
```

场景 5　利用存储过程完成选课系统简单的统计工作

利用视图也可以完成统计工作，但视图无法接收输入参数。存储过程可以接收输入参数。

场景 5 步骤

（1）创建存储过程统计：某工号的教师已经申报了哪些课程。

```
use choose;
delimiter $$
create procedure get_teacher_course_proc(in t_no char(11))
reads sql data
begin
select
course_no,course_name,teacher_name,teacher_contact,status,description
from teacher join course on course.teacher_no=teacher.teacher_no
where teacher.teacher_no=t_no;
end
$$
delimiter ;
```

（2）创建存储过程统计：某学号的学生已经选修了哪些课程。

```
use choose;
delimiter $$
create procedure get_student_course_proc(in s_no char(11))
reads sql data
  begin
  select
```

```
    choose.course_no,course_name,teacher_name,teacher_contact,description,create_time,
    update_time
    from choose join course on course.course_no=choose.course_no
    join teacher on teacher.teacher_no=course.teacher_no
    where student_no=s_no;
    end
    $$
delimiter ;
```

（3）创建存储过程统计：给定一门课程（如 course_no=1 的课程），统计哪些学生选修了这门课程，查询结果先按院系排序，院系相同的按照班级排序，班级相同的按照学号排序。

```
use choose;
delimiter $$
create procedure get_course_student_proc(in c_no int)
reads sql data
begin
select department_name,class_name,student.student_no,student_name,student_contact
from student join classes on student.class_no=classes.class_no
join choose on student.student_no=choose.student_no
where course_no=c_no
order by department_name,class_name,student_no;
end
$$
Delimiter ;
```

场景 6　利用存储过程实现学生的选课功能

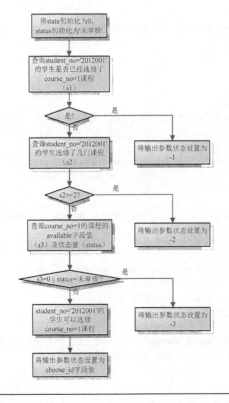

　　由于所有学生的选课业务流程完全相同，有必要将"选课""调课"功能封装成存储过程，为每个学生提供"选课""调课"服务，本场景利用存储过程实现学生的选课功能。

场景 6 步骤

（1）程序分析。

当 student_no='2012001'的学生选修 course_no=1 的课程时，存储过程接收 student_no 和 course_no 输入参数，输出 state 状态码。

从程序流程图中可以看到，为了实现"学生选课"功能，存储过程首先将局部变量 state 的值初始化为 0（state 用于标记选课的状态码），将局部变量 status 的值初始化为"未审核"；接着判断 student_no=1 的学生是否已经选修了 course_no=1 课程，如果已经选修了 course_no=1 课程，则将状态码 state 设置为-1；接着判断 student_no= '2012001'的学生已经选修了几门课程，如果已经选修了两门课程，则将状态码 state 设置为-2；然后判断 course_no=1 课程的状态是否已经审核，是否已经报满（available 字段值为 0 表示报满），如果课程未审核，或者课程已经报满（available 字段值为 0），则将状态码 state 设置为-3。只有状态值 state 的值等于 0 时，该学生才可以选修 course_no=1 课程，并将状态码 state 设置为 choose 表的 last_insert_id()值。

（2）创建存储过程实现"选课系统"中的学生选课功能。

下面的 SQL 语句创建了名字为 choose_proc()的存储过程，该存储过程接收学生学号（s_no）及课程号（c_no）为输入参数，经过存储过程一系列的处理，返回状态码 state。如果状态码 state 的值大于 0，则说明学生选课成功；如果状态码 state 的值等于-1，则意味着该学生之前已经选修了该门课程；如果状态码 state 的值等于-2，则意味着该学生已经选修了两门课程；如果状态码 state 的值等于-3，则意味着该门课程未通过审核或者已经报满。

```
use choose;
delimiter $$
create procedure choose_proc(in s_no char(11) character set gbk,in c_no int,out state
int)
modifies sql data
begin
    declare s1 int;
    declare s2 int;
    declare s3 int;
    declare status char(8) character set gbk;
    set state= 0;
    set status='未审核';
    select count(*) into s1 from choose where student_no=s_no and course_no=c_no;
    if(s1>=1) then
        set state = -1;
    else
        select count(*) into s2 from choose where student_no=s_no;
        if(s2>=2) then
            set state = -2;
        else
            select state into status from course where course_no=c_no;
            select available into s3 from course where course_no=c_no;
            if(s3=0 || status='未审核') then
                set state = -3;
            else
                insert into choose(student_no,course_no) values(s_no, c_no);
                set state = last_insert_id();
            end if;
        end if;
    end if;
end
$$
delimiter ;
```

（3）测试存储过程。

下面的 MySQL 语句负责调用 choose_proc()存储过程，并对该存储过程进行简单的测试。查看 choose 表的所有记录，如图所示。从图中可以看出，学号 2012003 的学生只选修了 course_no 等于 1 的课程（该课程已经审核）。

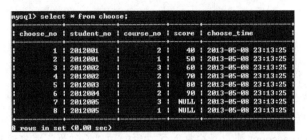

执行下面的 MySQL 代码，学号 2012003 的学生依次选修了 course_no 等于 1、2、3 的课程，返回的状态信息分别是-1、10、-2，如图所示。

```
set @state = 0;
call choose_proc('2012003',1,@state);
select @state;
call choose_proc('2012003',2,@state);
select @state;
call choose_proc('2012003',3,@state);
select @state;
```

如果某个学生成功选修了某门课程，那么 choose_proc()存储过程中的 insert 语句将被执行，该 insert 语句将触发 choose 表的 choose_insert_before_trigger 触发器运行，该触发器自动维护 course 表 available 字段的值。

场景 7　程序出现异常带来的问题——以银行转账业务为例

对于银行系统而言，转账业务是银行最基本、最常用的业务，有必要将"转账业务"封装成存储过程，完成两个账户间的转账。假设某个银行存在两个借记卡账户（account）甲与乙，并且要求这两个借记卡账户不能用于透支，即两个账户的余额（balance）不能小于零。

场景 7 步骤

（1）创建 account 账户表，存储引擎设置为 InnoDB 存储引擎，字符集设置为 gbk。

account_no 字段是账户表的主键，其值由 MySQL 自动生成；account_name 字段是账户名；balance 字段是余额，由于余额不能为负数，将其定义为无符号数。

```
drop database if exists test;
create database test;
use test;
create table account(
account_no int auto_increment primary key,
account_name char(10) not null,
balance int unsigned
) engine=innodb character set gbk;
```

（2）添加测试数据。

下面的 SQL 语句向 account 账户表中插入了"甲"和"乙"两条账户信息，余额都是 1000 元。

```
insert into account values(null,'甲',1000);
insert into account values(null,'乙',1000);
```

（3）创建存储过程。

下面的 MySQL 代码创建了 transfer_proc()存储过程，将 from_account 账户的 money 金额转账到 to_account 账户中，继而实现两个账户之间的转账业务。

```
delimiter $$
create procedure transfer_proc(in from_account int,in to_account int,in money int)
modifies sql data
begin
update account set balance=balance+money where account_no=to_account;
update account set balance=balance-money where account_no=from_account;
end
$$
delimiter ;
```

（4）测试存储过程。

下面的 MySQL 代码，首先调用了 transfer_proc()存储过程，将账户"甲"的 800 元转账到了"乙"账户中；然后，查询账户表中的所有账户信息，执行结果如图所示。此时两个账户的余额之和为 2000 元。

```
call transfer_proc(1,2,800);
select * from account;
```

（5）再次测试存储过程。

再次调用 transfer_proc()存储过程，将账户"甲"的 800 元转账到 "乙"账户中。

```
call transfer_proc(1,2,800);
select * from account;
```

第二次转账时，甲的账户余额 200 元减去 800 元，由于账户余额不能为负数，产生了图中所示的异常代码 1690 对应的错误信息。然后查询账户表中的所有账户信息，执行结果如图所示。

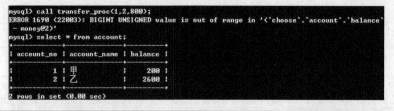

结论：第二次转账后，程序执行出现异常，甲、乙账户总额由 2000 元，变成了 2800 元，第二次转账前后甲乙账户总额数据不一致。数据不一致问题产生的原因是：异常产生后，没有对异常进行处理。

场景 8　异常处理类型 exit

场景 8 步骤

（1）重新执行场景 7 的步骤（1）和步骤（2）。

（2）重写 transfer_proc 存储过程代码。

编写异常处理程序，处理 MySQL 异常代码 1690。本场景使用 exit 异常处理类型处理异常。

```
drop procedure if exists transfer_proc;
delimiter $$
create procedure transfer_proc(in from_account int,in to_account int,in money int)
modifies sql data
begin
declare exit handler for 1690
begin
select '转账失败';
end;
select 'A';
update account set balance=balance+money where account_no=to_account;
select 'B';
update account set balance=balance-money where account_no=from_account;
select 'C';
end
$$
delimiter ;
```

代码片段 "declare exit handler for 1690" 可以替换成代码片段 "declare exit handler for sqlstate '22003'"，这是由于 MySQL 异常代码 1690 实际上对应于 ANSI 标准异常代码 '22003'。

（3）重新执行场景 7 的步骤（4）。重新执行场景 1 的步骤（5），执行结果如图所示。

第二次转账时，程序执行出现异常，引入异常处理机制，打印了"转账错误"，甲乙账户总额由 2000 元，变成了 2800 元，第二次转账前后甲乙账户总额数据不一致。

结论：程序在执行过程中出错后，exit 异常处理类型，使得程序执行完异常处理程序后，立即终止后续程序的运行。虽然处理了异常，但处理方法不正确，仅仅依靠异常处理机制，无法保证数据的一致性。

场景 9　异常处理类型 continue
场景 9 步骤

（1）重新执行场景 7 的步骤 1 和步骤 2。

（2）重写 transfer_proc 存储过程代码。

编写异常处理程序，处理 MySQL 异常代码 1690。本场景使用 continue 异常处理类型处理异常。

```
drop procedure if exists transfer_proc;
delimiter $$
create procedure transfer_proc(in from_account int,in to_account int,in money int)
modifies sql data
begin
declare continue handler for 1690
begin
    select '转账失败';
end;
select 'A';
update account set balance=balance+money where account_no=to_account;
select 'B';
update account set balance=balance-money where account_no=from_account;
select 'C';
end
$$
delimiter ;
```

（3）重新执行场景 7 的步骤（4）。重新执行场景 7 的步骤（5），执行结果如图所示。

结论：程序在执行过程中出错后，continue 异常处理类型，使得程序执行完异常处理程序后，继续执行后续程序的运行。虽然处理了异常，但处理方法不正确，仅仅依靠异常处理机制，无法保证数据的一致性。

场景 10　异常代码重命名
场景 10 步骤

（1）场景 9 中步骤（2）的 transfer_proc 存储过程，可以替换为如下代码，将 ANSI 标准异常代码'22003'重命名为 out_of_range_error。

```
drop procedure if exists transfer_proc;
delimiter $$
create procedure transfer_proc(in from_account int,in to_account int,in money int)
modifies sql data
begin
declare out_of_range_error condition for sqlstate '22003';
declare continue handler for out_of_range_error
begin
```

```
  select '转账失败';
end;
select 'A';
update account set balance=balance+money where account_no=to_account;
select 'B';
update account set balance=balance-money where account_no=from_account;
select 'C';
end
$$
delimiter ;
```

（2）替换场景 9 的步骤（2）后，重新执行场景 9 的所有步骤。

场景 11　signal 的简单使用——除数不能为 0

 　signal 用于手动 "抛出" 一个异常。较为常用的语法格式为。

　　signal sqlstate 'ERROR' set message_text = '错误信息';

场景 11 步骤

（1）创建存储过程，除数为零时，出现异常。

```
drop procedure if exists p;
delimiter $$
create procedure p (in a int , in  b int,out c float)
begin
if b= 0 then signal sqlstate 'ERROR' set message_text = '零不能做除数';
end if;
set c = a/b;
end;
$$
Delimiter ;
```

（2）测试存储过程

执行下列语句，执行结果如图所示。

```
call p(1,0,@result);
```

```
mysql> call p(1,0,@result);
ERROR 1644 <ERROR>: 零不能做除数
```

场景 12　异常处理机制在 "选课系统" 中的应用
场景 12 步骤

（1）重新测试选课存储过程 choose_proc。

```
set @state = 0;
use choose
call choose_proc('2012010',1,@state);
select @state;
```

由于学生表中不存在学号 2012010 的记录，让该生选择课程 1，执行结果如图所示。

```
mysql> set @state = 0;
Query OK, 0 rows affected (0.00 sec)

mysql> call choose_proc('2012010',1,@state);
ERROR 1452 (23000): Cannot add or update a child row: a foreign key constraint fails ('choo
se`.`choose`, CONSTRAINT `choose_student_fk` FOREIGN KEY (`student_no`) REFERENCES `student
` (`student_no`))
mysql> select @state;
+--------+
| @state |
+--------+
|      0 |
+--------+
1 row in set (0.00 sec)
```

分析：从执行结果可以看出，向 choose 表中插入的新记录时（student_no='2012010'）违背了外键约束，存储过程抛出 "ERROR 1452" 异常信息。

（2）删除存储过程 choose_proc()，并重建该存储过程。

重建的 choose_proc() 存储过程对 "外键约束异常" 进行了处理：产生异常后，执行异常处理程序，将状态码 state 设置为-4，然后终止后续程序的运行。

```
drop procedure if exists choose_proc;
delimiter $$
create procedure choose_proc(in s_no char(11) character set gbk,in c_no int,out state int)
modifies sql data
begin
    declare s1 int;
    declare s2 int;
    declare s3 int;
    declare status char(8) character set gbk;
    declare exit handler for 1452
        begin
            set state = -4;
        end;
    set state= 0;
    set status='未审核';
    select count(*) into s1 from choose where student_no=s_no and course_no=c_no;
    if(s1>=1) then
        set state = -1;
    else
        select count(*) into s2 from choose where student_no=s_no;
        if(s2>=2) then
            set state = -2;
        else
            select state into status from course where course_no=c_no;
            select available into s3 from course where course_no=c_no;
            if(s3=0 || status='未审核') then
                set state = -3;
            else
                insert into choose(student_no,course_no) values(s_no, c_no);
                set state = last_insert_id();
            end if;
        end if;
    end if;
end
$$
delimiter ;
```

（3）重新执行步骤（1），测试选课存储过程 choose_proc，执行结果如图所示。

结论：当状态 state 值等于-4 时，说明存储过程出现了 "ERROR 1452"，异常处理程序处理了该异常。

```
mysql> set @state = 0;
Query OK, 0 rows affected (0.00 sec)

mysql> call choose_proc('2012010',1,@state);
Query OK, 0 rows affected (0.07 sec)

mysql> select @state;
+--------+
| @state |
+--------+
|     -4 |
+--------+
1 row in set (0.00 sec)
```

第9章
事务机制与锁机制

对于数据库管理系统而言，事务机制与锁机制是实现数据一致性与并发性的基石。本章探讨了数据库中事务机制与锁机制的必要性以及事务的隔离级别，讲解了如何在数据库中使用事务机制与锁机制实现数据的一致性和并发性，并结合"选课系统"讲解事务机制与锁机制在该系统中的应用。通过本章的学习，希望读者了解事务机制与锁机制的重要性，掌握使用事务机制和锁机制实现多用户并发访问的相关知识。

9.1 事务机制

事务通常包含一系列更新操作，这些更新操作是一个不可分割的逻辑工作单元。如果事务成功执行，那么该事务中所有的更新操作都会成功执行，并将执行结果提交到数据库文件中，成为数据库永久的组成部分。如果事务中某个更新操作执行失败，那么事务中的所有更新操作均被撤销。简而言之：事务中的更新操作要么都执行，要么都不执行。

本章所指的更新语句或更新操作主要是 update、insert 及 delete 等语句。

9.1.1 重现数据不一致问题

在"触发器、存储过程和异常处理"实践任务中得出结论：仅仅依靠异常处理机制，无法保证数据的一致性，无法从根本上解决银行转账业务数据不一致的问题。

如果有一种机制：将 transfer_proc()存储过程的两条 update 语句绑定到一起，让它们成为一个"原子性"的操作：两条 update 语句要么都执行，要么都不执行。这样就可以避免出现数据不一致的问题。事务机制就是这样一种机制。

9.1.2 问题分析与解决问题思路

默认情况下，MySQL 开启了自动提交（auto_increment）功能，这就意味着，之前章节编写的任意一条更新语句，一旦发送到 MySQL 服务器，MySQL 服务实例会立即解析、执行，并将更新结果提交到数据库文件中，成为数据库永久的组成部分。

以转账存储过程 transfer_proc()为例，该存储过程包含两条 update 语句，第一条 update 语句执行"加法"运算，第二条 update 语句执行"减法"运算。由于 MySQL 默认情况下开启了自动提交功能，因此第二条 update 语句无论执行成功还是失败，都不会影响第一条 update 语句的成功执行。如果第一条 update 语句成功执行，而第二条 update 语句执行失败，那么最终将导致数据不一致问题的发生。

解决问题的思路：关闭自动提交，当第二条 update 语句执行失败，回滚第一条 update 语句的执行；当第二条 update 语句执行成功，提交两条 update 语句的执行结果。

9.1.3 关闭自动提交、回滚、提交

MySQL 关闭自动提交功能的方法有两种：显式地关闭自动提交功能和隐式地关闭自动提交功能。

方法一：执行命令"set autocommit=0;"可以显式地关闭自动提交功能。系统变量 autocommit 定义了自动提交方式，默认值是 ON 或者 1，表示 MySQL 开启自动提交功能。

方法二：执行命令"start transaction;"可以隐式地关闭自动提交功能。该方法不需要修改系统变量 autocommit 的值。

关闭自动提交功能后，数据更新操作全部在内存中进行，要想让"更新"永久地保存在外存，数据库开发人员可以视具体情况选择提交操作还是回滚操作。

以转账存储过程 transfer_proc()为例，关闭自动提交功能后，可能出现如下情况中的一种。

假设 1：如果第二条 update 语句执行失败，数据库开发人员可以回滚（也叫撤销）更新操作。当然，回滚到第一条 update 语句前，还是第一条 update 语句后，由开发人员决定。MySQL 的回滚命令是 rollback。

假设 2：如果第二条 update 语句执行成功，数据库开发人员可以提交（也叫撤销）更新操作。当然，提交到第一条 update 语句前，第一条 update 语句后，还是第二条 update 语句后，由开发人员决定。MySQL 的提交命令是 commit。

关闭自动提交功能的方法有两种，究竟应该选择哪种方法呢？读者可以对比表 9-1 所示的两种方法，第一种方法是通过修改系统变量的值关闭自动提交功能，在更新操作后，还需要重置系统变量 autocommit 的值；第二种方法，无须重置系统变量 autocommit 的值。通过对比，推荐第二种方法，这也是 MySQL 官方文档推荐的方法。

表 9-1　　　　　　　　　　　　关闭自动提交功能的两种方法对比

方法一：显式地关闭自动提交（不推荐）功能	方法二：开启事务，隐式地关闭自动提交功能（推荐）

set_autocommit = 0;
更新语句 1；
更新语句 2；
更新语句 3；
commit;
set_autocommit = 1;
	start transaction;
	更新语句 1；
	更新语句 2；
	更新语句 3；
	commit;

但无论选择第一种还是第二种方法，请读者切记：自动提交功能一旦关闭，数据库开发人员需要"手动提交"或者"手动回滚"，否则更新不会提交到数据库文件中，不会成为数据库永久的组成部分。

9.1.4 保存点

以转账存储过程 transfer_proc()为例，关闭自动提交功能后，两条 update 语句的执行结果可能有三种状态：第一条 update 语句前的状态（状态 A），第一条 update 语句后的状态（状态 B），第

二条 update 语句后的状态（状态 C）。保存点（也叫检查点）用于记录更新结果的可能性状态，命令 "savepoint 保存点名;" 用于设置保存点。

命令 "rollback to savepoint 保存点名;" 用于将事务回滚到某个保存点状态，而保存点状态仅仅是一个 "临时状态"，数据库开发人员必须手动 "提交" 或 "回滚"，"临时状态" 才能变成最终状态，更新才会永久性地记入数据库。保存点实现了事务的 "部分" 提交。

删除保存点需要使用 "release savepoint 保存点名;"。如果该保存点不存在，则该命令将出现错误信息：ERROR 1305 (42000): SAVEPOINT does not exist。如果当前的事务中存在两个相同名字的保存点，则旧保存点将被自动丢弃。

9.1.5　事务的用法

包含有保存点的事务处理，典型的使用方法如图 9-1 所示。需要说明的是，commit 将事务提交到最近一次保存点状态，rollback 将事务回滚到开启事务前的状态，而 "rollback to savepoint 保存点名;" 将事务回滚到某个保存点，但并不能结束一个事务。

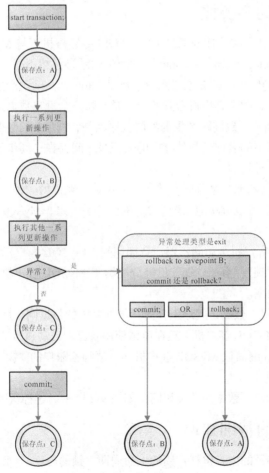

图 9-1　典型的事务处理使用方法

9.1.6　隐式提交

提交事务分为显式提交事务和隐式提交事务。使用 commit 可以显式提交事务。下面的命令，可以实现事务的隐式提交。

begin、set autocommit=1、start transaction、rename table、truncate table 等语句；数据定义（create、alter、drop）语句，例如，create database、create table、create index、create function、create procedure、alter table、alter function、alter procedure、drop database、drop table、drop function、drop index、drop procedure 等语句；权限管理和账户管理语句，例如，grant、revoke、set password、create user、drop user、rename user 等语句；锁语句，例如，lock tables、unlock tables 语句。

数据库开发人员应该尽可能地避免在事务中使用上述命令，避免隐式提交事务。

9.2　InnoDB 锁

事务机制保证了一系列更新操作的原子性，然而，仅靠事务机制，无法实现数据的多用户并发访问问题。数据库必须引入另一种机制，锁机制是 MySQL 实现多用户并发访问的基石。

9.2.1　锁机制的必要性

在"事务机制和锁机制"实践任务场景 1 中，MySQL 客户机 1 与 MySQL 客户机 2 最后一次执行同一条 SQL 语句 "select * from account;" 时产生的结果截然不同：MySQL 客户机 1 上乙账户余额是 2600 元；MySQL 客户机 2 上乙账户余额是 1800 元。问题产生的原因在于，两个客户机访问的不是同一个数据，两个客户机看到的分别是乙账户余额在数据库服务器内存中的两个不同"副本"，造成这种数据不一致问题产生的深层次原因是，内存中的数据与外存中的数据不同步造成的（或者说是由内存中的表记录与外存中的表记录之间存在"同步延迟"造成的）。

如果存在如下这样一种机制。

MySQL 客户机 1 访问乙账户余额时，首先需要申请乙账户的"锁"，由于其他客户机没有使用该"锁"，因此该"锁"可以成功地分配给 MySQL 客户机 1，MySQL 客户机 1 可以继续访问乙账户余额。

其次，就在 MySQL 客户机 1 访问乙账户余额期间，MySQL 客户机 2 突然造访乙账户余额，同样需要申请乙账户的"锁"，由于"锁"已经分配给了 MySQL 客户机 1，MySQL 客户机 2 访问乙账户余额的操作被阻塞。

最后，MySQL 客户机 1 数据访问结束，内存与外存中的数据同步后，MySQL 客户机 1 释放该"锁"；"锁"检测到 MySQL 客户机 2 正在申请使用自己，自动执行"解锁"程序、"唤醒"被阻塞的 MySQL 客户机 2，继而让 MySQL 客户机 2 申请到乙账户的"锁"，MySQL 客户机 2 可以继续访问乙账户余额。

这样就可以实现多用户下数据的并发访问，如图 9-2 所示。这种机制就是锁机制。

9.2.2　锁机制的基础知识

简单地说，锁机制涉及的内容包括：锁的生命周期、锁的粒度、读锁与写锁、解锁、隐式锁与显式锁等。

1. 锁的生命周期

锁是一种资源，锁的使用过程是：申请锁、持有锁（为方便描述，本书将它称为加锁）、释放锁。锁的生命周期，是从申请锁，到最后释放锁之间的时间间隔，它定义了锁的时间作用范围。

锁的生命周期越长，并发访问性能就越低；锁的生命周期越短，并发访问性能就越高。另外，锁是数据库管理系统重要的数据库资源，需要耗费一定的服务器内存，锁的生命周期越长，该锁占用服务器内存的时间间隔就越长；锁的生命周期越短，该锁占用服务器内存的时间间隔就越短。因此，为了节省服务器资源，数据库开发人员必须尽可能地缩短锁的生命周期。

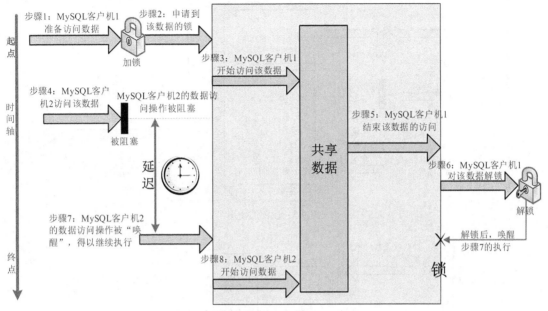

图 9-2　多用户下数据并发访问的实现原理

2. 锁的粒度

锁的粒度是指锁的空间作用范围。MySQL 中锁的粒度可以分为服务器级锁（server-level locking）和存储引擎级锁（storage-engine-level locking）。

服务器级锁是以服务器为单位进行加锁，服务器级锁与表的存储引擎无关。MySQL 命令"flush tables with read lock;"锁定当前 MySQL 服务进程，该锁是服务器级锁，并且是"读锁"。MySQL 命令 "unlock tables;" 释放服务器级读锁。

存储引擎级锁分为 MyISAM 锁和 InnoDB 锁（本书不讨论 MyISAM 锁）。InnoDB 锁的粒度又可以细分为表级锁和行级锁。表级锁是以表为单位进行加锁，行级锁是以记录为单位进行加锁。

3. 读锁和写锁

按照数据的读写类型，锁分为读锁（read lock）和写锁（write lock）。

读锁（read lock）：如果 MySQL 客户机 1 对某个数据施加了读锁，加锁期间允许其他 MySQL 客户机（如 MySQL 客户机 2）对该数据施加读锁，但会阻塞其他 MySQL 客户机（如 MySQL 客户机 3）对该数据施加写锁，除非 MySQL 客户机 1 释放该数据的读锁。简而言之，读锁允许其他 MySQL 客户机对数据同时"读"，但不允许其他 MySQL 客户机对数据任何"写"（见图 9-3）。读锁分为服务器级读锁、表级读锁和行级读锁。

写锁（write lock）：如果 MySQL 客户机 1 对某个数据施加了写锁，加锁期间会阻塞其他 MySQL 客户机（如 MySQL 客户机 2）对该数据施加读锁以及写锁，除非 MySQL 客户机 1 释放该数据的写锁。简而言之，写锁不允许其他 MySQL 客户机对数据同时"读"，也不允许其他 MySQL 客户机对数据同时"写"（见图 9-4）。写锁分为表级写锁以及行级写锁。

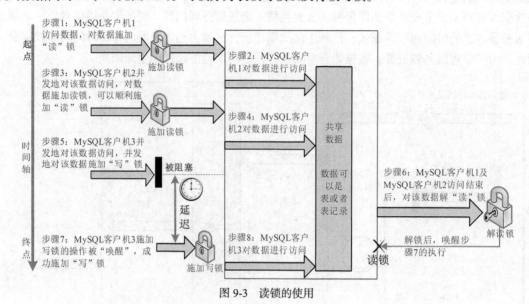

图 9-3　读锁的使用

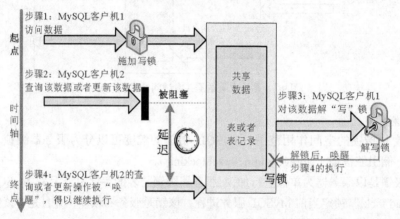

图 9-4　写锁的使用

4. 解锁

MySQL 客户机 1 对数据施加了锁，那么只有 MySQL 客户机 1 拥有这把锁的"钥匙"，只有 MySQL 客户机 1 能够释放该锁。

5. 隐式锁与显式锁

按照是否手动加锁、解锁，锁分为隐式锁和显式锁。隐式锁由数据库管理系统自动维护，无须数据库开发人员手动加锁、解锁（包括粒度、加锁类型、加锁时机、解锁时机等）。

显式锁由数据库开发人员手动加锁、解锁。对于显式锁而言，数据库开发人员不仅需要确定锁的粒度，还需要确定锁的加锁时机（何时加锁）、解锁时机（何时解锁）和锁的类型。

小结：服务器级锁的粒度最大，表级锁的粒度次之，行级锁的粒度最小。锁粒度越小，越适合做并发更新操作；锁粒度越大，越适合做并发读操作。对于"选课系统"而言，系统需要同时为多名同学提供选课、调课、退课等数据更新服务，锁的粒度尽量缩小，"选课系统"数据库应该选用行级锁。

9.2.3　InnoDB 表的行级锁

InnoDB 表提供了两种类型的行级锁，分别是共享锁（S，也叫 shared lock）和排他锁（X，也叫 exclusive lock），其中共享锁实际上是读锁，排他锁是写锁。在查询（select）语句或者更新（insert、update 以及 delete）语句中，InnoDB 为受影响的记录施加行级锁。语法格式如下。

（1）在查询（select）语句中，为符合查询条件的记录施加共享锁，语法格式如下所示。

```
select * from 表 where 条件语句 lock in share mode;
```

（2）在查询（select）语句中，为符合查询条件的记录施加排他锁，语法格式如下所示。

```
select * from 表 where 条件语句 for update;
```

（3）在更新（insert、update 和 delete）语句中，InnoDB 表将符合更新条件的记录自动施加排他锁（隐式排他锁），也就是说，InnoDB 表自动地为更新语句受影响的记录施加隐式排他锁。

MySQL 客户机 1 使用 "select * from 表 where 条件语句 lock in share mode;" 为 InnoDB 表中符合条件语句的记录施加共享锁后，加锁期间，MySQL 客户机 1 可以对该表的所有记录进行查询及更新操作。加锁期间，MySQL 客户机 2 可以查询该表的所有记录（甚至施加共享锁），可以更新不符合条件语句的记录，然而为符合条件语句的记录施加排他锁时将被阻塞。

MySQL 客户机 1 使用 "select * from 表 where 条件语句 for update;" 或者更新语句（例如，insert、update 及 delete）为 InnoDB 表中符合条件语句的记录施加排他锁后，加锁期间，MySQL 客户机 1 可以对该表的所有记录进行查询及更新操作。加锁期间，MySQL 客户机 2 可以查询该表的所有记录，可以更新不符合条件语句的记录，然而为符合条件语句的记录施加共享锁或者排他锁时将被阻塞。

行级锁与后续操作之间的关系如表 9-2 所示。

表 9-2　行级锁与后续操作之间的关系

关系	加锁期间 MySQL 客户机 1 对该表进行后续查询或者更新操作	加锁期间 MySQL 客户机 2 对这些记录进行后续操作				加锁期间 MySQL 客户机 2 对其他记录进行后续操作
		仅仅查询操作	查询操作（共享锁）	查询操作（排他锁）	更新操作（排他锁）	
MySQL 客户机 1 对某些记录施加共享锁	继续执行	继续执行	继续执行	被阻塞	被阻塞	继续执行
MySQL 客户机 1 对某些记录施加排他锁		继续执行	被阻塞	被阻塞	被阻塞	继续执行

9.2.4　InnoDB 锁与索引之间的关系

InnoDB 表的行级锁是通过对"索引"施加锁的方式实现的，这就意味着，只有通过索引字段检索数据的查询语句或者更新语句，才可能施加行级锁；否则 InnoDB 锁的粒度将从行级锁升级为表级锁。而使用表级锁势必会降低 InnoDB 表的并发访问性能。

按照事务的隔离级别进行划分，InnoDB 行级锁又分成记录锁和间隙锁。

事务的隔离级别设置为 repeatable read 或 serializable 时，为 InnoDB 表施加行级锁，当检索条件为某个区间范围时，满足该区间范围，但表中不存在的记录也会存在共享锁或排他锁，即行级锁会锁定相邻的键，这种锁机制就是间隙锁。

事务的隔离级别设置为 read committed 或 read uncommitted 时，为 InnoDB 表施加行级锁，默认情况下使用记录锁。与间隙锁不同，记录锁仅仅为存在的记录施加共享锁或排他锁。

说明　　InnoDB 存储引擎默认的事务隔离级别为 repeatable read。

9.2.5　死锁

考虑如下场景："甲"在银行柜台前通过 MySQL 客户机 1 将"甲"账户（account_no=1）的部分金额（如 1000 元）转账给"乙"账户的"同时"，"乙"在银行柜台前通过 MySQL 客户机 2 将"乙"账户（account_no=2）的部分金额（如 500 元）转账给"甲"账户，通过 MySQL 客户机 1 及 MySQL 客户机 2 实现转账业务时都需要调用 transfer_proc()存储过程。假设甲的转账存储过程与乙的转账存储过程的执行过程如图 9-5 所示，两个 transfer_proc()存储过程正在分时、并发、交替运行，请读者注意每条语句执行的先后顺序。

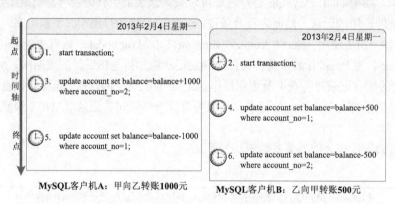

图 9-5　两个账户并发、互相转账

注意　　现实生活中，这种假设存在的可能性微乎其微，但即便这样，数据库开发人员也需要防止这种低概率事件的发生。

步骤 3 后，MySQL 客户机 1 首先获得了"乙"账户的排他锁；步骤 4 后，MySQL 客户机 2 获得了"甲"账户的排他锁。为了实现转账业务，MySQL 客户机 1 接着申请"甲"账户的排他锁（步骤 5），此时需要等待 MySQL 客户机 2 释放"甲"账户的排他锁，产生"锁等待"现象（被阻塞），注意此时并没有产生死锁问题。为了实现转账业务，MySQL 客户机 2 接着申请"乙"账户的排他锁（步骤 6），当 MySQL 客户机 2 申请"乙"账户的排他锁时，形成一个"环路等待"，此时进入死锁状态，如图 9-6 所示。

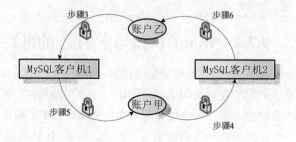

图 9-6　死锁

说明 1：默认情况下，InnoDB 存储引擎会自动检测死锁，通过比较参与死锁问题的事务权重，继而选择权重值最小的事务进行回滚，并释放锁，以便其他事务获得锁，继续完成事务。

说明 2：默认情况下，InnoDB 存储引擎一旦出现锁等待超时异常问题，InnoDB 存储引擎既不会提交事务，也不会回滚事务，而这是十分危险的。数据库开发人员应该自定义异常处理程序，手动选择是进一步提交事务还是回滚事务。

9.2.6　InnoDB 表的意向锁

InnoDB 表既支持行级锁，又支持表级锁。考虑如下场景：MySQL 客户机 1 获得了某个 InnoDB 表中若干条记录的行级锁，此时，MySQL 客户机 2 出于某种原因需要向该表显式地施加表级锁（使用 lock tables 命令即可），为了获得该表的表级锁，MySQL 客户机 2 需要逐行检测表中是否存在行级锁，而这种检测需要耗费大量的服务器资源。

试想：如果 MySQL 客户机 1 获得该表若干条记录的行级锁之前，MySQL 客户机 1 直接向该表施加一个"表级锁"（这个表级锁是隐式的，也叫意向锁），MySQL 客户机 2 仅仅需要检测自己的表级锁与该意向锁是否兼容，无须逐行检测该表是否存在行级锁，这样就会节省不少服务器资源，如图 9-7 所示。

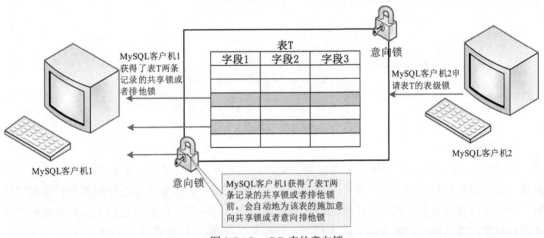

图 9-7　InnoDB 表的意向锁

由此可以看出，引入意向锁的目的是为了方便检测表级锁与行级锁之间是否兼容。意向锁是隐式的表级锁，数据库开发人员向 InnoDB 表的某些记录施加行级锁时，InnoDB 存储引擎首先会自动地向该表施加意向锁，然后再施加行级锁，意向锁无须数据库开发人员维护。MySQL 提供了两种意向锁：意向共享锁（IS）和意向排他锁（IX）。

意向共享锁（IS）：向 InnoDB 表的某些记录施加行级共享锁时，InnoDB 存储引擎会自动地向该表施加意向共享锁（IS）。也就是说，执行"select * from 表 where 条件语句 lock in share mode;"后，InnoDB 存储引擎在为表中符合条件语句的记录施加共享锁前，InnoDB 会自动地为该表施加意向共享锁（IS）。

意向排他锁（IX）：向 InnoDB 表的某些记录施加行级排他锁时，InnoDB 存储引擎会自动地向该表施加意向排他锁（IX）。也就是说，执行更新语句（例如，insert、update 或者 delete 语句）或者"select * from 表 where 条件语句 for update;"后，InnoDB 存储引擎在为表中符合条件语句的记录施加排他锁前，InnoDB 会自动地为该表施加意向排他锁（IX）。

意向锁虽是表级锁，表示的却是事务正在查询或更新某一行记录，而不是整个表，因此，意向锁之间不会产生冲突。

每执行一条 "select…lock in share mode" 语句，该 select 语句在执行期间自动地施加意向共享锁，执行完毕后，意向共享锁会自动解锁，因此，意向共享锁的生命周期非常短暂，且不受人为控制；意向排他锁也是如此。

9.3　事务的隔离级别⁺

事务的首要任务是保证一系列更新语句的原子性，锁的首要任务是解决多用户并发访问可能导致的数据不一致问题。事务的隔离级别是对锁机制的封装，是事务并发控制的整体解决方案，是综合利用各种类型的锁机制解决并发问题的整体解决方案。

9.3.1　事务的 ACID 特性

事务的 ACID 特性由原子性（atomicity）、一致性（consistency）、隔离性（isolation）和持久性（durabilily）4 个英文单词的首字母组成，如图 9-8 所示。

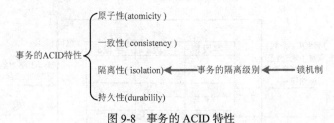

图 9-8　事务的 ACID 特性

1. 原子性

原子性（atomicity）用于标识事务是否完全地完成。一个事务的任何更新都要在系统上完全完成，如果由于某种原因出错，事务不能完成它的全部任务，那么系统将返回到事务开始前的状态。回顾银行转账业务，如果在转账的过程中出现错误，那么整个事务将被回滚。只有事务中的所有修改操作成功执行，事务的更新才被写入外存（如硬盘），并使更新永久化。

2. 一致性

事务的一致性（consistency）保证了事务完成后，数据库能够处于一致性状态。如果事务执行过程中出现异常，那么数据库中的所有变化将自动地回滚，回滚到另一种一致性状态。回顾银行转账业务，在转账前，两个账户处于某个初始状态（一致性状态），如果转账成功，则两个账户处于新的一致性状态。如果转账失败，那么事务将被回滚到初始状态（一致性状态）。

3. 隔离性

同一时刻执行多个事务时，一个事务的执行不能被其他事务干扰。事务的隔离性（isolation）确保多个事务并发访问数据时，各个事务不能相互干扰，好像只有自己在访问数据。事务的隔离性通过事务的隔离级别实现，而事务的隔离级别则是通过锁机制实现。不同种类的事务隔离级别使用的锁机制也不相同，我们可以这样认为，事务是对一系列更新操作的封装（保证了多个更新操作的原子性），事务的隔离级别是对锁机制的封装（保证了多个事务可以并发地访问数据）。

4. 持久性

持久性（durabilily）意味着事务一旦成功执行，在系统中产生的所有变化将是永久的。回顾银行转账业务，无论转账成功还是失败，资金的转移将永久地保存在数据库的服务器硬盘中。

9.3.2　事务的隔离级别与并发问题

事务的隔离级别是事务并发控制的整体解决方案，是综合利用各种类型的锁机制解决并发问题的整体解决方案。SQL 标准定义了 4 种隔离级别：读取未提交的数据（read uncommitted）、读取提交的数据（read committed）、可重复读（repeatable read）及串行化（serializable）。4 种隔离级别逐渐增强，其中，read uncommitted 的隔离级别最低，serializable 的隔离级别最高。

1. 读取未提交的数据

在该隔离级别，所有事务都可以看到其他未提交事务的执行结果。该隔离级别很少用于实际应用，并且它的性能也不优于其他隔离级别。

2. 读取提交的数据

这是大多数数据库系统的默认隔离级别（但不是 InnoDB 默认的）。它满足了隔离的简单定义：一个事务只能看见已提交事务所做的改变。

3. 可重复读

这是 InnoDB 默认的事务隔离级别，它确保在同一事务内相同的查询语句的执行结果一致。

4. 串行化

这是最高的隔离级别，它通过强制事务排序，使之不可能相互冲突。换言之，它会在每条 select 语句后自动加上 lock in share mode，为每个查询数据施加一个共享锁。该级别可能会导致大量的锁等待现象。该隔离级别主要用于 InnoDB 存储引擎的分布式事务。

低级别的事务隔离可以提高事务的并发访问性能，却可能导致较多的并发问题（例如，脏读、不可重复读、幻读等并发问题）；高级别的事务隔离可以有效避免并发问题，但会降低事务的并发访问性能，可能导致出现大量的锁等待，甚至死锁现象，如表 9-3 所示。

表 9-3　　　　　　　　　　　　　　　事务的隔离级别与并发问题

隔离级别 （从上到下依次增强）	脏读 (dirty read)	不可重复读 (non-repeatable read)	幻读 (phantom read)
read uncommitted（读取未提交的数据）	√	√	√
read committed（读取提交的数据）	×	√	√
repeatable read（可重复读）	×	×	√
serializable（串行化）	×	×	×

脏读（dirty read）：一个事务可以读到另一个事务未提交的数据，脏读问题显然违背了事务的隔离性原则。

不可重复读（non-repeatable read）：同一个事务内，两条相同查询语句的查询结果不一致。

幻读（phantom read）：同一个事务内，两条相同查询语句的查询结果应该相同。但是，如果另一个事务同时提交了新数据，当本事务再更新时，就会"惊奇地"发现这些新数据，貌似之前读到的数据是"鬼影"一样的幻觉。

从 MySQL 5.7.20 版本开始，系统变量 transaction_isolation 定义了事务的隔离级别，该变量既是会话变量，又是全局变量。查看事务的隔离级别可以使用下列命令，执行结果如图 9-9 所示，MySQL 默认的事务隔离级别为 repeatable read。

图 9-9　查看 MySQL 的事务隔离级别

```
select @@session.transaction_isolation;
select @@global.transaction_isolation;
```

 MySQL 5.7 之前的版本，系统变量 tx_isolation 定义了事务的隔离级别。

9.3.3 设置事务的隔离级别

InnoDB 支持 4 种事务隔离级别，在 InnoDB 存储引擎中，可以使用以下命令设置事务的隔离级别。

```
set { global | session } transaction isolation level {
    read uncommitted | read committed | repeatable read | serializable
}
```

合理地设置事务的隔离级别，可以有效避免脏读、不可重复读、幻读等并发问题。

9.3.4 使用间隙锁避免幻读现象

MySQL 默认的事务隔离级别为 repeatable read。为了保持事务的隔离级别 repeatable read 不变，可以利用间隙锁的特点对查询结果集施加共享锁（lock in share mode）或者排他锁（for update），同样可以避免幻读现象，同时也不至于降低 MySQL 的并发访问性能。当然这种方法首先要求数据库开发人员了解 InnoDB 间隙锁的特点。

9.4 事务与锁机制注意事项

至此，读者已经可以使用事务与锁机制处理绝大多数并发问题，使用事务与锁机制还应该注意以下内容。

（1）锁的粒度越小，应用系统的并发性能就越高。由于 InnoDB 支持行级锁，如果需要提高应用系统的并发性能，建议选用 InnoDB 存储引擎。

（2）如果事务的隔离级别无法解决事务的并发问题，数据库开发人员只有在完全了解锁机制的情况下，才能在 SQL 语句中手动设置锁，否则应该使用事务的隔离级别。

（3）使用事务时，尽量避免在一个事务中使用不同存储引擎的表。

（4）尽量缩短锁的生命周期。例如，在事务中避免使用长事务，可以将长事务拆分成若干个短事务。在事务中避免使用循环语句。

（5）优化表结构，优化 SQL 语句，尽量缩小锁的作用范围。例如，可以将大表拆分成小表，从而缩小锁的作用范围。

（6）InnoDB 默认的事务隔离级别是 repeatable read，而 repeatable read 隔离级别使用间隙锁实现 InnoDB 的行级锁。不合理的索引可能导致行级锁升级为表级锁，从而引发严重的锁等待问题。

（7）对于 InnoDB 行级锁而言，可以编写锁等待超时异常处理程序，解决发生锁等待问题（甚至死锁）。

（8）为避免死锁，一个事务对多条记录进行更新操作时，当获得所有记录的排他锁后，再进行更新操作。

（9）为避免死锁，一个事务对多个表进行更新操作时，当获得所有表的排他锁后，再进行更新操作。

（10）为避免死锁，确保所有关联事务均以相同的顺序访问表和记录。

（11）必要时，使用表级锁来避免死锁。

习　　题

1. 请简单描述事务的必要性。

2. 关闭 MySQL 自动提交的方法有哪些？您推荐数据库开发人员使用哪一种方法？

3. 请简单描述典型的事务保存点使用方法。您是如何理解保存点是"临时状态"这句话的？

4. 请简单描述锁机制的必要性。

5. 您是如何理解锁的粒度、隐式锁与显式锁、读锁与写锁、解锁以及锁的生命周期等概念的？

6. "选课系统"应该使用哪种粒度的锁机制？为什么？

7. 为 InnoDB 表施加行级锁的语法格式是什么？

8. 什么是死锁？

9. 请解释事务的 ACID 特性。

10. MySQL 支持哪些事务隔离级别？默认的事务隔离级别是什么？

11. 您如何理解事务、锁机制、事务的隔离级别之间的关系？

实践任务 1　事务机制和锁机制（必做）

1. 目的

（1）掌握事务机制中事务开启、事务提交、事务回滚的方法；

（2）掌握保存点的使用；

（3）利用事务机制和异常处理机制，优化"选课系统"中的学生选课功能；

（4）掌握 InnoDB 行级锁的使用；

（5）了解 InnoDB 间隙锁及记录锁之间的区别。

2. 说明

本实践任务依赖于"触发器、存储过程和异常处理"实践任务。

3. 环境

MySQL 服务版本：8.0.15 或 5.7.26。

MySQL 客户机：CMD 命令提示符窗口。

4. 环境准备

打开两个 CMD 命令提示符窗口，键入如下命令，以 gbk 字符集方式连接 MySQL 服务器。

```
mysql --default-character-set=gbk -h localhost -u root -p
```

输入 root 账户的密码，建立 MySQL 服务器的连接，创建两个 MySQL 客户机——MySQL 客户机 1 和 MySQL 客户机 2。

　　5.　内容差异化考核

　　实践任务所使用的数据库名、表名中应该包含自己的学号或者自己姓名的全拼；所创建的存储过程名应该包含自己的学号或者自己姓名的全拼；使用的测试数据应该包含自己的学号或者自己姓名的全拼。以某真实学生张三丰为例，添加某银行账户"甲"测试数据时，测试数据应该改为"甲_张三丰"。

　　根据实践任务的完成情况，由学生自己完成知识点的汇总。

场景 1　保存点只是临时状态

以转账存储过程 transfer_proc() 为例，存在保存点 A、B、C 三种状态。对于转账业务而言，只有 A 状态和 C 状态才是数据一致性状态，而状态 B 是数据不一致性状态。本场景让转账回到状态 B，目的是让读者理解保存点是"临时状态"这个结论。

场景 1 步骤

　　（1）在 MySQL 客户机 1 上重新执行"触发器、存储过程和异常处理"实践任务场景 7 的步骤（1）和步骤（2）。

　　（2）在 MySQL 客户机 1 上重写 transfer_proc 存储过程代码。注意：此处的异常处理类型是 exit。

```
drop procedure if exists transfer_proc;
delimiter $$
create procedure transfer_proc(in from_account int,in to_account int,in money int)
modifies sql data
begin
declare exit handler for 1690
begin
    rollback to B;
    select '转账失败';
end;
start transaction;
savepoint A;
select 'A';
update account set balance=balance+money where account_no=to_account;
savepoint B;
select 'B';
update account set balance=balance-money where account_no=from_account;
savepoint C;
select 'C';
commit;
end
$$
delimiter ;
```

　　（3）在 MySQL 客户机 1 上重新执行"触发器、存储过程和异常处理"实践任务场景 7 的步骤（4），执行结果如图所示。

（4）在 MySQL 客户机 1 上重新执行"触发器、存储过程和异常处理"实践任务场景 7 的步骤（5），执行结果如图所示。

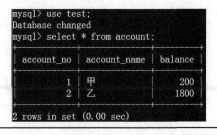

结论：由于存储过程的异常处理类型是 exit，第二条 update 语句执行出现异常后，将事务回滚到保存点状态 B，打印"转账失败"后，终止后续程序的运行。

（5）在 MySQL 客户机 2，查询 account 表的所有记录，执行结果如图所示。

```
use test;
select * from account;
```

对比步骤（4）和步骤（5）的结果，可以看到：MySQL 客户机 1 上 account_no=2 的账户余额为 2600，但是 MySQL 客户机 2 上的账户余额是 1800。两个客户机，对同一个表的查询操作，数据不一致。原因就是：本场景的转账存储过程 transfer_proc() 将事务回滚到保存点 B 状态，而它仅仅是一个临时状态，数据并未写入到数据库中。

结论："rollback to savepoint B" 仅仅是让数据库回到事务中的某个"一致性状态 B"，而"一致性状态 B"仅仅是一个"临时状态"，该"临时状态"并没有将更新回滚，也没有将更新提交。事务执行到最终状态只有两种方法：rollback（而不是"rollback to savepoint B"）和 commit。

场景 2　回滚 rollback

 以转账存储过程 transfer_proc() 为例，存在保存点 A、B、C 三种状态。对于转账业务而言，只有 A 状态和 C 状态才是数据一致性状态，而状态 B 是数据不一致性状态。

场景 2 步骤

（1）在 MySQL 客户机 1 上重新执行"触发器、存储过程和异常处理"实践任务场景 7 的步骤（1）和步骤（2）。

（2）在 MySQL 客户机 1 上重写 transfer_proc 存储过程代码。注意：此处的异常处理类型是 exit，异常处理语句中使用的是 rollback。

```
drop procedure if exists transfer_proc;
delimiter $$
create procedure transfer_proc(in from_account int,in to_account int,in money int)
modifies sql data
begin
declare exit handler for 1690
begin
    rollback to B;
    select '转账失败';
    rollback;
end;
start transaction;
savepoint A;
select 'A';
update account set balance=balance+money where account_no=to_account;
savepoint B;
select 'B';
update account set balance=balance-money where account_no=from_account;
savepoint C;
select 'C';
commit;
end
$$
delimiter ;
```

（3）在 MySQL 客户机 1 上重新执行"触发器、存储过程和异常处理"实践任务场景 7 的步骤（4），执行结果如图所示。

```
mysql> call transfer_proc(1,2,800);
| A |
| A |
1 row in set <0.00 sec>

| B |
| B |
1 row in set <0.03 sec>

| C |
| C |
1 row in set <0.06 sec>

Query OK, 0 rows affected <0.11 sec>

mysql> select * from account;
| account_no | account_name | balance |
|          1 | 甲           |     200 |
|          2 | 乙           |    1800 |
2 rows in set <0.00 sec>
```

（4）在 MySQL 客户机 1 上重新执行"触发器、存储过程和异常处理"实践任务场景 7 的步骤（5），执行结果如图所示。

```
mysql> call transfer_proc(1,2,800);
| A |
| A |
1 row in set <0.00 sec>

| B |
| B |
1 row in set <0.02 sec>

| 转账失败 |
| 转账失败 |
1 row in set <0.02 sec>

Query OK, 0 rows affected <0.05 sec>

mysql> select * from account;
| account_no | account_name | balance |
|          1 | 甲           |     200 |
|          2 | 乙           |    1800 |
2 rows in set <0.00 sec>
```

结论：本场景的转账存储过程 transfer_proc()的异常处理类型是 exit，第二条 update 语句执行出现异常后，将事务回滚到保存点状态 B，接着打印"转账失败"，执行 rollback 后，终止后续程序的运行。rollback 表示回滚事务，回滚到事务开启前的状态，并不是回到"状态 B"临时状态。

（5）在 MySQL 客户机 2，查询 account 表的所有记录，执行结果如图所示。

```
use test;
select * from account;
```

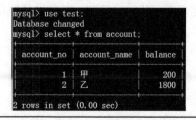

```
mysql> use test;
Database changed
mysql> select * from account;
| account_no | account_name | balance |
|          1 | 甲           |     200 |
|          2 | 乙           |    1800 |
2 rows in set (0.00 sec)
```

对比步骤 4 和步骤 5 的结果，可以看到：MySQL 客户机 1 和 MySQL 客户机 2 上的账户余额都是 1800，两个 MySQL 客户机的数据一致。并且转账前，甲、乙账户总额 2000 元，转账后，甲、乙账户总额依然是 2000 元，转账前后，甲、乙账户总额一致。

结论：rollback 使事务回滚到事务开启前的状态，并不是使事务回滚到保存点。

场景 3　提交 commit

以转账存储过程 transfer_proc() 为例，存在保存点 A、B、C 三种状态。对于转账业务而言，只有 A 状态和 C 状态才是数据一致性状态，而状态 B 是数据不一致性状态。

场景 3 步骤

（1）在 MySQL 客户机 1 上重新执行"触发器、存储过程和异常处理"实践任务场景 7 的步骤（1）和步骤（2）。

（2）在 MySQL 客户机 1 上重写 transfer_proc 存储过程代码。注意：此处的异常处理类型是 exit，异常处理语句中使用的是 commit。

```
drop procedure if exists transfer_proc;
delimiter $$
create procedure transfer_proc(in from_account int,in to_account int,in money int)
modifies sql data
begin
declare exit handler for 1690
begin
    rollback to B;
    select '转账失败';
    commit;
end;
start transaction;
savepoint A;
select 'A';
update account set balance=balance+money where account_no=to_account;
savepoint B;
select 'B';
update account set balance=balance-money where account_no=from_account;
savepoint C;
select 'C';
commit;
end
$$
Delimiter ;
```

（3）在 MySQL 客户机 1 上重新执行"触发器、存储过程和异常处理"实践任务场景 7 的步骤（4），执行结果如图所示。

（4）在 MySQL 客户机 1 上重新执行"触发器、存储过程和异常处理"实践任务场景 7 的步骤（5），执行结果如图所示。

结论：本场景的转账存储过程 transfer_proc() 的异常处理类型是 exit，第二条 update 语句执行出现异常后，将事务回滚到保存点状态 B，接着打印"转账失败"，执行 commit 后，终止后续程序的运行。存储过程 transfer_proc() 中的 commit 表示提交事务到"状态 B"临时状态，并且使"状态 B"临时状态"永久化"，"状态 B"成为数据库永久的组成部分。

（5）在 MySQL 客户机 2，查询 account 表的所有记录，执行结果如图所示。

```
use test;
select * from account;
```

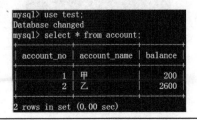

对比步骤（4）和步骤（5）的结果，可以看到：MySQL 客户机 1 和 MySQL 客户机 2 上的账户余额都是 2600，两个 MySQL 客户机的数据一致。注意：本场景让事务提交到状态 B，状态 B 不是数据一致性的状态（第二次转账前后甲乙账户总额数据不一致）。

结论：commit 使事务提交到事务的最近一次保存点状态。

场景 4　利用事务机制和异常处理机制实现转账业务

银行转账业务的两条 update 语句是一个整体，如果其中任意一条 update 语句执行失败，则所有的 update 语句应该撤销，从而确保转账前后的总额不变。

场景 4 步骤

（1）在 MySQL 客户机 1 重新执行"触发器、存储过程和异常处理"实践任务场景 7 的步骤（1）和步骤（2）。

（2）在 MySQL 客户机 1 重写 transfer_proc 存储过程代码。注意：此处的异常处理类型是 exit，异常处理语句中使用的是 rollback。

```
drop procedure if exists transfer_proc;
delimiter $$
create procedure transfer_proc(in from_account int,in to_account int,in money int)
modifies sql data
begin
declare exit handler for 1690
begin
    rollback;
end;
start transaction;
update account set balance=balance+money where account_no=to_account;
update account set balance=balance-money where account_no=from_account;
commit;
end
$$
delimiter ;
```

（3）在 MySQL 客户机 1 上重新执行"触发器、存储过程和异常处理"实践任务场景 7 的步骤（4），执行结果如图所示。

```
mysql> call transfer_proc(1,2,800);
+---+
| A |
+---+
| A |
+---+
1 row in set (0.00 sec)

+---+
| B |
+---+
| B |
+---+
1 row in set (0.03 sec)

+---+
| C |
+---+
| C |
+---+
1 row in set (0.06 sec)

Query OK, 0 rows affected (0.11 sec)

mysql> select * from account;
+------------+--------------+---------+
| account_no | account_name | balance |
+------------+--------------+---------+
|          1 | 甲           |     200 |
|          2 | 乙           |    1800 |
+------------+--------------+---------+
2 rows in set (0.00 sec)
```

（4）在 MySQL 客户机 1 上重新执行"触发器、存储过程和异常处理"实践任务场景 7 的步骤（5），执行结果如图所示。

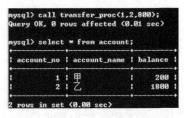

结论：本场景的转账存储过程 transfer_proc() 的异常处理类型是 exit，第二条 update 语句执行出现异常后，rollback 使事务回滚到事务开启前的状态。

（5）在 MySQL 客户机 2，查询 account 表的所有记录，执行结果如图所示。

```
use test;
select * from account;
```

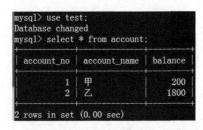

对比步骤（4）和步骤（5）的结果，可以看到：MySQL 客户机 1 和 MySQL 客户机 2 上的账户余额都是 1800，两个 MySQL 客户机的数据一致。并且，两次转账前后，甲、乙账户的总额一致。

如果账户余额 balance 字段定义为整数（不是无符号整数），那存储过程 transfer_proc() 也可以通过判断账户余额是否小于零，继而决定是否回滚（rollback）转账业务。

默认情况下，InnoDB 存储引擎既不会对异常进行回滚，也不会对异常进行提交，这是十分危险的。异常发生后，数据库开发人员需要借助异常处理程序，显式地提交事务或者显式地回滚事务。可以这样理解：事务一旦开启，事务的提交与回滚，好比 if 语句中的 then 子句与 else 子句，两者只能选其一。

场景 5　利用事务机制实现学生调课功能

由于学生调课涉及 3 条 update 语句，本场景将 3 条 update 语句封装成一个事务，实现调课的原子性操作。

场景 5 步骤

（1）程序分析。

存储过程接收 student_no、course_before 及 course_after 输入参数，输出 state 状态码。

调课程序流程图阐述了某个学生的调课流程（其中 c_before 表示调课前的课程，c_after 表示目标课程或者调课后的课程）。从图中可以看到，调课时，首先要判断调课前的课程与目标课程是否相同，如果相同，则将调课的状态码 state 设置为-1；接着判断目标课程是否已经审核，是否已经报满，如果课程未审核或者课程 available 字段值为 0（课程报满），则将状态码 state 设置为-2；

如果调课成功，则将状态码 state 设置为调课成功后的课程 course_no。由于调课涉及 3 条 update 语句，为了保证它们的原子性，必须将它们封装到事务中。

（2）创建存储过程。

下面的 SQL 语句创建了名字为 replace_course_proc() 的存储过程，该存储过程接收学生学号（s_no）、课程号（c_before）及课程号（c_after）为输入参数，经过存储过程一系列处理，返回调课 state 状态值。如果输出参数 state 大于 0，则说明学生调课成功；如果输出参数 state 等于−1，则意味着该生调课前后选择的课程相同；如果输出参数 state 等于−2，则意味着目标课程未审核或者已经报满。请注意粗体字字代码。

```
use choose
delimiter $$
create procedure replace_course_proc(in s_no char(11)
character set gbk,in c_before int,in c_after int,out state
int)
modifies sql data
begin
    declare s int;
declare status char(8) character set gbk;
declare exit handler for 1452
    begin
        set state = -4;
        rollback;
    end;
    set state = 0;
    set status='未审核';

    if(c_before=c_after) then
        set state = -1;
    else
        start transaction;
        select state into status from course where course_no=c_after;
        select available into s from course where course_no=c_after;
        if(s=0 || status='未审核') then
            set state = -2;
        elseif(state=0) then
            update choose set course_no=c_after where student_no=s_no and course_no=c_before;
            update course set available=available+1 where course_no=c_before;
            update course set available=available-1 where course_no=c_after;
            set state = c_after;
        end if;
        commit;
    end if;
end
$$
delimiter ;
```

说明

　　存储过程抛出"ERROR 1452"异常信息后，异常处理程序回滚事务，关于该异常读者可参考第 8 章实践任务 1 场景 12。

（3）测试存储过程。

　　下面的 MySQL 语句负责调用 replace_course_proc() 存储过程，对该存储过程进行简单的测试。首先，使用下面的 select 语句查看学号 2012002 的选课信息，执行结果如图所示。

```
select * from choose where student_no='2012002';
```

　　然后，将该学生选修的课程号 3，调换为课程号 1，执行下面的 MySQL 命令，执行结果如图所示。

```
set @s_no = '2012002';
set @c_before = 3;
set @c_after = 1;
set @state = 0;
call replace_course_proc(@s_no,@c_before,@c_after,@state);
select @state;
```

　　最后，使用下面的 select 语句查看学号 2012002 最终的选课信息，验证调课是否成功，执行结果如图所示。

```
select * from choose where student_no='2012002';
```

说明

　　一般情况下，一系列关系紧密的更新语句（例如，insert、delete 或者 update 语句）都需要封装到一个事务中。由于查询语句不会导致数据发生变化，因此一般不需要封装到事务中。细心的读者会发现，在 replace_course_proc() 存储过程中，粗体字的 select 语句负责"查询目标课程的 available 字段值"，该 select 语句也封装到了事务中，具体原因读者可参考场景 7。

场景6　服务器级读锁

说明　命令 "flush tables with read lock;" 不能写在存储过程中，因此，本场景不能使用存储过程模拟服务器级锁。

场景6步骤

（1）在 MySQL 客户机1上重新执行 "触发器、存储过程和异常处理" 实践任务场景7的步骤（1）和步骤（2）。

（2）在 MySQL 客户机1上执行下列命令，施加服务器级读锁。

```
flush tables with read lock;
```

（3）分别在 MySQL 客户机1、客户机2上查询 account 表的所有记录。

```
use test;
select * from account;
```

（4）分别在 MySQL 客户机1、客户机2上执行下列命令，删除账号乙。

```
delete from account where account_name='乙';
```

MySQL 客户机1上产生如下错误信息，MySQL 客户机2的 "delete" 命令被阻塞。

```
mysql> delete from account where account_name='乙';
ERROR 1223 (HY000): Can't execute the query because you have a conflicting read lock
```

（5）在 MySQL 客户机1上执行下列命令，释放服务器级读锁。

```
unlock tables;
```

MySQL 客户机2的 "delete" 命令被唤醒执行（注意图中的 delete 语句被阻塞了16秒左右）。

```
mysql> delete from account where account_name='乙';
Query OK, 1 row affected (16.43 sec)
```

结论：施加了服务器级读锁后，读操作可以继续执行。MySQL 客户机1施加了服务器级读锁后，MySQL 客户机1的写操作（例如，insert、update、delete 及 create 等语句）产生如下错误信息。

```
ERROR 1223 (HY000): Can't execute the query because you have a conflicting read lock
```

其他 MySQL 客户机的写操作（例如，insert、update、delete 及 create 等语句）被阻塞，等待 MySQL 客户机1释放锁。MySQL 客户机1释放了持有的锁后，会 "唤醒" MySQL 客户机2的写操作，MySQL 客户机2的写操作才能得以继续执行。

MySQL 客户机1施加的服务器级锁，只有 MySQL 客户机1才能解锁，服务器级锁主要用于数据库备份的时候获取一致性数据。

场景7　通过事务延长行级锁的生命周期

说明　行级锁的生命周期非常短暂，为了延长行级锁的生命周期，最为通用的做法是开启事务。事务提交或者回滚后，行级锁才被释放，这样就可以延长行级锁的生命周期，此时行级锁的生命周期就是事务的生命周期。

场景7步骤

（1）在 MySQL 客户机1上重新执行 "触发器、存储过程和异常处理" 实践任务场景7的步骤（1）和步骤（2）。

（2）在 MySQL 客户机 1 上执行下面的 SQL 语句，开启事务，并为 account 表施加行级写锁。

```
use test;
start transaction;
select * from account for update;
```

（3）在 MySQL 客户机 2 上执行下面的 SQL 语句，开启事务，为 student 表施加行级写锁。此时，MySQL 客户机 2 被阻塞。

```
use test;
start transaction;
select * from account for update;
```

（4）在 MySQL 客户机 1 上执行下面的 MySQL 命令，为 student 表解锁。MySQL 客户机 1 释放了 student 表的行级写锁后，MySQL 客户机 2 的 select 语句被"唤醒"，得以继续执行。

```
commit;
```

结论：事务中行级锁的生命周期从加锁开始，直到事务提交或者回滚，行级锁才会被释放。为了延长行级锁的生命周期，最为常用的办法是将更新语句、select…lock in share mode 语句、select…for update 语句写在 start transaction 语句后，封装到事务中。

场景 8　InnoDB 行级锁在"选课系统"中的应用

 说明

实现调课功能的存储过程 replace_course_proc() 存在功能缺陷。考虑这样的场景：张三与李四"同时"选择同一门目标课程，且目标课程就剩下一个席位（此时目标课程 available 的字段值为 1）。张三和李四为了调课，"同时"调用存储过程 replace_course_proc()，假设两个存储过程中的 select 语句"查询目标课程 available 字段值"被同时执行。

```
select available into s from course where course_no=c_after;
```

张三和李四同时读取到 available 的值为 1（大于 0），最后的结果是张三与李四都选择了目标课程，如图所示。

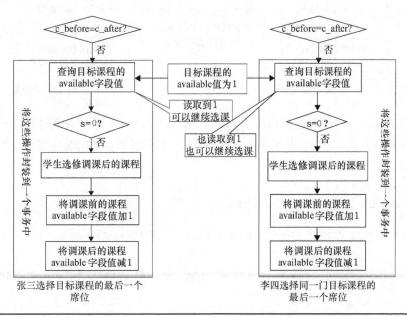

场景 8 解决方案

（1）存储过程 replace_course_proc()读取课程的 available 字段值时，有必要为张三和李四选择相同的目标课程施加排他锁，避免多名学生同时读取同一门课程的 available 字段值。将存储过程 replace_course_proc()中的代码片段：

```
select available into s from course where course_no=c_after;
```

修改为如下的代码片段（其他代码不变）：

```
select available into s from course where course_no=c_after for update;
```

当张三、李四及其他更多的学生同时"争夺"同一门目标课程的最后一个席位时，此时，可以保证只有一个学生能够读取该席位，其他学生将被阻塞（如图所示）。这样就可以防止张三与李四都选择了目标课程的最后一个席位。很多读者可能觉得：多名学生同时选择"最后一个席位"的可能性微乎其微，但如果最后的一个"席位"是春运期间某趟列车的最后一张火车票呢？现实生活中，类似的"资源竞争"问题还有很多（如团购、秒杀等），使用锁机制可以有效解决此类"资源竞争"问题。

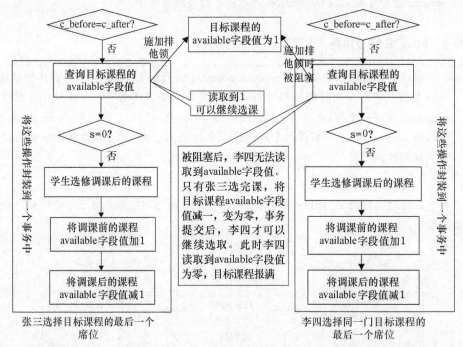

张三选择目标课程的最后一个席位　　　　　　　李四选择同一门目标课程的最后一个席位

（2）实现选课功能的存储过程 choose_proc()，需要引入事务，并且读取课程的 available 字段值时，有必要施加排他锁，避免多名学生同时读取同一门课程的 available 字段值。删除存储过程 choose_proc()，并重建该存储过程。

```
use choose;
drop procedure if exists choose_proc;
delimiter $$
create procedure choose_proc(in s_no char(11) character set gbk,in c_no int,out state int)
modifies sql data
begin
    declare s1 int;
    declare s2 int;
```

```
        declare s3 int;
        declare status char(8) character set gbk;
         declare exit handler for 1452
            begin
              set state = -4;
              rollback;
            end;
        set state= 0;
        set status='未审核';
        select count(*) into s1 from choose where student_no=s_no and course_no=c_no;
        if(s1>=1) then
            set state = -1;
        else
            select count(*) into s2 from choose where student_no=s_no;
            if(s2>=2) then
                set state = -2;
            else
                start transaction;
                select state into status from course where course_no=c_no;
                select available into s3 from course where course_no=c_no for update;
                if(s3=0 || status='未审核') then
                    set state = -3;
                else
                    insert into choose(student_no,course_no) values(s_no,c_no);
                    set state = last_insert_id();
                end if;
                commit;
            end if;
        end if;
end
$$
delimiter ;
```

场景 9　InnoDB 锁与索引之间的关系

场景 9 步骤

（1）在 MySQL 客户机 1 上重新执行"触发器、存储过程和异常处理"实践任务场景 7 的步骤（1）和步骤（2）。

（2）在 MySQL 客户机 1 上执行下面的 MySQL 命令，首先开启事务，接着对账户名为"甲"的记录施加行级排他锁。

```
start transaction;
select * from account where account_name='甲' for update;
```

（3）在 MySQL 客户机 2 上执行下面的 MySQL 命令，首先开启事务，接着对账户名为"乙"的记录施加行级排他锁时被阻塞，执行结果如图所示。MySQL 客户机 2 对"乙"账户施加排他锁时，出现了"锁等待"现象（被阻塞）。

```
start transaction;
select * from account where account_name='乙' for update;
```

（4）在 MySQL 客户机 1、2 上执行下面的 SQL 命令，提交事务。

```
commit;
```

问题分析：按理 MySQL 客户机 1 仅仅对"甲"账户施加了排他锁，不会影响 MySQL 客户机 2 对"乙"账户施加排他锁，然而事实并非如此。原因在于，查询语句或者更新语句施加行级锁时，如果没有使用索引，查询语句或者更新语句会自动地对 InnoDB 表施加表级锁，降低了 InnoDB 表的并发访问性能。

解决方案：使用下面的 SQL 语句为 account 表的 account_name 字段添加索引（索引名为 account_name_index）。

```
alter table account add index account_name_index(account_name);
```

（5）添加索引后，读者可以再次尝试步骤（2）和步骤（3）。

结论：InnoDB 表的行级锁是通过对索引施加锁的方式实现的。

场景 10　InnoDB 记录锁

 有关事务隔离级别相关知识，请参看后续内容。

场景 10 步骤

（1）在 MySQL 客户机 1 上重新执行"触发器、存储过程和异常处理"实践任务场景 7 的步骤（1）和步骤（2）。

（2）在 MySQL 客户机 1 上执行下面的 SQL 语句，首先将当前 MySQL 会话的事务隔离级别设置为 read committed，接着开启事务，查询 account 表中 account_no=20 的账户信息，该账户信息不存在，并对该不存在的账户施加了共享锁（此时的行级锁实际上是记录锁），执行结果如图所示。

```
set session transaction isolation level read committed;
select @@transaction_isolation;
use test;
start transaction;
select * from account where account_no=20 lock in share mode;
```

```
mysql> set session transaction isolation level read committed;
Query OK, 0 rows affected (0.00 sec)

mysql> select @@transaction_isolation;
+--------------------------+
| @@transaction_isolation  |
+--------------------------+
| READ-COMMITTED           |
+--------------------------+
1 row in set (0.00 sec)

mysql> use test;
Database changed
mysql> start transaction;
Query OK, 0 rows affected (0.00 sec)

mysql> select * from account where account_no=20 lock in share mode;
Empty set (0.00 sec)
```

（3）在 MySQL 客户机 2 上执行下列 SQL 语句，首先将当前 MySQL 会话的事务隔离级别设置为 read committed，接着开启事务，删除 account_no=20 的账户信息、修改 account_no=20 的账户信息、添加 account_no=20 的账户信息。三条更新语句成功运行，执行结果如图所示。

```
set session transaction isolation level read committed;
use test;
start transaction;
delete from account where account_no=20;
update account set account_name='name' where account_no=20;
insert into account values(20,'戊',5000);
commit;
```

```
mysql> delete from account where account_no=20;
Query OK, 0 rows affected (0.00 sec)

mysql> update account set account_name='name' where account_no=20;
Query OK, 0 rows affected (0.00 sec)
Rows matched: 0  Changed: 0  Warnings: 0

mysql> insert into account values(20,'戊',5000);
Query OK, 1 row affected (0.20 sec)
```

结论：由于事务的隔离级别设置为 read committed，因此 MySQL 客户机 1 对 account_no=20 的账户施加的是记录锁；由于该账户不存在，因此 MySQL 客户机 1 对 account_no=20 的账户施加记录锁失败。与间隙锁不同，记录锁仅仅为存在的记录施加共享锁或排他锁。

（4）在 MySQL 客户机 1、客户机 2 上执行 select 语句，查询 account 表所有记录。

```
select * from account;
```

```
mysql> select * from account;

+------------+--------------+---------+
| account_no | account_name | balance |
+------------+--------------+---------+
|          1 | 甲           |    1000 |
|          2 | 乙           |    1000 |
|         20 | 戊           |    5000 |
+------------+--------------+---------+
3 rows in set (0.00 sec)
```

场景 11　InnoDB 间隙锁

有关事务隔离级别相关知识，请参看后续章节内容。

场景 11 步骤

（1）在 MySQL 客户机 1 上重新执行"触发器、存储过程和异常处理"实践任务场景 7 的步骤（1）和步骤（2）。

（2）在 MySQL 客户机 1 上执行下面的 SQL 语句，首先将当前 MySQL 会话的事务隔离级别设置为 repeatable read，接着开启事务，查询 account 表中 account_no=20 的账户信息，该账户信息不存在，并对该不存在的账户施加了共享锁（此时的行级锁实际上是间隙锁），执行结果如图所示。

```
set session transaction isolation level repeatable read;
select @@transaction_isolation;
use test;
start transaction;
select * from account where account_no=20 lock in share mode;
commit;
```

```
mysql> alter table account engine=InnoDB;
Query OK, 4 rows affected (0.03 sec)
Records: 4  Duplicates: 0  Warnings: 0

mysql> start transaction;
Query OK, 0 rows affected (0.02 sec)

mysql> select * from account where account_no=20 lock in share mode;
Empty set (0.00 sec)
```

（3）在 MySQL 客户机 2 上执行下面的 SQL 语句，首先将当前 MySQL 会话的事务隔离级别设置为 repeatable read，接着开启事务，删除 account_no=20 的账户信息、修改 account_no=20 的账户信息、添加 account_no=20 的账户信息。其中 insert 语句被阻塞，进入锁等待状态。

```
set session transaction isolation level repeatable read;
use test;
delete from account where account_no=20;
update account set account_name='name' where account_no=20;
insert into account values(20,'戊',5000);
commit;
```

结论：事务的隔离级别设置为 repeatable read 或 serializable 时，为 InnoDB 表施加行级锁，当检索条件为某个区间范围时，满足该区间范围，表中不存在的记录也会施加共享锁或排他锁，这个锁是间隙锁，间隙锁只对 insert 操作有效。

（4）在 MySQL 客户机 1 上执行 MySQL 命令 "show variables like 'innodb_lock_wait_timeout';"可以查看锁 InnoDB 等待超时的时间（默认值为 50 秒，如图所示）。

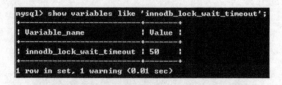

```
mysql> show variables like 'innodb_lock_wait_timeout';
+--------------------------+-------+
| Variable_name            | Value |
+--------------------------+-------+
| innodb_lock_wait_timeout | 50    |
+--------------------------+-------+
1 row in set, 1 warning (0.01 sec)
```

说明　　当 InnoDB 锁等待的时间超过参数 innodb_lock_wait_timeout 的值时，将引发 InnoDB 锁等待超时错误异常：ERROR 1205 (HY000): Lock wait timeout exceeded。

（5）锁等待期间，在 MySQL 客户机 1 上执行 MySQL 命令 "show full processlist\G" 可以查看当前 MySQL 进程上正在运行的 MySQL 线程的状态信息，如图所示。

```
mysql> show full processlist\G
*************************** 1. row ***************************
     Id: 4
   User: event_scheduler
   Host: localhost
     db: NULL
Command: Daemon
   Time: 552422
  State: Waiting on empty queue
   Info: NULL
*************************** 2. row ***************************
     Id: 19
   User: root
   Host: localhost:53561
     db: test
Command: Query
   Time: 0
  State: starting
   Info: show full processlist
*************************** 3. row ***************************
     Id: 21
   User: root
   Host: localhost:58212
     db: test
Command: Query
   Time: 14
  State: update
   Info: insert into account values(20,'戊',5000)
3 rows in set (0.00 sec)
```

各个状态信息说明如下。

- Id：是一个标识，唯一标记了一个 MySQL 线程或者一个 MySQL 服务器连接。
- User：显示了当前的 MySQL 账户名。
- Host：显示每条 SQL 语句或者 MySQL 命令是从哪个 MySQL 客户机的哪个端口上发出的。
- db：显示当前 MySQL 线程操作的是哪一个数据库。
- Command：显示该线程的命令类型，命令类型的取值一般是休眠（sleep）、查询（query）或者连接（connect）。
- Time：显示了该线程执行时的持续时间，单位是秒。例如，time=48 时，意味着该线程执行的持续时间为 48 秒。
- State：显示了该线程的状态，状态取值一般是 init、update、sleep、sending data、空字符串或者 waiting for 锁类型 lock。
- Info：显示了 SQL 语句。

场景 12　调课以及转账死锁问题的解决方案
场景 12 步骤
（1）给乙转账的同时，乙正在给甲转账，可能导致死锁问题的发生。

删除原有的 transfer_proc()存储过程，重新创建 transfer_proc()存储过程，并将代码修改为下面的代码（粗体字部分为代码改动部分，其他代码不变）。

粗体字部分的代码主要用于处理锁等待异常（1205）和死锁异常（1213），发生死锁异常问题后，回滚整个事务，并退出后续程序的运行。

```
use test;
drop procedure if exists transfer_proc;
delimiter $$
create procedure transfer_proc(in from_account int,in to_account int,in money int)
modifies sql data
begin
declare exit handler for 1690
begin
    rollback;
end;
declare exit handler for 1213
begin
    rollback;
end;
declare exit handler for 1205
begin
    rollback;
end;

start transaction;
update account set balance=balance+money where account_no=to_account;
update account set balance=balance-money where account_no=from_account;
commit;
end
$$
delimiter ;
```

（2）学生甲从课程 1 调课到课程 2 的同时，学生乙从课程 2 调课到课程 1，可能导致死锁问题的发生。

删除原有的 replace_course_proc()存储过程，重新创建 replace_course_proc()存储过程，并将代码修改为下面的代码。

```
use choose;
drop procedure if exists replace_course_proc;
delimiter $$
create procedure replace_course_proc(in s_no char(11) character set gbk,in c_before
int,in c_after int,out state int)
modifies sql data
begin
    declare s int;
declare status char(8) character set gbk;
    declare exit handler for 1452
        begin
        set state = -4;
        rollback;
      end;
    declare exit handler for 1213
        begin
        rollback;
        end;
    declare exit handler for 1205
        begin
        rollback;
        end;
    set state = 0;
    set status='未审核';
  if(c_before=c_after) then
        set state = -1;
    else
        start transaction;
        select state into status from course where course_no=c_after;
        select available into s from course where course_no=c_after for update;
        if(s=0 || status='未审核') then
            set state = -2;
        elseif(state=0) then
            update choose set course_no=c_after where student_no=s_no and course_no=
c_before;
            update course set available=available+1 where course_no=c_before;
            update course set available=available-1 where course_no=c_after;
            set state = c_after;
        end if;
        commit;
    end if;
end
$$
delimiter ;
```

实践任务 2　事务的隔离级别（选做）

1. 目的

（1）了解事务的四种隔离级别；

（2）了解事务的四种隔离级别与并发问题之间的关系。

2. 说明

本实践任务依赖于"触发器、存储过程和异常处理"实践任务。

3. 环境

MySQL 服务版本：8.0.15 或 5.7.26。

MySQL 客户机：CMD 命令提示符窗口。

4. 环境准备

打开两个 CMD 命令提示符，键入如下命令，以 gbk 字符集方式连接 MySQL 服务器。

```
mysql --default-character-set=gbk -h localhost -u root -p
```

输入 root 账户的密码，建立 MySQL 服务器的连接，创建两个 MySQL 客户机：MySQL 客户机 1 和 MySQL 客户机 2。

5. 内容差异化考核

实践任务所使用的数据库名、表名中应该包含自己的学号或者自己姓名的全拼；所创建的存储过程名应该包含自己的学号或者自己姓名的全拼；使用的测试数据应该包含自己的学号或者自己姓名的全拼。以某真实学生张三丰为例，添加某银行账户"甲"测试数据时，测试数据应该改为"甲_张三丰"。

根据实践任务的完成情况，由学生自己完成知识点的汇总。

场景 1　事务隔离级别（脏读现象）

将事务的隔离级别设置为 read uncommitted 可能出现脏读、不可重复读及幻读等问题，本场景以脏读现象为例。

场景 1 步骤

（1）在 MySQL 客户机 1 上重新执行"触发器、存储过程和异常处理"实践任务场景 7 的步骤（1）和步骤（2）。

（2）在 MySQL 客户机 1 上执行下面的 SQL 语句，首先将当前 MySQL 会话的事务隔离级别设置为 read uncommitted，接着开启事务，查询 account 表中的所有记录，执行结果如图所示。

```
set session transaction isolation level read uncommitted;
select @@transaction_isolation;
start transaction;
use test;
select * from account;
```

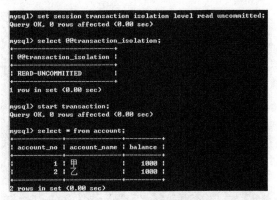

（3）在 MySQL 客户机 2 上执行下面的 SQL 语句，首先将当前 MySQL 会话的事务隔离级别设置为 read uncommitted，然后开启事务，接着将 account 表中 account_no=1 的账户增加 1000 元。

```
set session transaction isolation level read uncommitted;
start transaction;
use test;
update account set balance=balance+1000 where account_no=1;
```

（4）在 MySQL 客户机 1 上执行下面的 SQL 语句，查询 account 表中的所有记录，执行结果如图所示。

```
select * from account;
```

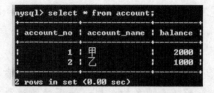

结论：从图中可以看出，MySQL 客户机 1 看到了 MySQL 客户机 2 尚未提交的更新结果，出现脏读现象。

（5）关闭 MySQL 客户机 1 与 MySQL 客户机 2，由于 MySQL 客户机 1 与 MySQL 客户机 2 的事务没有提交，因此，account 表中的数据并没有发生变化。

场景 2　事务隔离级别（不可重复读现象）

将事务的隔离级别设置为 read committed 可以避免脏读现象，但可能出现不可重复读以及幻读等现象，本场景以不可重复读现象为例。

场景 2 步骤

（1）在 MySQL 客户机 1 上重新执行"触发器、存储过程和异常处理"实践任务场景 7 的步骤（1）和步骤（2）。

（2）在 MySQL 客户机 1 上执行下面的 SQL 语句，首先将当前 MySQL 会话的事务隔离级别设置为 read committed，接着开启事务，查询 account 表中的所有记录，执行结果如图所示。

```
set session transaction isolation level read committed;
select @@transaction_isolation;
start transaction;
select * from account;
```

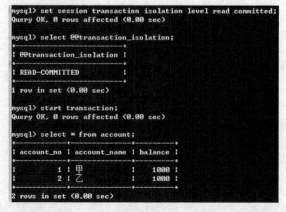

（3）在 MySQL 客户机 2 上执行下面的 SQL 语句，首先将当前 MySQL 会话的事务隔离级别

设置为 read committed，然后开启事务，接着将 account 表中 account_no=1 的账户增加 1000 元，最后提交事务。

```
set session transaction isolation level read committed;
start transaction;
update account set balance=balance+1000 where account_no=1;
commit;
```

（4）在 MySQL 客户机 1 上再次查询 account 表中的所有记录，执行结果如图所示。

```
select * from account;
```

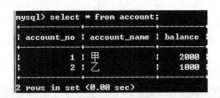

结论：MySQL 客户机 1 的两次查询结果对比可以看出，同一个事务两次查询的结果不相同，这就是不可重复读现象。

（5）由于 MySQL 客户机 2 的事务已经提交，因此，account 表中"甲"账户的余额发生了变化。

场景 3　事务隔离级别（幻读现象）

将事务的隔离级别设置为 repeatable read 可以避免出现脏读及不可重复读现象，但可能出现幻读现象。

场景 3 步骤

（1）在 MySQL 客户机 1 上重新执行"触发器、存储过程和异常处理"实践任务场景 7 的步骤（1）和步骤（2）。

（2）在 MySQL 客户机 1 上执行下面的 SQL 语句，首先将当前 MySQL 会话的事务隔离级别设置为 repeatable read，接着开启事务，查询 account 表中是否存在 account_no=100 的账户信息，执行结果如图所示。

```
set session transaction isolation level repeatable read;
select @@transaction_isolation;
start transaction;
select * from account where account_no=100;
```

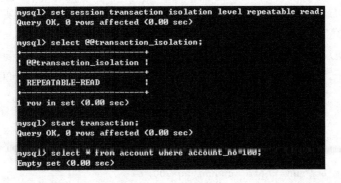

（3）在 MySQL 客户机 2 上执行下面的 SQL 语句，首先将当前 MySQL 会话的事务隔离级别设置为 repeatable read，接着开启事务，然后向 account 表中添加一条"己"账户信息，并将 account_no 赋值为 100，最后提交事务。

```
set session transaction isolation level repeatable read;
start transaction;
insert into account values(100,'己',5000);
commit;
```

（4）在 MySQL 客户机 1 上执行下面的 SQL 语句，查询 account 表中是否存在 account_no=100 的账户信息，执行结果如图所示。从图中可以看出，account 表中不存在 account_no=100 的账户信息。

```
select * from account where account_no=100;
```

```
mysql> select * from account where account_no=100;
Empty set (0.00 sec)
```

（5）由于 MySQL 客户机 1 检测到 account 表中不存在 account_no=100 的账户信息，因此 MySQL 客户机 1 就可以向 account 表中插入一条 account_no=100 的账户信息。在 MySQL 客户机 1 上执行下面的 insert 语句，向 account 表中添加一条"庚"的账户信息，并将 account_no 赋值为 100，执行结果如图所示。

```
insert into account values(100,'庚',5000);
```

```
mysql> insert into account values(100,'庚',5000);
ERROR 1062 (23000): Duplicate entry '100' for key 'PRIMARY'
```

结论：从运行结果可以看出，account 表中确实存在 account_no=100 的账户信息，但由于 repeatable read（可重复读）隔离级别使用了"障眼法"，使得 MySQL 客户机 1 无法查询到 account_no=100 的账户信息，这种现象称为幻读现象。

场景 4　利用 serializable 隔离级别避免幻读现象

避免幻读现象的方法有以下两种。

（1）将事务的隔离级别设置为 serializable。

（2）保持事务的隔离级别 repeatable read 不变，利用间隙锁的特点，对查询结果集施加共享锁（lock in share mode）或者排他锁（for update）。

场景 4 步骤

（1）在 MySQL 客户机 1 上重新执行"触发器、存储过程和异常处理"实践任务场景 7 的步骤（1）和步骤（2）。

（2）在 MySQL 客户机 1 上执行下面的 SQL 语句，首先将当前 MySQL 会话的事务隔离级别设置为 serializable，接着开启事务，查询 account 表中是否存在 account_no=200 的账户信息，执行结果如图所示。

```
set session transaction isolation level serializable;
select @@transaction_isolation;
start transaction;
select * from account where account_no=200;
```

```
mysql> set session transaction isolation level serializable;
Query OK, 0 rows affected (0.00 sec)

mysql> select @@transaction_isolation;
+-------------------------+
| @@transaction_isolation |
+-------------------------+
| SERIALIZABLE            |
+-------------------------+
1 row in set (0.00 sec)

mysql> start transaction;
Query OK, 0 rows affected (0.00 sec)

mysql> select * from account where account_no=200;
Empty set (0.00 sec)
```

（3）在 MySQL 客户机 2 上执行下面的 SQL 语句，首先将当前 MySQL 会话的事务隔离级别设置为 serializable，然后开启事务，接着向 account 表中添加一条"庚"的账户信息，并将 account_no 赋值为 200，执行结果如图所示。

```
set session transaction isolation level serializable;
start transaction;
insert into account values(200,'庚',5000);
```

```
mysql> set session transaction isolation level serializable;
Query OK, 0 rows affected (0.00 sec)

mysql> start transaction;
Query OK, 0 rows affected (0.00 sec)

mysql> insert into account values(200,'庚',5000);
ERROR 1205 (HY000): Lock wait timeout exceeded; try restarting transaction
```

结论：从图中可以看出，MySQL 客户机 2 发生锁等待现象，降低了事务间的并发访问性能（虽然解决了幻读问题）。

说明

由于 InnoDB 存储引擎发生了锁等待超时引发的异常，InnoDB 存储引擎回滚引发了该异常的事务，因此，"庚"的账户信息并没有添加到 accoun 表中。

将事务隔离级别设置为 serializable，可以有效地避免幻读现象。然而，serializable 隔离级别会降低 MySQL 的并发访问性能，因此，不建议将事务的隔离级别设置为 serializable。

场景 5 利用间隙锁避免幻读现象

场景 5 步骤

（1）在 MySQL 客户机 1 上重新执行"触发器、存储过程和异常处理"实践任务场景 7 的步骤（1）和步骤（2）。

（2）在 MySQL 客户机 1 上执行下面的 SQL 语句，首先将当前 MySQL 会话的事务隔离级别设置为 repeatable read，接着开启事务，查询 account 表中是否存在 account_no=200 的账户信息，执行结果如图所示。

```
set session transaction isolation level repeatable read;
select @@transaction_isolation;
start transaction;
select * from account where account_no=200 lock in share mode;
```

说明　　虽然 account 表中不存在 account_no=200 的账户信息，但最后一条 select 语句为 account_no=200 的账户信息施加了间隙锁（共享锁）。

（3）在 MySQL 客户机 2 上执行下面的 SQL 语句，首先将当前 MySQL 会话的事务隔离级别设置为 repeatable read，接着开启事务，然后向 account 表中添加一条"庚"的账户信息，并将 account_no 赋值为 200。insert 语句将被阻塞，执行结果如图所示。

```
set session transaction isolation level repeatable read;
start transaction;
insert into account values(200,'庚',5000);
```

```
mysql> set session transaction isolation level repeatable read;
Query OK, 0 rows affected (0.00 sec)

mysql> start transaction;
Query OK, 0 rows affected (0.00 sec)

mysql> insert into account values(200,'庚',5000);
ERROR 1205 (HY000): Lock wait timeout exceeded; try restarting transaction
mysql>
```

（4）在 MySQL 客户机 1 上执行下面的 SQL 语句，查询 account 表中是否存在 account_no=200 的账户信息，执行结果如图所示。从图中可以看出，account 表中不存在 account_no=200 的账户信息。

```
select * from account where account_no=200 lock in share mode;
```

```
mysql> select * from account where account_no=200 lock in share mode;
Empty set (0.00 sec)
```

（5）由于 MySQL 客户机 1 检测到 account 表中不存在 account_no=200 的账户信息，因此 MySQL 客户机 1 就可以向 account 表中插入一条 account_no=200 的账户信息。在 MySQL 客户机 1 上执行下面的 insert 语句，向 account 表中添加一条"庚"的账户信息，并将 account_no 赋值为 200，执行结果如图所示。

```
insert into account values(200,'庚',5000);
```

```
mysql> insert into account values(200,'庚',5000);
Query OK, 1 row affected (0.00 sec)
```

结论：从运行结果可以看出，当 MySQL 的事务隔离级别是 repeatable read 时，数据库开发人员可以利用间隙锁的特点，避免出现幻读现象。

第10章
网上选课系统的开发

利用前面章节开发的"选课系统"数据库，本章选用 PHP 脚本语言，开发出类实际系统。该系统能进行实际运行和展示本章内容有助于读者了解应用程序的开发流程及数据库在应用程序中举足轻重的地位。

10.1　PHP 预备知识

PHP 是 PHP:Hypertext Preprocessor 单词组合的首字母缩写，是一种被广泛应用的、免费开源的、服务器端的、跨平台的、HTML 内嵌式的多用途脚本语言，PHP 通常嵌入到 HTML 中，尤其适合 Web 开发。

10.1.1　为何选用 B/S 结构及 PHP 脚本语言

B/S 结构，即 Browser/Server（浏览器/服务器）结构，是一种三层结构，如图 10-1 所示。选用 B/S 结构开发"选课系统"（此时称为网上选课系统），原因有以下几点。

（1）受众更广。学生、教师只需知道网址，即可使用计算机、智能手机、平板电脑随时随地浏览及操作业务数据。

（2）客户端的开发、维护成本较低。浏览器用户只需安装一个 Web 浏览器，如 Internet Explorer 浏览器、Firefox 浏览器或 UC 浏览器，即可享受 Web 服务器的服务。应用程序开发人员只需要改变 Web 动态页面的代码或者静态页面的代码，即可实现所有浏览器用户的页面同步更新。

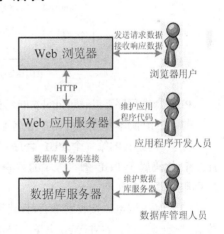

图 10-1　B/S 三层架构

（3）业务扩展简单方便。开发人员只需在网站首页上添加新功能的超链接，开发新的 Web 页面，即可增强应用程序的功能。

网上选课系统选用 PHP 脚本语言的原因在于以下几点。

（1）PHP 开发环境易于部署。本章使用的集成安装环境 WampServer 不到 30MB，几十秒的时间即可轻松部署开发环境，非常适合读者上机操作。

（2）PHP 易学好用。PHP 语言的风格类似于 C 语言，非常容易学习，读者了解一点 PHP 的基本语法和语言特色，就可以开始 PHP 编程之旅。

（3）平台无关性（跨平台）。同一个 PHP 应用程序无须修改源代码，就可以运行在 Windows、Linux、UNIX 等绝大多数操作系统环境中。

（4）良好的数据库支持。PHP 最强大最显著的优势是支持 Oracle、MS-Access、MySQL、Microsoft SQL Server 等大部分数据库，并且使用 PHP 编写数据库支持的 Web 动态网页非常简单。

10.1.2　PHP 脚本语言概述

PHP 是 HTML 内嵌式的脚本语言。PHP 脚本程序中可包含文本、HTML 代码及 PHP 代码。例如，PHP 脚本程序 helloworld.php 的代码如下，其执行结果如图 10-2 所示（运行 PHP 脚本程序前，需要部署 Web 应用服务器及 PHP 预处理器，稍后介绍）。

```
这是我的第一个 PHP 程序:
<br/>
<?php
echo "hello world!";
?>
<br/>
<?php
echo date("Y 年 m 月 d 日 H 时 i 分 s 秒");
?>
```

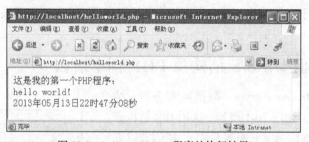

图 10-2　helloworld.php 程序的执行结果

PHP 脚本程序 helloworld.php 的具体说明如下。

（1）PHP 脚本程序文件的扩展名通常为 php。

（2）"这是我的第一个 PHP 程序："是一段文本信息，"<br/>"是 HTML 代码。文本信息及 HTML 代码属于 PHP 脚本程序的"静态代码"，静态代码无须 PHP 预处理器处理，直接被 Web 应用服务器输出到 Web 浏览器。

（3）Web 浏览器接收到 HTML 代码后，会对该 HTML 代码解释执行，例如，Web 浏览器接收到"
"后，将在 Web 浏览器产生一次换行。

（4）灰色底纹代码为 PHP 代码段，"<?php"用于标记 PHP 代码段的开始，"?>"用于标记 PHP 代码段的结束。一个 PHP 脚本程序可以有多个 PHP 代码段。"<?php"与"?>"分别叫作 PHP 的开始标记和结束标记。

（5）PHP 代码段中的代码为 PHP 代码，例如，"echo "hello world!";"和"echo date("Y 年 m 月 d 日 H 时 i 分 s 秒");"是两条 PHP 代码，所有的 PHP 代码都要经 PHP 预处理器解释执行。PHP 预处理器解释这两条 PHP 代码时，会将这两条代码解释为文本信息"hello world!"和 Web 服务器主机的当前时间（例如，"2013 年 05 月 13 日 22 时 47 分 08 秒"），然后再将这些文本信息输出到 Web 浏览器，显示在 Web 浏览器上。

（6）date()函数是 PHP 提供的日期时间函数，该函数的功能类似于 MySQL 提供的 now()函数。不同之处在于，PHP 提供的 date()函数用于获取 Web 应用服务器当前的日期时间；MySQL 提供的 now()函数用于获取数据库服务器当前的日期时间。数据库服务器与 Web 应用服务器可能位于不同的两台机器上，此时它们的日期时间不一定相同。

PHP 提供的 date()函数需要一个字符串参数，例如，"Y 年 m 月 d 日 H 时 i 分 s 秒"，Y 是 year 的第一个字母，m 是 month 的第一个字母，d 是 day 的第一个字母，H 是 hour 的第一个字母，i 是 minute 的第二个字母，s 是 second 的第一个字母，分别代表 Web 应用服务器当前的年、月、日、时、分、秒。

10.1.3　PHP 脚本程序的工作流程

运行 PHP 脚本程序必须借助 PHP 预处理器、Web 应用服务器（以下简称为 Web 服务器）和 Web 浏览器，必要时还需借助数据库服务器。其中，Web 服务器的功能是解析 HTTP；PHP 预处理器的功能是解释 PHP 代码；Web 浏览器的功能是显示执行结果；数据库服务器的功能是保存业务数据。

1. Web 浏览器

Web 浏览器（Web Browser）也叫网页浏览器（以下简称为浏览器）。浏览器是网络用户最为常用的客户机程序，主要功能是显示 HTML 网页内容，并让用户与这些网页内容产生互动。常见的浏览器有微软的 Internet Explorer（简称 IE）浏览器、Mozilla 的 Firefox 浏览器等。

2. HTML 简介

HTML 是网页的静态内容，这些静态内容由 HTML 标记产生，浏览器识别这些 HTML 标记并解释执行。例如，浏览器识别 HTML 标记 "<br/>"，将 "<br/>" 标记解析为一个换行。在 PHP 程序开发过程中，HTML 主要负责页面的互动、布局和美观。

3. PHP 预处理器

PHP 预处理器（PHP Preprocessor）的功能是将 PHP 程序中的 PHP 代码解释为文本信息，这些文本信息中可以包含 HTML 标记。

4. Web 服务器

Web 服务器也称为 WWW（World Wide Web）服务器，其功能是解析 HTTP。Web 服务器首先接收浏览器 HTTP 静态请求及 HTTP 动态请求，然后进行如下处理。

在浏览器地址栏中输入诸如 "http://www.baidu.com/index.html" 的页面请求，是 HTTP 静态请求（静态请求页面的扩展名通常是 html、htm 等）；在浏览器地址栏中输入诸如 "http://www.baidu.com/index.php" 的页面请求，是 HTTP 动态请求（动态请求页面的扩展名通常是 php、jsp 等）。

（1）当 Web 服务器接收到浏览器的一个 HTTP 静态请求时，Web 服务器直接将静态页面的内容返回给浏览器，从而完成浏览器与 Web 服务器之间的一次请求/响应。

（2）当 Web 服务器接收到浏览器的一个 HTTP 动态请求时，Web 服务器会将动态页面的 PHP 代码段交由 PHP 预处理器解释执行，PHP 预处理器将这些 PHP 代码段解析成文本信息后，由 Web 服务器返回给浏览器。

（3）如果 PHP 代码段中包含访问数据库的 PHP 代码，PHP 预处理器与数据库服务器交互完成后，PHP 预处理器再将交互结果返回给 Web 服务器，最后由 Web 服务器返回给浏览器。

常见的 Web 服务器有美国微软公司的 Internet Information Server（IIS）服务器、美国 IBM 公司的 WebSphere 服务器、开源的 Apache 服务器等。Apache 服务器具有免费、速度快且性能稳定等特点，目前已成为最受欢迎的 Web 服务器。本章使用 Apache 服务器部署 PHP 程序。

5. 数据库服务器

数据库服务器（database server）是安装有数据库管理系统的一套主机系统（内存、CPU、硬盘、网络设备等）。数据库服务器可以为应用系统（如网上选课系统）提供一套数据库管理服务，这些服务包括数据管理服务（例如，数据的添加、删除、修改、查询）、事务管理服务、索引服务、高速缓存服务、查询优化服务、安全及多用户存取控制服务等。常见的数据库管理系统有美国甲骨文公司的 Oracle 及 MySQL、美国微软公司的 SQL Server、美国 IBM 公司的 DB2 及 Infomix、德国 SAP 公司的 Sybase。由于 MySQL 具有体积小、速度快、免费等特点，许多中小型的 Web 应用系统将 MySQL 作为首选数据库管理系统。

PHP 程序的工作流程如图 10-3 所示，具体步骤如下。

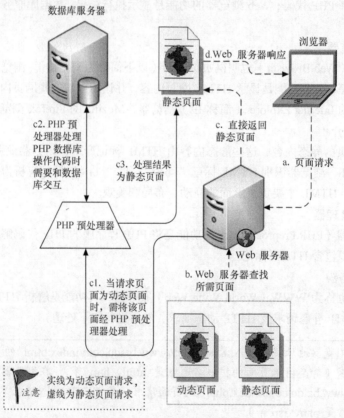

图 10-3　PHP 程序的工作流程

（1）用户在浏览器地址栏中输入要访问的页面地址（如 http://localhost/choose/index.php），按回车键后就会触发该页面请求，并将请求传送给 Web 服务器（步骤 a）。

（2）Web 服务器接收到该请求后，根据请求页面文件名在 Web 服务器主机中查找对应的页面文件（步骤 b），并根据请求页面文件名的后缀（例如，.html 或.php），判断当前请求为静态页面请求还是动态页面请求。

当请求页面为静态页面时（例如，请求页面文件名后缀为.html 或.htm），直接将 Web 服务器中的静态页面返回（步骤 c），并将该页面作为响应发送给浏览器（步骤 d）。

当请求页面为动态页面时（例如请求页面文件名后缀为.php），此时 Web 服务器委托 PHP 预处理器将该动态页面中的 PHP 代码段解释为文本信息（步骤 c1）；如果动态页面中存在数据库操作代码，则 PHP 预处理器和数据库服务器完成信息交互（步骤 c2）后，再将动态页面解释为静态页面（步骤 c3）；最后由 Web 服务器将该静态页面作为响应发送给浏览器（步骤 d）。

10.2　软件开发生命周期

对于初学者而言，可能总会觉得：软件开发过程中最大的障碍是编写应用程序代码，然而事实并非如此。事实上，软件的开发并非是一蹴而就的，真正的软件项目一般采用软件工程的思想进行开发。软件工程将软件的开发流程共分为 5 个阶段：系统规划、系统分析、系统设计、系统实施（编码）和系统测试，如图 10-4 所示。每个阶段目标不同，任务也不相同，这 5 个阶段共同构成了软件开发生命周期（Systems Development Life Cycle，SDLC）。系统实施对于整个软件开发生命周期而言仅仅是冰山之一角，软件开发最大的难度在于如何对系统进行规划、分析、设计。下面以网上选课系统为例讲解各个阶段应该完成的任务。

图 10-4　软件开发生命周期

10.3　网上选课系统的系统规划

系统规划的目标是规划项目范围并做出项目计划。系统规划的主要任务是定义目标，确认项目可行性，制定项目的进度表及人员分工等。

10.3.1　网上选课系统的目标

定义目标的目的是准确地定义要解决的商业问题，它是软件开发过程中最重要的活动之一。以网上选课系统为例，网上选课系统既可以为任课教师提供服务，也可以为学生提供服务，同时还可以为教务部门（或者管理员）提供服务。通过网上选课系统，任课教师可以在网上申报课程；教务部门（或者管理员）可以在网上审核课程；学生可以在网上选课、退课，甚至调课。通过网上选课系统，不仅可以加快课程申报、审核及选课的进度，还可以避免人为统计可能产生的错误。通过引入数据库技术，可以实现课程信息的并发访问，允许多个学生在同一个时间段内对同一门课程进行选课、退课，甚至调课等，更大程度地保证数据的并发访问。网上选课系统可以解决的具体商业问题，请读者参看数据库设计概述章节的内容，这里不再赘述。

10.3.2　网上选课系统的可行性分析

确认项目可行性的目的是确认拟建项目是否存在合理的成功机会，在项目开发之前对项目的必要性和可能性进行探讨。网上选课系统的可行性分析可以从以下 3 个角度进行分析。

1. 技术可行性

开发网上选课系统时所需的硬件设备，如计算机主机及网络配件等，一般的机房、实验室均可满足硬件方面的需求；开发该系统时所需的软件，如数据库管理系统、Web 应用服务器软件、开发语言等均选用开源免费的软件。数据库管理系统选用 MySQL，Web 服务器软件选用 Apache，开发语言选用 PHP，这些软件和语言在软件项目中已被广泛应用。开发网上选课系统所需的硬件和软件环境在技术上都比较成熟。总之，开发网上选课系统在技术上是可行的。

2. 经济可行性

网上选课系统开发过程中所需的软件资源均为开源软件，对于所需的硬件资源，一般的机房、实验室均可满足要求。另外，由于网上选课系统的功能需求比较简单，开发周期较短，投入的人力成本较少，因此，开发网上选课系统所需投入的资金较少。系统开发成功后，该系统可以为教务部门、全校学生、教师提供服务，不仅可以提升教师申报课程、教务部门审核课程及学生选报课程的效率，加快选课进度，还可以避免人工选课带来的人员配备不足等问题的发生，同时可以大幅减少人为统计可能产生的错误。从效益、资金投入及回报等方面考虑，开发网上选课系统在经济上是可行的。

3. 法律可行性

教师申报的课程均由教务部门（或者管理员）审核通过后才能发布。另外，该系统没有为学生或者教师提供课程评价、网络评论等功能，这些举措可以有效避免非法信息的散发，从法律的角度上看，该系统是可行的。

10.3.3　网上选课系统的项目进度表

目前，软件的复杂度越来越高，软件开发生命周期在不同的软件项目中也不相同。例如，对于简单的软件项目，可以使用瀑布模型进行开发；对于复杂的软件项目，可以使用迭代的 SDLC 进行开发；对于工期有一定要求的软件项目，可以使用快速应用程序开发（RAD）加快开发进程。工期之所以有一定要求，一方面是因为客户对软件有强烈的依赖性，另一方面是因为技术及商业环境日新月异，软件开发耗费的时间过长，软件并不能为企业带来更多的预期效益。

对于网上选课系统而言，由于其功能较为简单，系统功能一旦确定，基本就不会发生大的变化，因此本书选用瀑布模型开发网上选课系统，即严格地按照软件开发生命周期开发该系统，只有当前阶段所有任务完成后，才进行下一阶段的任务（不能返回），直到整个项目完成为止，如图 10-5 所示。

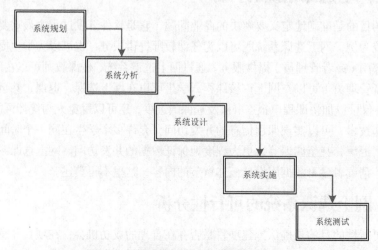

图 10-5　使用瀑布模型开发网上选课系统

10.3.4　网上选课系统的人员分工

真正的软件项目往往需要很多人（例如，需求调研员、系统分析员、数据库管理员、项目经理、项目组长、程序开发人员、界面美工人员、测试人员等）的合作，花费几个月，甚至数年的时间才能完成。为了提高软件项目的开发效率，保证项目质量，软件开发人员的组织、分工与管理成为一项十分重要和复杂的工作，它直接影响了软件项目的成功与失败。对于大多数的软件项目，建议选用树状结构组织、管理软件开发人员。树的根是项目经理，树的结点是软件开发小组，软件开发小组的人数一般是 3～5 人。

由于网上选课系统功能较为单一，读者可以一个人完成软件开发生命周期的所有任务。也可以由经验丰富的开发人员担任项目经理，安排 3～5 人或更多人为一个软件开发小组，指定一人为组长，统筹项目开发过程中遇到的所有问题；组长指定一名小组成员为需求调研员，负责收集网上选课系统的功能需求等信息；指定一名界面开发人员、一名程序开发人员、一名数据库管理员以及若干测试人员，共同参与网上选课系统的开发。

软件项目的各成员职责如下。

- 需求调研员：与客户交流，准确获取客户需求。
- 系统分析员：根据客户的需求，编写软件需求及功能文档。
- 数据库管理员：Database Administrator，简称 DBA，是项目组中唯一能对数据库进行直接操作和日常维护的人，也是对项目中与数据库相关的所有重要的事做最终决定的人。DBA 需根据业务需求和系统性能进行分析、建模，设计数据库，完成数据库操作，确保数据库操作的正确性、安全性。
- 项目经理：项目经理负责人员安排和项目分工，保证按期完成任务，对项目的各个阶段进行验收，对项目参与人员的工作进行考核，管理项目开发过程中的各种文档。
- 项目组长：通常 3～5 个开发人员组成一个开发小组，由项目组长带领进行开发活动。项目组长由小组内技术和业务比较好的成员担任。
- 程序开发人员：根据设计文档进行具体编码工作，并对自己的代码进行基本的单元测试。
- 界面美工人员：负责公司软件产品的美工设计和页面制作。
- 测试人员：制订测试方案、设计测试用例、部署测试环境、执行测试并撰写测试报告。

10.4　网上选课系统的系统分析

系统分析的目标是了解用户需求并详述用户需求。系统分析的任务是收集相关信息并确定系统需求，系统分析阶段着重考虑的是"系统做什么"的问题。一般而言，可以将系统分析分为功能需求分析及非功能需求分析。功能需求分析定义了系统必须完成的功能。非功能需求分析定义了系统的运行环境（软件及硬件环境）、性能指标、安全性、可用性、可靠性及可扩展性等需求分析。系统分析一般由需求调研员、系统分析员、项目经理及最终用户共同完成。

10.4.1　网上选课系统的功能需求分析

功能需求分析定义了系统必须完成的功能。网上选课系统主要为教务部门、学生及教师提供服务，因此可以从用户（游客、教师、管理员及学生）的角度分析网上选课系统的功能需求。

游客成功打开选课系统首页后，可以浏览所有已经审核的课程信息，还可以对课程信息进行全文检索。游客可以将个人信息进行注册，成为该系统的学生用户或者教师用户。游客成功登录系统后，由游客变为学生或教师管理员，如图 10-6 所示。

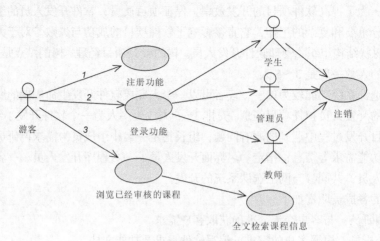

图 10-6　游客的功能需求分析

教师成功登录系统后，首先需要申报课程，接着教师可以浏览自己申报的课程。如果自己申报的课程没有通过审核，教师可以删除未通过审核的课程；如果自己申报的课程通过审核，教师可以浏览该课程的选课学生。另外，教师还可以浏览所有已经通过审核的课程信息，并对课程信息进行全文检索，如图 10-7 所示。

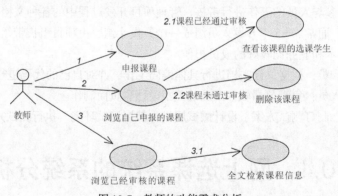

图 10-7　教师的功能需求分析

学生成功登录系统后，首先浏览所有已经通过审核的课程，对课程信息进行全文检索；接着选修已经审核的课程。学生可以查看自己选修的课程，取消已经选修的课程，调换已经选修的课程，如图 10-8 所示。

教务部门（或者管理员）可以添加班级信息；浏览所有课程信息（包括未经审核的课程），并对未经审核的课程进行审核、删除；对经过审核的课程可以取消审核，也可以查看已审核课程的学生信息；管理员可以浏览选修人数少于 30 人的课程，并可以删除这些课程；管理员还可以重置学生或者教师的密码。另外，管理员还可以备份数据和恢复数据（第 11 章进行讲解），如图 10-9 所示。

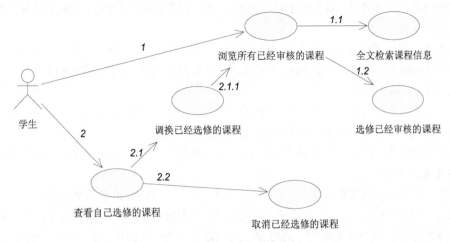

图 10-8　学生的功能需求分析

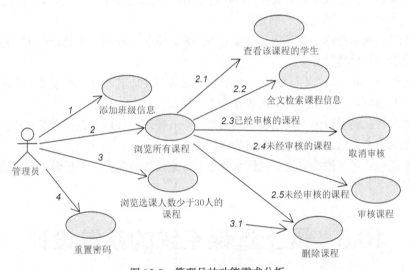

图 10-9　管理员的功能需求分析

　　由于之前已经花费了大量的篇幅描述网上选课系统的功能需求，并且已经制作了该系统的 E-R 图，甚至编写了大量的存储过程、函数、触发器用于实现该系统大部分的业务逻辑，因此，这里对于该系统的功能需求分析描述较少。然而，真正的软件项目中，功能需求分析非常复杂，感兴趣的读者可以参看软件工程、系统分析与设计类的书籍，限于篇幅本节不再赘述。

10.4.2　网上选课系统的非功能需求分析

　　非功能需求分析定义了系统的开发环境和运行环境（软件及硬件环境）、性能、安全性、可用性、可维护性，以及可扩展性等内容。

　　（1）软件及硬件环境：对于网上选课系统而言，该系统在 Windows 操作系统环境下开发和运行，系统开发时使用的语言为 PHP（5.0 以上版本），使用的浏览器包括 IE 浏览器和 Firefox 浏览器，使用的数据库管理系统为 MySQL（且版本号须为 5.7 以上版本），使用的 Web 服务器为 Apache（2.0 以上版本）。对于网上选课系统而言，在系统开发阶段，主流的计算机配置都可满足开发要求。

（2）性能：性能的衡量指标主要是响应时间、资源使用率、并发用户数及吞吐量。

● 响应时间：用户发出请求到用户接收到系统返回的响应之间的时间间隔。网上选课系统要求系统的响应时间少于 0.5s。

● 资源利用率：指系统各种资源的使用情况，如 CPU 占用率为 68%，内存占用率为 55%，一般使用"资源实际使用/总的资源可用量"计算资源利用率。

● 并发用户数：同时在线的最大用户数，反应的是系统的并发处理能力。网上选课系统要求同时在线人数为 50 人。

● 吞吐量：对于软件系统来说，"吞"进去的是请求，"吐"出来的是结果，而吞吐量反映的就是软件系统的"饭量"，也就是系统的承受能力。具体说来，就是指软件系统在单位时间内处理用户请求的数量。从业务角度看，吞吐量可以用请求数/秒、页面数/秒、人数/天或处理业务数/小时等单位来衡量。从数据库的角度看，吞吐量指的是单位时间内不同 SQL 语句的执行数量。从网络角度看，吞吐量可以用 bit/s 来衡量。

（3）安全性：衡量指标主要是核心数据是否加密，系统对权限设置是否严密，应用服务器、数据库服务器及网络环境是否安全。

（4）可用性：强调的是"以人为本"，可用性考虑最多的是用户的主观感受。例如，简单大方、格式统一的用户界面可以给用户一个比较好的用户体验。

（5）可维护性：衡量指标主要是程序结构是不是有条理，代码是否符合编写规范，注释是否清晰，文档是否齐全，代码是否经过严格的测试。

（6）可扩展性：可扩展性决定了软件系统适应未来发展的能力。要想做好可扩展性，首先要做好可维护性。

10.5 网上选课系统的系统设计

系统设计的目标是：根据系统分析阶段得到的需求模型（如 E-R 图、数据流程图等），建立系统解决方案的模型。系统设计的任务是阐述系统如何使用计算机技术、信息技术、网络技术构建系统的解决方案。系统设计阶段着重考虑的是"系统怎么做"的问题。

系统设计包括应用程序结构的设计、程序流程的设计、数据库规范化设计、图形用户界面的设计、网络模型的设计、系统接口的设计等内容。系统设计使用到的模型主要包括系统流程图、程序流程图、数据库物理模型、图形用户界面、网络拓扑图等模型。由于网上选课系统的网络拓扑图（B/S 三层结构）比较简单，之前的章节已经对该系统进行了数据库规范化设计，并创建了选课系统的数据库表，而且对复杂的业务逻辑绘制了程序流程图，因此，这些内容这里不再赘述。这里仅仅以系统流程图为例，从宏观的角度，描述网上选课系统各个应用程序之间的依赖关系。

系统流程图描述了系统内计算机程序之间所有的控制流程。根据网上选课系统的功能需求分析可以得到网上选课系统各种用户的系统流程图，如图 10-10～图 10-13 所示。这些系统流程图不仅详细描述了 PHP 程序之间所有的控制流程，而且描述了每个 PHP 程序实现的功能，以及某一种角色的用户能够访问的 PHP 程序，从而为将来的系统实施做好准备。

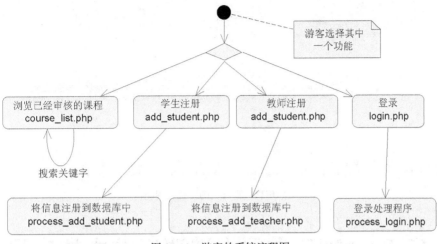

图 10-10　游客的系统流程图

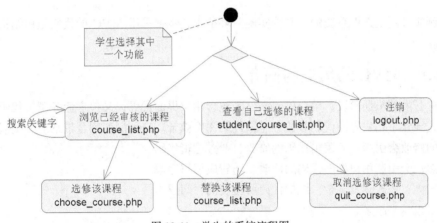

图 10-11　学生的系统流程图

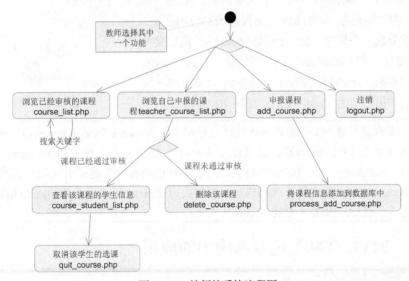

图 10-12　教师的系统流程图

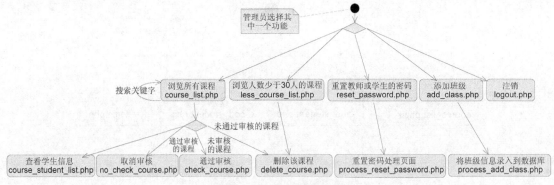

图 10-13　管理员的系统流程图

10.6　MVC 在网上选课系统中的应用

在案例实训网上选课系统的"系统实施"环节中，本书采用 MVC 的代码组织结构开发网上选课系统。

10.6.1　MVC 的历史与简介

在软件开发的早期阶段，单个代码文件既包含用户界面代码，又包含业务逻辑代码。这种代码组织方式导致了用户界面代码和业务逻辑代码深度耦合。这种深度耦合带来的弊端就是：用户界面代码的修改会引起业务逻辑代码的修改，业务逻辑代码的修改必然也会引起用户界面代码的修改。随着应用程序规模的不断扩大，修改越发复杂，维护代码所耗费的时间成本以及工作量也越来越多。

后来，用户界面代码与业务逻辑代码分离的思想逐渐盛行，20 世纪 70 年代后期，MVC 的概念应运而生，直到 1988 年，MVC 才被广为接受。采用 MVC 编程范式的应用程序，代码结构被拆分成三个概念单元，分别是 Model 层（模型层）、View 层（视图层）和 Controller 层（控制器层），其中 View 层代表了用户界面，Model 层代表了业务逻辑，Controller 层负责在视图层和模型层之间居中协调，如图 10-14 所示。

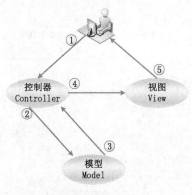

图 10-14　MVC 模式

有些资料将 MVC 称为一种软件设计模式（Software Design Pattern），还有些资料将其称为框架（Framework），甚至还有资料将 MVC 称为一种架构（Architecture），其实 MVC 本质上是一种组织代码的编程范式。MVC 的核心思想是引入控制器代码，将用户界面的代码和业务逻辑的代码隔离（解耦更为恰当），因此，更精确地讲 MVC 是一种编程范式（类似于数据库中的 3NF）。

10.6.2　MVC 在网上选课系统中的应用

1. 网上选课系统中的 View 层

HTML（包括 FORM 表单）属于 Web 开发人员的必备知识，学习门槛较低，本书采用 HTML

（包括 FORM 表单）构建网上选课系统的前台页面。但是 HTML（包括 FORM 表单）属于静态代码，只靠 HTML（包括 FORM 表单）无法动态地展现数据库中的数据，有必要在 HTML（包括 FORM 表单）代码中嵌入 PHP 代码，形成 PHP 程序文件，动态地展现数据库中的数据。这些 PHP 程序文件扮演了网上选课系统中 View 层的角色。

2. 网上选课系统中的 Model 层

本书利用前面 9 章的篇幅，将网上选课系统中的核心业务逻辑（例如，选课、调课等业务）封装在存储过程、视图、触发器等代码中，因此数据库除了扮演存储数据的角色外，还扮演了网上选课系统 Model 层的角色。

然而，仅仅依靠数据库是无法完成网上选课系统的所有业务逻辑的，一些业务逻辑还需要借助 PHP 程序完成，这些 PHP 程序文件也扮演了网上选课系统 Model 层的角色。

为了区分扮演 View 层角色以及扮演 Model 层角色的 PHP 程序文件，本书将 Model 层的 PHP 程序文件统一命名为 process_***.php，如 process_add_class.php。

扮演 View 层角色的 PHP 程序文件的特点是，PHP 代码较少，HTML 代码较多。例如，login.php、add_teacher.php、add_class.php、add_student.php 程序文件都是 View 层的 PHP 程序。扮演 Model 层角色的 PHP 程序文件的特点是，PHP 代码较多（业务逻辑较多），HTML 代码较少。例如，process_login.php、process_add_teacher.php、process_add_class.php、process_add_student.php 程序文件都是 View 层的 Model 程序。

---

3. 网上选课系统中的 Controller 层

Controller 层负责在视图层和模型层之间居中协调，Controller 层将浏览器用户在 View 界面的操作（例如，单击表单的提交按钮）转换成业务逻辑；网上选课系统功能较为单一，可以编写一个 index.php 首页页面，统一接收浏览器的操作，并将这些操作转换成业务逻辑。index.php 首页页面扮演了网上选课系统中 Controller 层的角色。

浏览器用户只需单击首页 index.php 提供的超链接；然后由 index.php 调用 View 层的 PHP 程序展示表单；浏览器用户填写数据、提交表单后，触发 Model 层的 PHP 程序处理表单数据，并与数据库进行交互；最后，Model 层的 PHP 程序将交互结果返回给 index.php，供浏览器用户查看。基于 MVC 网上选课系统的代码组织结构如图 10-15 所示。

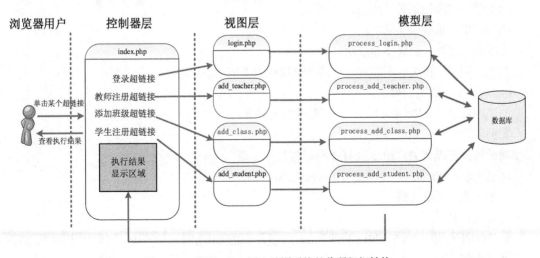

图 10-15　基于 MVC 网上选课系统的代码组织结构

10.7　网上选课系统的测试

由于软件开发生命周期中每一个阶段（系统规划、系统分析、系统设计、系统实施）都有可能发生错误，随着开发阶段向前推进，纠错的开销将越来越大，因此，在系统开发初期，就需要软件测试同时进行，并伴随整个开发过程。

网上选课系统的核心代码开发完毕后，并不意味着该系统就可以交付用户使用。在交付用户使用前，测试人员还需要对系统进行严格的测试，其中包括功能测试、性能测试、安全性测试、易用性测试等。

以功能测试为例，功能测试就是对系统的各功能进行验证，根据功能测试用例，逐项测试，检查系统是否达到用户要求的功能。功能测试的关键是如何确定测试用例，而这个过程是一段枯燥且耗时的过程。测试用例（test case）是可以被独立执行的一个过程，这个过程是一个最小的测试实体，不能再分解。测试用例也就是为了某个测试点而设计的测试操作过程序列、条件、期望结果及其相关数据的一个特定的集合。例如，测试"添加班级"的测试用例如下所示。

【示例：书写规范的测试用例】

测试用例 ID：130510010　　　　测试人员姓名：　　　　　测试日期：

用例名称：添加班级。

测试项：班级名为"2013 计算机科学与技术 1 班"。

环境要求：Windows XP SP2 和 Internet Explorer。

参考文档：需求文档。

优先级：高。

依赖的测试用例：130510001（管理员 admin 登录系统测试用例）。

测试步骤：

（1）打开 IE 浏览器；

（2）在地址栏中输入"http://localhost/choose/index.php?url=add_class.php"；

（3）班级名文本框输入"2013 计算机科学与技术 1 班"；

（4）单击"添加班级"按钮。

期望结果：**班级添加成功!**

实际运行结果：**班级添加成功!**

例如，测试"班级名不能重名"的测试用例如下所示。

【示例：书写规范的测试用例】

测试用例 ID：130510011　　　　测试人员姓名：　　　　　测试日期：

用例名称：班级名不能重名。

测试项：班级名为"2013 计算机科学与技术 1 班"。

环境要求：Windows XP SP2 和 Internet Explorer 6。

参考文档：需求文档。

优先级：高。

依赖的测试用例：130510001（管理员 admin 登录系统测试用例）、130510010（添加班级测试用例）。

测试步骤：

（1）打开 IE 浏览器；

（2）在地址栏中输入"http://localhost/choose/index.php?url=add_class.php"；

（3）班级名文本框输入"2013 计算机科学与技术 1 班"；

（4）单击"添加班级"按钮。

期望结果：**班级添加失败！**

实际运行结果：**班级添加失败！**

如果期望结果与实际运行结果相符，则说明该测试用例通过测试。如果期望结果与实际运行结果不符，说明该测试用例找到了系统存在的 bug，只有找到系统 bug 的测试用例才是成功的测试用例。使用同样的方法可以对网上选课系统的其他功能模块进行功能测试。

习　　题

1. 选用 PHP 脚本语言开发网上选课系统的原因是什么？

2. 请简单描述 PHP 脚本程序的工作流程。

3. 什么是软件开发生命周期？对于一个真实的软件项目而言，您觉得编码阶段是软件开发生命周期中最难实现的环节吗？

4. 请简单描述网上选课系统的目标、可行性分析、项目进度、人员分工。

5. 请简单描述网上选课系统的功能需求分析与非功能需求分析。

6. 请简单描述网上选课系统的系统设计。

7. 按照本章要求、步骤实现网上选课系统。

8. 根据本章的知识，参看视图与触发器章节的内容，为网上选课系统添加两个新的功能模块：重置所有学生的密码，重置所有教师的密码。

9. 根据本章的知识，为网上选课系统添加新的功能模块：任课教师编辑未经审核的课程信息。

10. 什么是 MVC，使用 MVC 开发程序有哪些优点？

11. 编写功能测试用例，测试网上选课系统其他功能模块。

实践任务　网上选课系统的系统实施（必做）

1. 目的

（1）利用前 9 章所开发代码，结合 PHP 开发出类实际系统；

（2）理解数据库在实际系统中的作用和地位。

2. 环境

MySQL 服务版本：8.0.15 或 5.7.26。

Apache 服务版本：2.4.4。

3. 环境准备

本实践任务选择 WAMP（Windows＋Apache＋MySQL＋PHP）集成安装环境 WampServer 快速安装、部署 Apache 应用服务器。读者可自行下载 WampServer，版本为 2.4。读者可到本书前言指定的网址下该安装程序。

（1）双击 WampServer.exe，进入 WampServer 程序安装欢迎界面，如图所示。

（2）单击 "Next" 按钮，出现许可条款界面，如图所示。

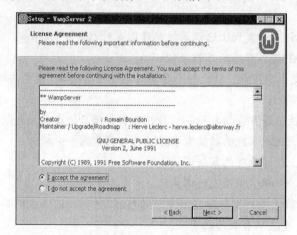

（3）选中 "I accept the agreement（我同意条款）" 单选按钮，单击 "Next" 按钮，出现选择安装路径界面，如图所示。WampServer 默认的安装路径是 "C:\wamp"，单击 "Browse…（浏览）" 按钮选择安装路径，这里使用默认安装路径。

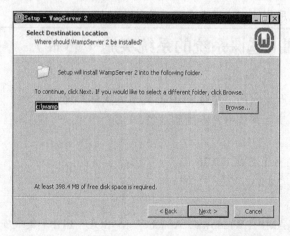

（4）单击 "Next" 按钮，出现创建快捷方式选项界面，如图所示，其中，第一个复选框负责在快速启动栏中创建快捷方式，第二个复选框负责在桌面上创建快捷方式。此处勾选第一个复选框。

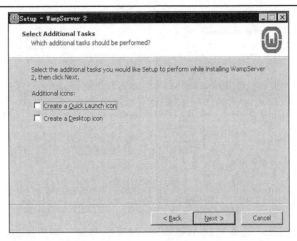

（5）单击"Next"按钮，出现信息确认界面，如图所示。

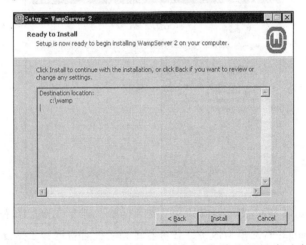

（6）信息确认无误后，单击"Install（安装）"按钮，安装接近尾声时会提示选择默认的浏览器，如果不确定使用哪一款浏览器，单击"打开"按钮就可以了，此时将 Windows 操作系统的 IE 浏览器选作默认的浏览器，如图所示。

（7）后续操作会提示输入一些 PHP 的邮件参数信息，这里保留默认的内容就可以了，如图所示。

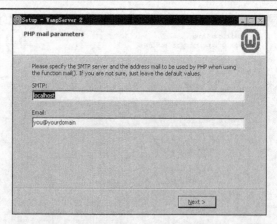

（8）单击"Next"按钮，进入完成 WampServer 安装界面，如图所示。

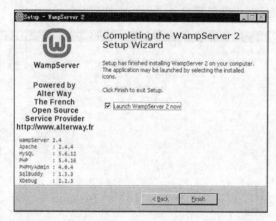

（9）当选中"Launch WampServer 2 now"复选框时，单击"Finish"按钮后完成所有安装步骤，然后自动启动 WampServer 所有服务。任务栏的系统托盘中增加了 WampServer 图标 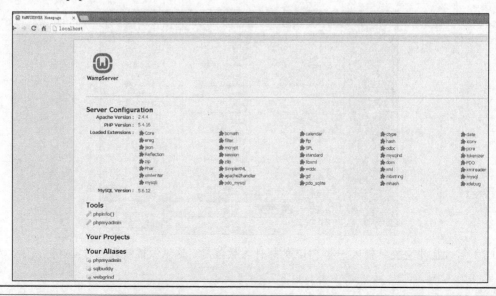。

（10）打开 IE 浏览器，在地址栏中输入"http://localhost/"或"http://127.0.0.1/"后按"回车"键，若出现下图所示的界面，说明 Web 服务器安装并成功启动（该界面对应的是"C:\wamp\www"目录下的 index.php 程序）。

4. 启动服务

（1）停止 WampServer 中自带的 MySQL 服务。

WampServer 2.4 集成的 MySQL 为 5.6 版本，该版本下的 InnoDB 表支持全文检索，但不支持中文全文索引。停止 WampServer 中自带的 MySQL 服务，操作步骤如下。

单击任务栏系统托盘中的"WampServer" 🔲 图标，选择"MySQL"→"Service"→"Stop Service"，停止 WampServer 中的 MySQL 服务。

（2）启动本机的 MySQL 8.0 或 5.7.26 服务，这里不再赘述。

（3）开启 WampServer 自带的 Apache 服务。

默认情况下，Apache 占用 Web 服务器主机的 80 端口号为其他浏览器主机提供 HTTP 服务。如果 80 端口号已经被其他应用程序占用（例如，IIS 服务或者 SQL Server 的 Reporting Service），会导致 Apache 无法启动。解决方法有两个：一种方法是修改 Apache 默认端口号（例如，将 80 修改为 8080），另一种方法是停止 IIS 服务（这里以第二种方法为例）。

使用鼠标右键单击"我的电脑"，选择"管理"→"服务和应用程序"→"服务"，在图中的服务名称中找到"IIS Admin"服务，选择"停止此服务"，即可停止 IIS 服务。然后单击任务栏系统托盘中的"WampServer" 🔲 图标，选择"Apache"→"Service"→"Start/Resume Service"，即可启动 WampServer 中的 Apache 服务。

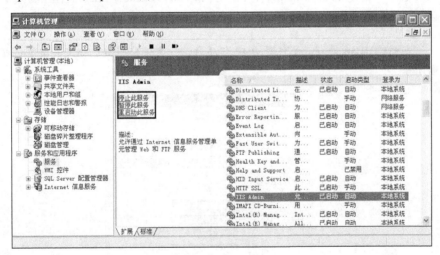

5. 权限管理

网上选课系统为不同角色的用户提供了不同的服务，数据库开发人员需要实现"权限系统"，便于各种用户各司其职，访问被授权的资源。

6. 数据准备

（1）默认安装 WampServer 后，在 C:\wamp\www 目录下创建 choose 目录，该目录用于存储所有 PHP 程序文件及 SQL 脚本文件。

（2）将之前章节中所有有关选课系统的 SQL 语句制作成 SQL 脚本文件（如 choose.sql），放入 choose 目录下，有关选课系统的所有 PHP 程序全部放在该目录下。

（3）将下面的 SQL 语句也放入 choose.sql 脚本中，创建 admin 表，并向该表插入管理员信息：账号为 admin，密码为 admin，账户名为"管理员"。

```
create table admin(
admin_no char(10) primary key,
```

```
password char(32) not null,
admin_name char(10)
)engine=InnoDB charset=gbk;
insert into admin values('admin',md5('admin'),'管理员');
```

（4）运行 choose.sql 脚本中的 SQL 语句，创建网上选课系统数据库及表、存储过程、视图、触发器、函数、中文全文索引等数据库对象，并向数据库表添加测试数据。

7. 差异化考核

本实践任务所使用的数据库名、表名、视图名、存储过程名、触发器名中应该包含自己的学号或者自己姓名的全拼；所创建的 PHP 程序变量名应该包含自己的学号或者自己姓名的全拼。本实践任务要求学生做出类实际系统，并对该系统进行运行和演示。

主要考核：类实际系统的功能是否齐全；界面是否美观；学生答辩思路是否清晰。

8. 步骤

（1）制作 PHP 连接 MySQL 服务器函数。

由于 PHP 程序需要经常和 MySQL 服务器进行交互，而数据库服务器连接又是非常宝贵的系统资源，为了方便管理数据库服务器连接，建议制作一个 PHP 函数，专门管理数据库服务器连接，步骤如下。

在 choose 目录下创建 database.php 文件，使用记事本打开该文件，在该文件中输入下面的 PHP 代码，然后保存并关闭该文件。

注意

在创建 database.php 文件等 PHP 程序时，一定不能隐藏已知文件类型的扩展名，如图所示。

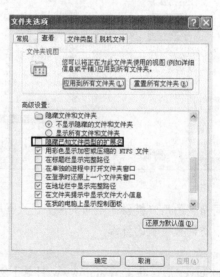

```php
<?php
$database_connection = null;          //MySQL 服务器连接，全局变量
function get_connection(){
    $hostname = "localhost";          //数据库服务器主机名,可以用 IP 代替
    $database = "choose";             //数据库名
    $username = "root";               //MySQL 账户名
    $password = "root";               //root 账号的密码
    global $database_connection;      //使用该函数外的全局变量$database_connection
```

```
        $database_connection = @mysql_connect($hostname, $username, $password) or exit
(mysql_error()); //连接数据库服务器
        mysql_query("set names 'gbk'");//设置字符集
        @mysql_select_db($database, $database_connection) or exit(mysql_error());
    }
    function close_connection(){
        global $database_connection;//使用该函数外的全局变量$database_connection
        $database_connection = null;//将全局变量$database_connection设置为null，关闭数据库服
务器连接
    }
    ?>
```

database.php 程序说明如下。

① PHP 的变量名前必须加上 "$"，例如，$database_connection。

② database.php 脚本程序中定义了全局变量$database_connection（参见灰色底纹代码），该全局变量是一个 MySQL 服务器连接。

③ database.php 脚本程序中定义了两个用户自定义函数 get_connection()及 close_connection()，这两个 PHP 自定义函数中，PHP 代码 "global $database_connection;" 中的关键字 global 的功能是使用函数外定义的全局变量$database_connection。

④ PHP 自定义函数 get_connection()用于实现 PHP 程序与 MySQL 服务器之间的连接，PHP 自定义函数 close_connection()用于关闭 PHP 程序与 MySQL 服务器之间的连接。

● PHP 程序连接 MySQL 服务器时，需要调用 PHP 系统函数 mysql_connect()，并且需要为该函数传递 3 个参数：MySQL 服务器主机名（或者 IP 地址）、数据库账户名及密码。

● 关闭 MySQL 服务器连接时，只需将 MySQL 服务器连接$database_connection 的值设置为 NULL，PHP 预处理器会适时回收该服务器连接。

⑤ PHP 系统函数 mysql_connect()用于实现 PHP 程序与 MySQL 服务器的连接，当连接失败时，该函数会打印出错信息。产生错误信息后，程序开发人员并不想将错误信息显示在网页上时，此时可以使用错误抑制运算符 "@"。将 "@" 运算符放置在 PHP 表达式之前，该表达式产生的任何错误信息将不会输出。这样做有两个好处：安全，避免错误信息外露，造成系统漏洞；美观，避免浏览器页面出现错误信息，影响页面美观。

⑥ 对于 database.php 程序而言，PHP 系统函数 mysql_connect()用于实现 PHP 程序与 MySQL 服务器的连接，当连接失败时，该函数的执行结果为 FALSE，此时将执行 or 后面的 exit()函数。PHP 系统函数 exit("字符串信息")用于终止 PHP 程序的运行，并将字符串信息显示在网页上。PHP 系统函数 mysql_error()用于返回 SQL 语句执行过程中的错误信息。

⑦ PHP 系统函数 mysql_query("SQL 字符串")用于向 MySQL 服务器发送 SQL 语句。

⑧ PHP 系统函数 mysql_select_db("数据库名")用于选择当前操作的数据库，功能类似于 MySQL 中的 "use" 命令。

（2）制作 PHP 权限系统函数。

网上选课系统一个重要的功能就是：为正确的用户提供正确的功能，并让正确的用户访问正确的数据。Web 应用程序经常使用 SESSION 实现用户的跟踪，实现数据的安全访问控制。

在 choose 目录下创建 permission.php 文件，使用记事本打开该文件，向该文件输入下面的 PHP 代码。permission.php 程序中定义了 4 个函数，调用这 4 个函数前，需要使用 PHP 的系统函数 session_start()开启 SESSION。每个函数完成的功能请参看代码中的注释。

```php
<?php
function is_login(){//判断用户是否登录
    if(empty($_SESSION["role"])){
        return false;
    }else{
        return true;
    }
}
function is_student(){//判断登录用户是否是学生
    if(is_login() && $_SESSION["role"]=="student"){
        return true;
    }else{
        return false;
    }
}
function is_teacher(){//判断登录用户是否是教师
    if(is_login() && $_SESSION["role"]=="teacher"){
        return true;
    }else{
        return false;
    }
}
function is_admin(){//判断登录用户是否是管理员
    if(is_login() && $_SESSION["role"]=="admin"){
        return true;
    }else{
        return false;
    }
}
?>
```

说明 $_SESSION 是一个 PHP 全局数组，并且是系统变量（无须定义，可以直接使用）。

（3）首页 index.php 的开发。

在 choose 目录下创建 index.php 文件，使用记事本打开该文件，向该文件输入下面的 PHP 代码。

```php
<?php
session_start();//开启一个会话或者使用同一个会话（重要）
include_once("permission.php");//引用权限系统 permission.php 定义的函数
if(is_teacher()){//为教师提供的功能
?>
    <a href="index.php?url=course_list.php">浏览通过审核的课程</a>
    <a href="index.php?url=teacher_course_list.php">浏览自己申报的课程</a>
    <a href="index.php?url=add_course.php">申报课程</a>
    <a href="index.php?url=logout.php">注销</a>
<?php
    echo "欢迎您，教师: ".$_SESSION["account_name"]."! <br/>";
}elseif(is_student()){//为学生提供的功能
?>
    <a href="index.php?url=course_list.php">浏览通过审核的课程</a>
    <a href="index.php?url=student_course_list.php">查看自己选修的课程</a>
    <a href="index.php?url=logout.php">注销</a>
```

```php
<?php
    echo "欢迎您，学生："·$_SESSION["account_name"]."！ <br/>";
}elseif(is_admin()){//为管理员提供的功能
?>
    <a href="index.php?url=course_list.php">浏览所有课程</a>
    <a href="index.php?url=add_class.php">添加班级</a>
    <a href="index.php?url=less_course_list.php">浏览选课人数少于 30 人的课程</a>
    <a href="index.php?url=reset_password.php">重置教师或者学生的密码</a>
    <a href="index.php?url=backup.php">数据备份</a>
    <a href="index.php?url=restore.php">数据恢复</a>
    <a href="index.php?url=logout.php">注销</a>
<?php
    echo "欢迎您，"·$_SESSION["account_name"]."！ <br/>";
}else{//为游客提供的功能
?>
    <a href="index.php?url=course_list.php">浏览课程</a>
    <a href="index.php?url=add_student.php">学生注册</a>
    <a href="index.php?url=add_teacher.php">教师注册</a>
    <a href="index.php?url=login.php">登录</a>
<?php
    echo "您的身份是游客！ <br/>";
}
?>
<hr>
<?php
if(isset($_GET["message"])){//显示处理的状态
    echo "<font color='red'>"·$_GET["message"]."</font>";
}
if(isset($_GET["url"])){//显示业务数据
    include_once($_GET["url"]);
}else{
    include_once("course_list.php");//默认显示课程列表页面
}
?>
```

　　　　首页 index.php 的代码主要由两部分的代码构成，其中，粗体字代码为不同的用户提供了不同的超链接，灰色底纹代码用于显示业务数据。

　　粗体字代码为不同的用户提供了不同的超链接：首页 index.php 为游客提供浏览课程、学生注册、教师注册及登录等超链接；教师成功注册，并成功登录网上选课系统后，首页 index.php 为教师提供浏览自己申报的课程、浏览通过审核的课程、申报课程及注销等超链接；管理员成功登录网上选课系统后，首页 index.php 为管理员提供浏览所有课程、添加班级、浏览选课人数少于30 人的课程、重置教师或者学生的密码、数据备份、数据恢复及注销等超链接；学生成功注册，并成功登录网上选课系统后，首页 index.php 为该学生提供查看自己选修的课程、浏览通过审核的课程及注销等超链接。

　　灰色底纹代码用于显示业务数据：所有的业务数据显示在首页 index.php 中（默认显示的是课程列表显示页面 course_list.php）。其中，PHP 变量$url 定义了"要显示的页面"，PHP 变量$url 的默认值是课程列表显示页面 course_list.php；PHP 变量$message 定义了"处理的状态"信息。

浏览器用户第一次打开 index.php 页面时，首先运行 PHP 函数 session_start()，该函数会自动在 Web 服务器 C:\wamp\tmp 目录中创建一个文件名，诸如 sess_0u6abc41me2rf1ju3oibvkb837 的 SESSION 文件，大小为 0KB。该 SESSION 文件与该浏览器用户一一对应，继而实现 Web 服务器对浏览器用户的跟踪，并且 Web 服务器内存中$_SESSION 数组中的数据与 SESSION 文件中的数据一一对应。

网上选课系统的首页 index.php 不包含任何业务逻辑代码，即便界面设计人员没有 PHP 编程经验，也可以对网上选课系统的首页进行界面设计。

（4）教师注册模块的开发。

前面的 PHP 代码并没有实现网上选课系统的任何业务逻辑。本节先从最简单的教师注册功能入手，讲解 form 表单的使用方法。教师注册模块包含两个 PHP 程序：教师注册页面 add_teacher.php 和教师注册处理程序 process_add_teacher.php，它们之间的关系如图所示。

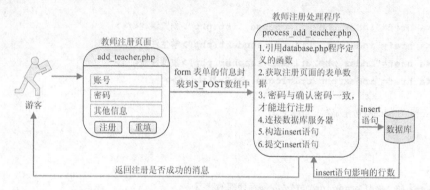

在 choose 目录下创建教师注册页面 add_teacher.php，使用记事本打开该文件，并在该文件中输入下面的 HTML 代码。教师注册页面 add_teacher.php 的显示效果如图所示。

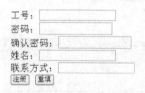

```
<form action="process_add_teacher.php" method="post">
工号：<input type="text" name="teacher_no"/><br/>
密码：<input type="password" name="password"/><br/>
确认密码：<input type="password" name="re_password"/><br/>
姓名：<input type="text" name="teacher_name"/><br/>
联系方式：<input type="text" name="teacher_contact"/><br/>
<input type="submit" value="注册"/>
<input type="reset" value="重填"/>
</form>
```

说明　　　add_teacher.php 脚本程序中没有 PHP 代码，因此该页面是静态页面，也可以将 add_teacher.php 文件名修改为 add_teacher.html。

add_teacher.php 脚本程序中的 form 表单由以下 3 部分内容组成。

① form 表单标签：其中的 action 属性定义了表单处理程序，method 属性定义了数据提交方

式（此处设置成 POST 提交方式）。

② 表单控件：包括 3 个单行文本框（type="text"）和两个密码框（type="password"），它们的共同特征是使用 name 属性对每个表单控件命名、标识。

③ 表单按钮：包括一个提交按钮（type="submit"）和一个复位按钮（type="reset"）。

在 choose 目录下创建教师注册处理程序 process_add_teacher.php，使用记事本打开该文件，并在该文件中输入下面的 PHP 代码。

```php
<?php
include_once("database.php");//引用 database.php 程序定义的函数
$password = $_POST["password"];//获取 form 表单密码信息
$re_password = $_POST["re_password"];//获取 form 表单确认密码信息
$teacher_no = $_POST["teacher_no"];//获取 form 表单工号信息
$teacher_name = $_POST["teacher_name"];//获取 form 表单教师名信息
$teacher_contact = $_POST["teacher_contact"];//获取 form 表单联系方式信息
$message = "";
if($password==$re_password){//密码与确认密码如果一致,才进行注册
    //构造 insert 语句
    $insert_sql = "insert into teacher values ('$teacher_no',md5('$password'),
'$teacher_name', '$teacher_contact')";
    get_connection();//PHP 程序连接 MySQL 服务器
    mysql_query($insert_sql);//向 MySQL 服务器发送 insert 语句
    $affected_rows = mysql_affected_rows();//获取 insert 语句影响的行数
    close_connection();//关闭 MySQL 服务器连接
    if($affected_rows>0){
        $message = "教师添加成功! ";
    }else{
        $message = "教师添加失败! ";
    }
}else{//密码与确认密码如果不一致, 不能进行注册
    $message = "密码与确认密码不一致, 注册失败! ";
}
exist($insert sql);  //供调试使用
header("Location:index.php?message=$message");//将页面重定向到首页,并向首页传递消息
?>
```

在 PHP 中构造 SQL 字符串时，如果 SQL 语句中存在字符串参数，一定要使用单引号将字符串参数括起来。

PHP 的系统函数 header("Location:URL")的功能是页面重定向，如图所示。浏览器用户访问 a.php 页面，a.php 程序从第一行代码（PHP 语句 A）开始运行，直到页面重定向函数 header("Location:b.php")，此时 a.php 程序将页面重定向到 b.php，运行 b.php 代码，并将 b.php 程序的执行结果返回给浏览器用户。需要注意的是，b.php 程序运行期间，a.php 程序页面重定向函数 header("Location:b.php")后面的代码（如 PHP 语句 B）会继续运行。为了避免 header("Location:URL")后续的代码继续运行，header("Location:URL")后面通常紧跟 return 语句。

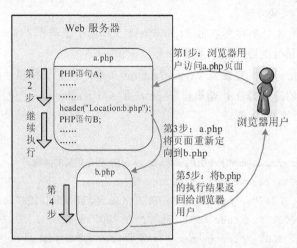

如果页面重定向函数 header("Location:URL")是 PHP 程序（如 a.php 程序）的最后一行代码，其后无须添加 return 语句。

至此，教师注册模块基本开发完毕，读者可以打开浏览器，在地址栏中输入 http://localhost/choose/，打开网上选课系统的首页，单击"教师注册"超链接，打开教师注册页面，然后填入测试数据，单击提交按钮，观看运行结果是否和期望结果一致。

如果出现"The server requested authentication method unknown to the client"的错误，读者可以执行下列代码解决问题。

```
alter user 'root'@'localhost' identified with mysql_native_password by 'root';
```
或者
```
alter user 'root'@'%' identified with mysql_native_password by 'root';
```

然后执行命令" flush privileges; "让更改生效。

（5）登录模块的开发。

登录模块包含两个 PHP 程序：登录页面 login.php 及登录处理程序 process_login.php，它们之间的关系如图所示。

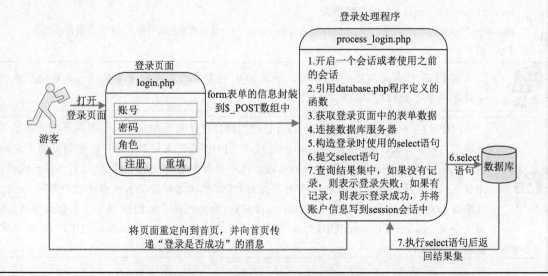

在 choose 目录下创建登录页面 login.php，使用记事本打开该文件，并在该文件中输入下面的 HTML 代码。登录页面的显示效果如图所示。

```
<form action="process_login.php" method="post">
账号: <input type="text" name="account_no"/><br/>
密码: <input type="password" name="password"/><br/>
角色: <select name="role" size="3">
<option value="student" selected>学生</option>
<option value="teacher">教师</option>
<option value="admin">管理员</option>
</select>
<br/>
<input type="submit" value="登录"/>
<input type="reset" value="重填"/>
</form>
```

login.php 程序中没有 PHP 代码，因此该页面是静态页面，也可以将 login.php 文件名修改为 login.html。

login.php 脚本程序中的 form 表单由以下 3 部分内容组成。

① form 表单标签：其中的 action 属性定义了表单处理程序，method 属性定义了数据提交方式（此处设置成 POST 提交方式）。

② 表单控件：包括一个单行文本框（type="text"）、一个密码框（type="password"）及一个下拉选择框<select>，它们的共同特征是使用 name 属性对每个表单控件命名、标识。其中，下拉选择框<select>中的 size 属性指定下拉选择框的高度，默认值为 1。下拉选择框中的 option 子标签用于定义下拉选择框中的一个选项，它放在<select></select>标签对之间。option 子标签的 value 属性指定每个选项的值，如果 value 属性没有定义，则选项的值为<option>和</option>之间的内容。selected 属性指定初始状态时，该选项是选中状态。

③ 表单按钮：包括一个提交按钮和一个复位按钮。

在 choose 目录下创建登录处理程序 process_login.php，使用记事本打开该文件，并在该文件中输入下面的 PHP 代码。

```php
<?php
session_start();//开启一个会话或者使用之前的会话（重要）
include_once("database.php");//引用 database.php 定义的函数
$account_no = $_POST["account_no"];//获取表单中的账号信息
$password = $_POST["password"];//获取表单中的密码信息
$role = $_POST["role"];//获取表单中的角色信息
get_connection();//PHP 程序连接 MySQL 服务器
//按照角色的不同，构造不同的 select 语句
if($role=="student"){
    $sql = "select * from student where student_no='$account_no' and password=md5
('$password')";
    }else if($role=="teacher"){
    $sql = "select * from teacher where teacher_no='$account_no' and password=md5
('$password')";
    }else if($role=="admin"){
    $sql = "select * from admin where admin_no='$account_no' and password=md5('$password')";
```

```
    }
    //提交 select 语句, 将 select 语句的结果集赋值给$result_set 变量
    $result_set = mysql_query($sql);
    $rows = mysql_num_rows($result_set);//查看查询结果集的行数
    if($rows==0){
        //登录失败, 将页面重定向到首页, 并传递登录失败的消息
        header("Location:index.php?message=账号、密码有误! ");
        return;
    }else{
        //从查询结果集中取出第一行记录, 并将该行记录赋值给$account 数组变量
        $account = mysql_fetch_array($result_set);
        //将角色、账号、账号名等信息放入 session 会话中
        $_SESSION["role"] = $role;
        $_SESSION["account_no"] = $account[0];
        $account_name = $account[2];
        $_SESSION["account_name"] = $account_name;
        ////登录成功, 将页面重定向到首页, 并传递登录成功的消息
        header("Location:index.php?message=登录成功! ");
        return;
    }
    close_connection();//关闭 MySQL 服务器连接
    ?>
```

说明
前面曾经讲过, 浏览器用户打开 index.php 页面后, 首先会运行 index.php 程序中的 PHP 函数 session_start(), 该函数会自动在 Web 服务器的 C:\wamp\tmp 目录中创建一个文件名诸如 sess_0u6abc41me2rf1ju3oibvkb837 的 SESSION 文件, 大小为 0KB。该 SESSION 文件与该浏览器用户一一对应, 继而实现 Web 服务器对浏览器用户的跟踪。

当 "同一个" 浏览器用户通过单击 index.php 页面 "登录" 超链接, 打开 login.php 登录页面后, 输入刚刚注册的教师账号、密码, 选择教师角色, 然后单击 "登录" 按钮, 此时程序 login.php 页面触发登录处理程序 process_login.php 的运行。登录处理程序 process_login.php 首先会运行该程序中的 PHP 函数 session_start(), 此时该函数会直接使用名字为 sess_0u6abc41me2rf1ju3oibvkb837 的 SESSION 文件 (使用旧的 SESSION 文件, 不再创建新的 SESSION 文件)。

登录处理程序 process_login.php 中的 PHP 代码 "$_SESSION["role"] = $role" 的功能是: 以键值对的方式将浏览器用户的角色信息写入该浏览器用户对应的 SESSION 文件中, 以便下一个 PHP 页面通过$_SESSION["键"]的方式获取 SESSION 文件中的值, 继而实现数据在不同 PHP 页面之间的数据传递, 例如, permission.php 程序提供的自定义函数使用$_SESSION["role"]获取 SESSION 文件中当前浏览器用户的角色。

成功登录后, 可以使用记事本打开 Web 服务器的 C:\wamp\tmp 目录中的文件, 查看其中的内容, 所有成功登录系统的学生、教师、管理员的 SESSION 信息分别保存在该目录下各自的 SESSION 文件中。

(6) 注销模块的开发。

注销模块仅仅包含 logout.php 程序。在 choose 目录下创建注销程序 logout.php, 使用记事本打开该文件, 并在该文件中输入下面的 PHP 代码。

```
<?php
session_unset();//删除 Web 服务器内存的 SESSION 信息以及 SESSION 文件中的 SESSION 信息
```

```
session_destroy();//删除 Web 服务器的 SESSION 文件
header("Location:index.php?message=注销成功! ");//将页面重定向到首页
?>
```

注销成功后，读者会发现 C:\wamp\tmp 目录中与该用户对应的 SESSION 文件随之被删除。

（7）添加班级模块的开发。

添加班级模块包含两个 PHP 程序：添加班级页面 add_class.php 及添加班级处理程序 process_add_class.php。添加班级模块的代码类似于教师注册模块中的代码，不同之处在于，只有具有管理员身份的用户才可以访问添加班级模块的功能（参见粗体字代码）。

在 choose 目录下创建添加班级页面 add_class.php，使用记事本打开该文件，并在该文件中输入下面的 PHP 代码。添加班级页面 add_class.php 程序的执行结果如图所示。

```php
<?php
include_once("permission.php");
if(!is_admin()){
    echo "请以管理员身份登录! ";
    return;
}
?>
<form action="process_add_class.php" method="post">
班级名: <input type="text" name="class_name"/><br/>
院系名:
<select name="department_name">
<option value="信息工程学院" selected>信息工程学院</option>
<option value="机电工程学院">机电工程学院</option>
</select>
<br/>
<input type="submit" value="添加班级"/>
<input type="reset" value="重填"/>
</form>
```

在 choose 目录下创建添加班级处理程序 process_add_class.php，使用记事本打开该文件，并在该文件中输入下面的 PHP 代码。

```php
<?php
include_once("database.php");
$class_name = $_POST["class_name"];
$department_name = $_POST["department_name"];
$insert_sql = "insert into classes values (null,'$class_name','$department_name')";
get_connection();
mysql_query($insert_sql);
$affected_rows = mysql_affected_rows();
close_connection();
if($affected_rows>0){
    $message = "班级添加成功! ";
}else{
    $message = "班级添加失败! ";
}
```

```
header("Location:index.php?message=$message");
?>
```

管理员使用 admin 账号成功登录网上选课系统后，添加班级信息，为学生注册模块的开发添加测试数据。

（8）学生注册模块的开发。

学生注册模块包含两个 PHP 程序：学生注册页面 add_student.php 及学生注册处理程序 process_add_student.php。学生注册模块的代码类似于教师注册模块中的代码，不同之处在于，学生注册页面 add_student.php 新增了从班级 classes 表中获取班级信息，并生成下拉选择框的代码(参加粗体字代码)。

在 choose 目录下创建学生注册页面 add_student.php，使用记事本打开该文件，并在该文件中输入下面的 PHP 代码。粗体字代码首先使用 while 循环及 PHP 函数 mysql_fetch_array()遍历查询结果集 $result_set，然后生成下拉选择框。学生注册页面 add_student.php 的执行结果如图所示。

```
<form action="process_add_student.php" method="post">
学号: <input type="text" name="student_no"/><br/>
密码: <input type="password" name="password"/><br/>
确认密码: <input type="password" name="re_password"/><br/>
姓名: <input type="text" name="student_name"/><br/>
联系方式: <input type="text" name="student_contact"/><br/>
班级:
<select name="class_id">
<?php
include_once("database.php");
get_connection();
$result_set = mysql_query("select * from classes");
close_connection();
while($row=mysql_fetch_array($result_set)){
?>
<option value="<?php echo $row['class_no'];?>"><?php echo $row['class_name'];?></option>
<?php
}
?>
</select>
<br/>
<input type="submit" value="注册"/>
<input type="reset" value="重填"/>
</form>
```

在 choose 目录下创建学生注册处理程序 process_add_student.php，使用记事本打开该文件，并在该文件中输入下面的 PHP 代码。

```
<?php
include_once("database.php");
$student_no = $_POST["student_no"];
$password = $_POST["password"];
$re_password = $_POST["re_password"];
$message = "";
if($password==$re_password){
```

```
        $student_name = $_POST["student_name"];
        $student_contact = $_POST["student_contact"];
        $class_id = $_POST["class_id"];
        $insert_sql = "insert into student values ('$student_no',md5('$password'),
'$student_name', '$student_contact',$class_id)";
        get_connection();
        mysql_query($insert_sql);
        $affected_rows = mysql_affected_rows();
        close_connection();
        if($affected_rows>0){
            $message = "学生添加成功! ";
        }else{
            $message = "学生添加失败! ";
        }
    }else{
        $message = "密码与确认密码不一致, 注册失败! ";
    }
    header("Location:index.php?message=$message");
?>
```

（9）密码重置模块。

管理员通过密码重置模块可以重置学生或者教师的密码，防止学生、教师密码丢失后无法登录系统。密码重置模块包含两个 PHP 程序：密码重置页面 reset_password.php 与密码重置处理程序 process_reset_password.php。

在 choose 目录下创建密码重置页面 reset_password.php，使用记事本打开该文件，并在该文件中输入下面的 PHP 代码。密码重置页面 reset_password.php 程序的执行结果如图所示。粗体字代码用于权限控制，只有管理员才能打开密码重置页面。

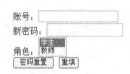

```
<?php
include_once("permission.php");
if(!is_admin()){
    echo "请以管理员身份登录! ";
    return;
}
?>
<form action="process_reset_password.php" method="post">
账号: <input type="text" name="account_no"/><br/>
新密码: <input type="password" name="password"/><br/>
角色: <select name="role" size="2">
<option value="student" selected>学生</option>
<option value="teacher">教师</option>

</select>
<br/>
<input type="submit" value="密码重置"/>
<input type="reset" value="重填"/>
</form>
```

在 choose 目录下，创建密码重置处理程序 process_reset_password.php，使用记事本打开该文件，并在该文件中输入下面的 PHP 代码。粗体字代码用于构造重置学生密码或者教师密码的 update

语句。

```php
<?php
include_once("database.php");
$account_no = $_POST["account_no"];
$new_password = $_POST["password"];
$role = $_POST["role"];
get_connection();
if($role=="student"){
    $role_name = "学生账户";
    $sql = "update student set password=md5('$new_password') where student_no='$account_no'";
}else if($role=="teacher"){
    $role_name = "教师账户";
    $sql = "update teacher set password=md5('$new_password') where teacher_no='$account_no'";
}
$result_set = mysql_query($sql);
$affected_rows = mysql_affected_rows();
close_connection();

if($affected_rows>0){
    $message = $role_name . "为" . $account_no ."的密码修改成功! <br/>";
}else{
    $message = $role_name . "为" . $account_no ."的账户不存在，或者新密码和旧密码相同! <br/>";
}
header("Location:index.php?message=$message");
?>
```

（10）申报课程模块。

教师成功登录后，仅仅可以申报一门课程。教师申报课程模块包括两个 PHP 程序：申报课程页面 add_course.php 和申报课程处理程序 process_add_course.php。教师申报课程模块的代码与添加班级模块中的代码类似，不同之处在于，申报课程时，需要从 SESSION 文件中提取教师的工号，以标记哪个老师申报了这门课程（参见粗体字代码）。

在 choose 目录下创建申报课程页面 add_course.php，使用记事本打开该文件，并在该文件中输入下面的 PHP 代码。申报课程页面 add_course.php 程序的执行结果如图所示，注意："工号"单行文本框不可编辑。

```php
<?php
include_once("permission.php");
if(!is_teacher()){
    echo "请以教师身份登录! ";
    return;
}
$account_no = $_SESSION["account_no"];
?>
<form action="process_add_course.php" method="post">
课程名: <input type="text" name="course_name"/><br/>
上限: <select name="up_limit">
<option value="60">60 人上限</option>
<option value="150">150 人上限</option>
```

```
<option value="230">230 人上限</option>
</select>
<br/>
描述: <textarea name="description"/></textarea><br/>
工号: <input type="text" name="teacher_no" value="<?php echo $account_no;?>" readonly>
<br/>
<input type="submit" value="添加课程"/>
<input type="reset" value="重填"/>
</form>
```

在 choose 目录下创建申报课程处理程序 process_add_course.php，使用记事本打开该文件，并在该文件中输入下面的 PHP 代码。

```
<?php
include_once("database.php");
$course_name = $_POST["course_name"];
$up_limit = $_POST["up_limit"];
$description = $_POST["description"];
$teacher_no = $_POST["teacher_no"];
$available = $up_limit;
$insert_sql            =            "insert            into            course            values
(null,'$course_name',$up_limit,'$description','未审核','$teacher_no',$available)";
get_connection();
mysql_query($insert_sql);
$affected_rows = mysql_affected_rows();
close_connection();
if($affected_rows>0){
    $message = "课程添加成功! ";
}else{
    $message = "一个教师只能申报一门课程，课程添加失败! ";
}
header("Location:index.php?message=$message");
?>
```

（11）课程列表显示模块。

课程列表显示模块仅仅包含一个 PHP 程序 course_list.php，然而该程序的代码最为复杂，原因有以下几点。

● 课程列表显示程序 course_list.php 需要提供课程信息的全文检索功能。

● course_list.php 程序需要同时为游客、学生、教师及管理员提供服务。游客、学生、教师只能查看已经通过审核后的课程列表信息，管理员可以看到所有的课程列表信息。

● 遍历课程查询结果集中的记录比较复杂。

● 学生看到的课程列表页面应该提供"选修该课程"超链接。而管理员看到的课程列表页面比较复杂：如果课程已经通过审核，则应该提供"取消审核"超链接；如果课程没有通过审核，则应该提供"通过审核"及"删除该课程"两个超链接。

● 课程列表显示页面 course_list.php 的入口比较多。通过全文检索可以进入该页面；通过"学生调课超链接"（该超链接在 student_course_list.php 程序中定义，该程序稍后介绍）也可以进入该页面。"学生调课超链接"与 course_list.php 的粗体字代码有直接关系。

课程列表显示页面 course_list.php 的制作过程如下。

在 choose 目录下创建课程列表显示页面 course_list.php，使用记事本打开该文件，并在该文件中输入下面的 PHP 代码。

```php
<form action="index.php?url=course_list.php" method="post">
请输入关键字:<input type="text" name="keyword">
<input type="submit" value="全文检索">
</form>
<?php
include_once("permission.php");
include_once("database.php");
get_connection();
//获取全文检索的关键字
if(!empty($_POST["keyword"])){
    $keyword = $_POST["keyword"];
}
if(!is_login() || is_student() || is_teacher()){
    //假如是游客、学生、教师,则显示已经审核的课程信息
    $sql = "select * from course_teacher_view where status='已审核'";
    if(!empty($keyword)){//构造全文检索的 select 语句
        $sql = $sql." and course_no in (select course_no from course where match
(course_name,description) against('$keyword'))";
    }
}else if(is_admin()){
    //假如是管理员,则显示所有课程信息
    $sql = "select * from course_teacher_view";
    if(!empty($keyword)){//构造全文检索的 select 语句
        $sql = $sql." where course_no in (select course_no from course where match
(course_name,description) against('$keyword'))";
    }
}
$result_set = mysql_query($sql);
$rows = mysql_num_rows($result_set);
if($rows==0){
    echo "暂无课程记录! ";
    return;
}
echo "<table><tr><th>课号</th><th>课程名</th><th>人数上限</th><th>任课教师</th><th>联系方
式</th><th>可选人数</th><th>课程状态</th><th>操作</th></tr>";
while($course_teacher=mysql_fetch_array($result_set)){//遍历结果集,类似于遍历游标
    echo "<tr>";
    $course_no = $course_teacher["course_no"];
    $course_name = $course_teacher["course_name"];
    $description = $course_teacher["description"];
    $status = $course_teacher["status"];
    echo "<td>".$course_no."</td>";
    echo "<td><a href='#' title=$description>".$course_name."</a></td>";
    echo "<td>".$course_teacher["up_limit"]."</td>";
    echo "<td>".$course_teacher["teacher_name"]."</td>";
    echo "<td>".$course_teacher["teacher_contact"]."</td>";
    echo "<td>".$course_teacher["available"]."</td>";
    echo "<td>".$status."</td>";
    if(is_admin()){
        if($status=="未审核"){
            echo "<td bgcolor='#F0F0F0'><a href=index.php?url=check_course.php&course_no=
```

```
$course_no>"."通过审核"."</a> <a href=index.php?url=delete_course.php&course_no=$course_no>". "
删除该课程"."</a></td>";
            }else{
                echo "<td><a href=index.php?url=cancel_check_course.php&course_no= $course_
no>"."取消审核"."</a> <a href=index.php?url=course_student_list.php&course_no= $course_no>".
"查看学生信息"."</a></td>";
            }
        }elseif(is_student()){
            $account_no = $_SESSION["account_no"];
            if(isset($_GET["c_before"])){
                $c_before = $_GET["c_before"];
            }else{
                $c_before = "empty";
            }
            echo "<td><a href='index.php?url=choose_course.php&c_after=$course_no&c_before=
$c_before'>选修该课程</a></td>";
        }else{
            echo "<td>暂时无法操作</td>";
        }
        echo "</tr>";
    }
    close_connection();
    ?>
```

　　　　HTML 中的<table></table>标签对用于制作表格，其中，<tr></tr>标签对用于制作表的一行，<th></th>标签对用于制作表的表头，<td></td>标签对用于制作一个单元格。<th></th>标签对及<td></td>标签对需要嵌套在<tr></tr>标签对中，<tr></tr>标签对需要嵌套在<table></table>标签对中。

　　course_list.php 程序是网上选课系统中最为复杂的程序，建议初学者直接"拿来"，复制本书提供的 course_list.php 程序源代码供自己使用，随着学习的深入，将来再仔细研究、理解 course_list.php 程序中的代码。

　　（12）审核申报课程。

　　管理员需要审核每一门课程，这样其他用户（如学生、游客等用户）才可以浏览这些课程信息。管理员使用 admin 账号成功登录网上选课系统后，打开课程列表显示页面 course_list.php，单击某一门课程后面的"通过审核"超链接，触发 check_course.php 程序的运行，该超链接向 check_course.php 程序传递需要审核的课程号 course_no 参数，由 check_course.php 程序修改该课程的状态信息，这样即可实现课程的审核。

　　在 choose 目录下创建审核课程程序 check_course.php，使用记事本打开该文件，并在该文件中输入下面的 PHP 代码。

```
<?php
include_once("database.php");
include_once("permission.php");
if(!is_admin()){
    $message = "您无权审核课程! <br/>";
    header("Location:index.php?message=$message");
    return;
}else{
    $course_no = $_GET["course_no"];//对哪一门课程审核
```

```
        $sql = "update course set status='已审核' where course_no=$course_no and status='
未审核'";
        get_connection();
        mysql_query($sql);
        $affected_rows = mysql_affected_rows();
        close_connection();
        if($affected_rows>0){
            $message = "课程号为: ".$course_no."的课程已经成功审核! ";
        }else{
            $message = "课程号为: ".$course_no."的课程审核失败! ";
        }
    header("Location:index.php?message=$message");
    }
    ?>
```

（13）取消已审核课程。

对于通过审核的课程，管理员有权取消该课程的审核。管理员使用 admin 账号成功登录网上选课系统后，打开课程列表显示页面 course_list.php，单击已审核课程后面的"取消审核"超链接，触发 cancel_check_course.php 程序的运行，该超链接向 cancel_check_course.php 程序传递需要取消审核的课程号 course_no 参数，这样即可实现课程的取消审核。

在 choose 目录下创建取消审核课程程序 cancel_check_course.php，使用记事本打开该文件，并在该文件中输入下面的 PHP 代码。

```
    <?php
    include_once("database.php");
    include_once("permission.php");
    if(!is_admin()){
        $message = "您无权取消已经审核的课程! <br/>";
        header("Location:index.php?message=$message");
        return;
    }else{
        $course_no = $_GET["course_no"];
        $sql = "update course set status='未审核' where course_no=$course_no and status='
已审核'";
        get_connection();
        mysql_query($sql);
        $affected_rows = mysql_affected_rows();
        close_connection();
        if($affected_rows>0){
            $message = "课程号为: ".$course_no."的课程已经成功取消审核! ";
        }else{
            $message = "课程号为: ".$course_no."的课程取消审核失败! ";
        }
        header("Location:index.php?message=$message");
    }
    ?>
```

（14）浏览自己申报的课程。

只有教师（本人）可以浏览自己申报的课程信息，如果申报的课程没有被审核，教师本人还可以将该课程删除；如果课程已经通过审核，教师本人可以查看选修这门课程的学生列表信息。

在 choose 目录下创建浏览自己申报的课程程序 teacher_course_list.php，使用记事本打开该文件，并在该文件中输入下面的 PHP 代码。由于在存储过程与游标章节中已经创建了 get_teacher_ course_proc()存储过程，因此，teacher_course_list.php 程序直接调用该存储过程即可得到教师本人申报的课程信息（参见粗体字代码）。

```php
<?php
include_once("permission.php");
include_once("database.php");
if(!is_teacher()){
    $message = "您不是教师! ";
    header("Location:index.php?message=$message");
    return;
}else{
    $account_no = $_SESSION["account_no"];
    get_connection();
    $sql = "call get_teacher_course_proc('$account_no');";
    $result_set = mysql_query($sql);
    $rows = mysql_num_rows($result_set);
    if($rows==0){
        $message = "您暂时没有申报课程! ";
        header("Location:index.php?message=$message");
        return;
    }else{
        echo "<table><tr><th>课号</th><th>课程名</th><th>任课教师</th><th>联系方式</th><th>状态</th><th>操作</th></tr>";
        while($course_teacher=mysql_fetch_array($result_set)){
            echo "<tr>";
            $course_no = $course_teacher["course_no"];
            $course_name = $course_teacher["course_name"];
            $teacher_name = $course_teacher["teacher_name"];
            $teacher_contact = $course_teacher["teacher_contact"];
            $description = $course_teacher["description"];
            $status = $course_teacher["status"];
            echo "<td>".$course_no."</td>";
            echo "<td><a href='#' title=$description>".$course_name."</a></td>";
            echo "<td>".$course_teacher["teacher_name"]."</td>";
            echo "<td>".$course_teacher["teacher_contact"]."</td>";
            echo "<td>".$status."</td>";
            if($status=="未审核"){
                echo "<td><a href='index.php?url=delete_course.php&course_no=$course_no'>删除该课程</a></td>";
            }else{
                echo "<td><a href='index.php?url=course_student_list.php&course_no=$course_no'>查看该课程的学生信息</a></td>";
            }
            echo "</tr>";
        }
    }
    close_connection();
}
?>
```

（15）删除课程。

管理员可以删除任何课程，而教师只能删除自己申报的且未经审核的课程。在 choose 目录下创建删除课程程序 delete_course.php，使用记事本打开该文件，并在该文件中输入下面的 PHP 代码（粗体字代码为删除课程程序的核心代码）。

```php
<?php
include_once("database.php");
include_once("permission.php");
$account_no = $_SESSION["account_no"];
$course_no = $_GET["course_no"];
if(is_admin()){
    $sql = "delete from course where course_no=$course_no";
}else if(is_teacher()){
    //下面的 delete 语句可以避免其他教师删除自己的课程信息
    $sql = "delete from course where course_no=$course_no and status='未审核' and teacher_no= $account_no";
}else{
    $message = "您无权删除该课程! <br/>";
    header("Location:index.php?message=$message");
    return;
}
get_connection();
mysql_query($sql);
$affected_rows = mysql_affected_rows();
close_connection();
if($affected_rows>0){
    $message = "课程号为: ".$course_no."的课程已经成功被删除! ";
}else{
    $message = "课程号为: ".$course_no."的课程删除失败! ";
}
header("Location:index.php?message=$message");
?>
```

说明　　如果该课程已经通过审核，并且有部分学生已经选修了该课程，删除该课程后，该课程的选课信息也应该随之被删除，InnoDB 存储引擎的级联删除可以实现该功能要求（请参看视图与触发器章节的内容）。

（16）学生选修或者调换已经审核的课程。

如果学生选课，只需调用选课存储过程 choose_proc()，并向该存储过程提供学号、目标课程号（c_after）参数即可。如果学生调课（例如，从课程号 c_before 调到课程号 c_after），只需调用调课存储过程 replace_course_proc()，并向该存储过程提供学号、调课前的课程号 c_before 及调课后的课程号 c_after 即可。

在 choose 目录下创建选课、调课的程序 choose_course.php，使用记事本打开该文件，并在该文件中输入下面的 PHP 代码。程序 choose_course.php 调用存储过程 choose_proc()实现了选课功能，调用存储过程 replace_course_proc()实现了调课功能。第一段粗体字代码用于实现选课、调课功能，第二段粗体字代码用于获取选修、调课的状态信息。

```php
<?php
include_once("database.php");
include_once("permission.php");
if(!is_student()){
    $message = "您无权选修课程! <br/>";
    header("Location:index.php?message=$message");
    return;
```

```
    }else{
        $account_no = $_SESSION["account_no"];
        $c_after = $_GET["c_after"];
        if($_GET["c_before"]=="empty"){
            //调用选课存储过程 choose_proc()
            $sql = "call choose_proc('$account_no',$c_after,@state);";
        }else{
            $c_before = $_GET["c_before"];
            //调用调课存储过程 replace_course_proc()
            $sql = "call replace_course_proc('$account_no',$c_before,$c_after,@state);";
        }
        get_connection();
        mysql_query("set @state = 0;");
        mysql_query($sql);
        $result_set = mysql_query("select @state as state");
        $result = mysql_fetch_array($result_set);
        $state = $result["state"];
        close_connection();
        if($state==-1){
            $message = "您已经选修了这门课程，不能再选了！";
        }elseif($state==-2){
            $message = "您已经选修了两门课程！";
        }elseif($state==-3){
            $message = "该课程已经报满，请选择其他课程！";
        }elseif($state==-4){
            $message = "该课程不存在，请选择其他课程！";
        }else{
            $message = "您已经成功地选修了这门课程！";
        }
        header("Location:index.php?message=$message");
    }
?>
```

 　　真实的项目中不会提供"调换"的功能。例如，在网购中下错订单时，只需取消订单，重新下新订单即可实现"调换"的功能。网上选课系统提供了调课的功能，目的在于讲解事务及锁等重要知识点。

（17）查看自己选修的课程。

只有学生（本人）可以浏览自己选修的课程。对于已经选修的课程，学生本人可以取消选修该课程，还可以调换该课程。在 choose 目录下创建查看自己选修课程的程序 student_course_list.php，使用记事本打开该文件，并在该文件中输入下面的 PHP 代码。"学生查看自己选修的课程"的功能类似于"教师浏览自己申报的课程"的功能。由于在存储过程与游标章节中已经创建了 get_student_course_proc()存储过程，因此，直接在 student_course_list.php 程序中调用该存储过程即可得到学生本人选修的课程信息（参见粗体字代码）。

```php
<?php
include_once("permission.php");
include_once("database.php");
if(!is_student()){
    $message = "您不是学生！";
    header("Location:index.php?message=$message");
    return;
```

```
    }else{
        $account_no = $_SESSION["account_no"];
        get_connection();
        $sql = "call get_student_course_proc('$account_no');";
        $result_set = mysql_query($sql);
        $rows = mysql_num_rows($result_set);
        if($rows==0){
            $message = "您暂时没有选课！";
            header("Location:index.php?message=$message");
            return;
        }else{
            echo "<table><tr><th>课号</th><th>课程名</th><th>任课教师</th><th>联系方式
</th><th>选修时间</th><th>调课时间</th><th>操作</th></tr>";
            while($course_student=mysql_fetch_array($result_set)){
                echo "<tr>";
                $course_no = $course_student["course_no"];
                $course_name = $course_student["course_name"];
                $description = $course_student["description"];
                echo "<td>".$course_no."</td>";
                echo "<td><a href='#' title=$description>".$course_name."</a></td>";
                echo "<td>".$course_student["teacher_name"]."</td>";
                echo "<td>".$course_student["teacher_contact"]."</td>";
                echo "<td>".$course_student["create_time"]."</td>";
                echo "<td>".$course_student["update_time"]."</td>";

                echo "<td><a href='index.php?url=quit_course.php&course_no=$course_no'>
取消选修该课程</a> <a href='index.php?url=course_list.php&c_before=$course_no'>调换该课程
</a></td>";
                echo "</tr>";
            }
        }
        close_connection();
    }
?>
```

（18）取消选修课程。

学生本人可以取消选修课程，任课教师也可以取消某个学生的选修课程。教师要想取消某个学生的选修课程，必须证明自己是该课程的任课教师（参见粗体字代码）。在 choose 目录下创建取消选修课程程序 quit_course.php，使用记事本打开该文件，并在该文件中输入下面的 PHP 代码。

```
<?php
include_once("permission.php");
include_once("database.php");
if(is_student() || is_teacher()){
    get_connection();
    $course_no = $_GET["course_no"];
    if(isset($_GET["student_no"])){//老师取消学生的选课
        $student_no = $_GET["student_no"];
        //获取教师的工号
        $teacher_no = $_SESSION["account_no"];
        //判断该教师是否任教这门课程
        $select_sql = "select course_no from course where course_no=$course_no and
teacher_no='$teacher_no'";
```

```
                    $result_set = mysql_query($select_sql);
                    if(mysql_num_rows($result_set)==0){
                        $message = "您不是任课教师！";
                        header("Location:index.php?message=$message");
                        return;
                    }
                }else{//学生取消自己的选课
                    $student_no = $_SESSION["account_no"];
                }
                $sql = "delete from choose where student_no=$student_no and course_no=$course_no";
                mysql_query($sql);
                $affected_rows = mysql_affected_rows();
                close_connection();
                if($affected_rows>0){
                    $message = "成功退选该课程！";
                }else{
                    $message = "退选该课程失败！";
                }
                header("Location:index.php?message=$message");
                return;
            }else{
                $message = "您不是学生或者任课教师！";
                header("Location:index.php?message=$message");
            }
        ?>
```

（19）查看课程的学生信息列表。

管理员可以查看所有课程的学生信息列表，而任课教师只能查看本人课程的学生信息列表。对于教师而言，若想查看某门课程的学生信息，该教师必须证明自己是该课程的任课教师（参见第一段粗体字代码）。由于在存储过程章节中已经创建了 get_course_student_proc() 存储过程，因此，这里直接在 course_student_list.php 程序中调用该存储过程即可获取某门课程的学生信息列表（参见第二段粗体字代码）。在 choose 目录下创建查看课程的学生信息列表程序 course_student_list.php，使用记事本打开该文件，并在该文件中输入下面的 PHP 代码。

```
<?php
include_once("permission.php");
include_once("database.php");
get_connection();
$course_no = $_GET["course_no"];
if(is_teacher()){
    $teacher_no = $_SESSION["account_no"];
    //判断该教师是否任教这门课程
    $select_sql = "select course_no from course where course_no=$course_no and
teacher_no='$teacher_no'";
    $result_set = mysql_query($select_sql);
    if(mysql_num_rows($result_set)==0){
        $message = "您不是任课教师！";
        header("Location:index.php?message=$message");
        return;
    }
}
if(is_teacher() || is_admin()){
    $sql = "call get_course_student_proc($course_no);";
```

```
        $result_set = mysql_query($sql);
        $rows = mysql_num_rows($result_set);
        if($rows==0){
            $message = "这门课程暂无学生选修! ";
            header("Location:index.php?message=$message");
            return;
        }else{
            echo "<table><tr><th>院系</th><th>班级</th><th>学号</th><th>学生姓名</th><th>联
系方式</th><th>操作</th></tr>";
            while($student=mysql_fetch_array($result_set)){
                echo "<tr>";
                $department_name = $student["department_name"];
                $class_name = $student["class_name"];
                $student_no = $student["student_no"];
                $student_name = $student["student_name"];
                $student_contact = $student["student_contact"];
                echo "<td>".$department_name."</td>";
                echo "<td>".$class_name."</td>";
                echo "<td>".$student_no."</td>";
                echo "<td>".$student_name."</td>";
                echo "<td>".$student_contact."</td>";
                echo "<td><a href='index.php?url=quit_course.php&student_no=$student_
no&course_no=$course_no'>取消该学生的选课</a></td>";
                echo "</tr>";

            }
        }
        close_connection();
    }else{
        $message = "您无权查看! ";
        header("Location:index.php?message=$message");
    }
    ?>
```

（20）查看选修人数少于 30 人的课程信息。

只有管理员才能查看选修人数少于 30 人的课程信息（参见粗体字代码），并可以将这些课程信息删除。在 choose 目录下创建查看选修人数少于 30 人的课程信息程序 less_course_list.php，使用记事本打开该文件，并在该文件中输入下面的 PHP 代码。

```
<?php
include_once("permission.php");
include_once("database.php");
if(is_admin()){
    $sql = "select * from course_teacher_view where up_limit-available<30";
    get_connection();
    $result_set = mysql_query($sql);
    $rows = mysql_num_rows($result_set);
    if($rows==0){
        $message = "暂无信息! ";
        header("Location:index.php?message=$message");
        return;
    }else{
        echo "<table><tr><th>课号</th><th>课程名</th><th>人数上限</th><th>任课教师
</th><th>联系方式</th><th>可选人数</th><th>课程状态</th><th>操作</th></tr>";
```

```
        while($course_teacher=mysql_fetch_array($result_set)){
            echo "<tr>";
            $course_no = $course_teacher["course_no"];
            $course_name = $course_teacher["course_name"];
            $description = $course_teacher["description"];
            $status = $course_teacher["status"];
            echo "<td>".$course_no."</td>";
            echo "<td><a href='#' title=$description>".$course_name."</a></td>";
            echo "<td>".$course_teacher["up_limit"]."</td>";
            echo "<td>".$course_teacher["teacher_name"]."</td>";
            echo "<td>".$course_teacher["teacher_contact"]."</td>";
            echo "<td>".$course_teacher["available"]."</td>";
            echo "<td>".$course_teacher["status"]."</td>";
            echo "<td bgcolor='#F0F0F0'><a href=index.php?url=delete_course.php&course_
no=$course_no>"."删除该课程"."</a></td>";
            echo "</tr>";
        }
    }else{
        $message = "您不是管理员！";
        header("Location:index.php?message=$message");
    }
    ?>
```

第11章
数据备份与恢复⁺

MySQL 进程运行期间，意外的停电、硬盘损坏、误操作、服务器宕机等意外情况，可能会造成数据库的数据丢失。防止数据丢失的最简单方法就是：定期对数据进行备份，创建数据的副本。当数据丢失时，利用副本恢复数据。

本章首先介绍 mysqldump 数据备份与恢复的方法，然后结合选课系统，介绍数据备份与恢复技术在选课系统中的应用。

11.1 mysqldump 数据备份

mysqldump 是 MySQL 自带的数据备份工具。选择默认安装 MySQL，mysqldump.exe 程序就存放在 "C:\Program Files\MySQL\MySQL Server 8.0\bin" 目录中。

mysqldump 的工作原理是：生成表结构、存储过程、触发器、函数等数据库对象对应的 create 语句，生成数据库表记录对应的 insert 语句，然后再将这些 create 语句、insert 语句等 SQL 命令导出到文本文件，继而完成数据备份工作。

使用 mysqldump 备份指定的数据库，有如下两种语法格式。

语法 1：备份指定的数据库（携带 "-u" 和 "-p" 参数），语法格式如下。

```
mysqldump -u 用户名 -p [选项参数列表] database_name > bak.sql
```

以 "备份 choose 数据库到 C 盘的 bak1.sql 文件" 为例，可以使用下面的 mysqldump 命令。

```
mysqldump -u root -p choose > c:/bak1.sql
```

大致步骤如下。

进入 "C:\Program Files\MySQL\MySQL Server 8.0\" 目录，找到 bin 目录，按下 shift 键的同时用鼠标右击 bin 目录，在此处打开命令窗口，运行上述命令，手动输入 root 账户对应的密码（本书 root 账户的密码是 root），mysqldump 备份工具将在 C 盘生成副本文件 bak1.sql（如果副本文件存在，则覆盖），执行结果如图 11-1 所示。

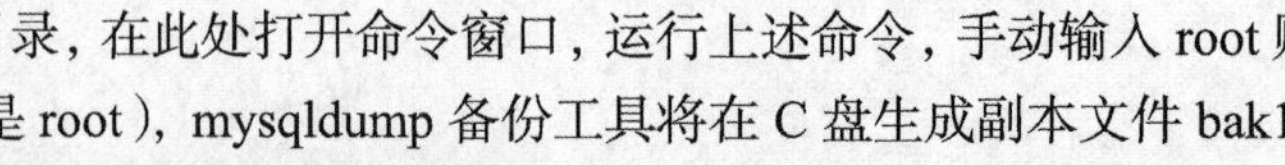

```
C:\Users\Administrator>mysqldump -u root -p choose > c:/bak1.sql
Enter password: ****

C:\Users\Administrator>
```

图 11-1　备份指定的数据库（携带 "-u" 和 "-p" 参数）

如果不指定盘符，mysqldump 自动在 MySQL 服务器主机操作系统用户目录（例如 C:\Documents and Settings\Administrator）中生成副本文件。

语法 2：备份指定的数据库（无须 "-u" 和 "-p" 参数），语法格式如下。

```
mysqldump --defaults-file=用户名密码配置文件 [选项参数列表] database_name > bak.sql
```

使用语法 2 备份数据时，需要自行创建 "用户名密码配置文件"。

依然以 "备份 choose 数据库到 C 盘的 bak1.sql 文件" 为例，大致步骤如下。

（1）在 MySQL 服务器主机 C 盘创建 mysqldump.ini 文件，并在该文件中输入如下代码。

```
[mysqldump]
user=root
password=root
```

（2）进入 "C:\Program Files\MySQL\MySQL Server 8.0\" 目录，找到 bin 目录，按下 shift 键的同时用鼠标右击 bin 目录，在此处打开命令窗口，运行下列命令，无须手动输入密码，即可在 C 盘生成副本文件 bak2.sql，完成数据库的备份，执行结果如图 11-2 所示。

```
mysqldump --defaults-file=c:/mysqldump.ini  choose > c:/bak2.sql
```

```
C:\Users\Administrator>mysqldump  --defaults-file=c:/mysqldump.ini  choose > c:/bak2.sql

C:\Users\Administrator>
```

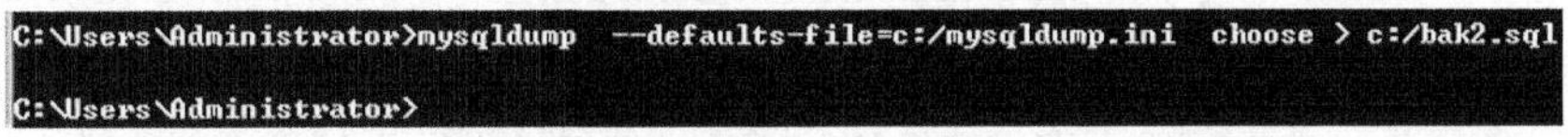

图 11-2　备份指定的数据库（无须 "-u" 和 "-p" 参数）

　　备份数据前，数据库管理员必须明白需要备份哪些数据（表结构、表记录、存储过程和函数、触发器），确定了备份数据，即可选择对应的 mysqldump 参数列表，实施备份。限于篇幅，本章只罗列了常用的 mysqldump 选项参数。

　　--no-create-info 或 -t：只导出数据，而不添加 CREATE TABLE 语句。

　　--default-character-set=gbk：备份的数据包含中文字符时，建议添加该选项。

　　--no-data 或 -d：不导出任何数据，只导出数据库表结构。

　　--routines 或 -R：导出存储过程以及自定义函数。

　　--triggers：导出触发器。该选项默认启用，用 --skip-triggers 忽略触发器。

　　--ignore-table=dbname.tablename：忽略某张表。

11.2　数据恢复

mysqldump 数据备份产生的副本文件实际上是 SQL 脚本文件，因此，最简单的数据恢复方法就是执行 SQL 脚本文件。使用 MySQL 命令 "\." 或者 "source"，即可执行 SQL 脚本文件，限于篇幅，这里不再赘述。

除此之外，还可以借助 MySQL 客户机程序 "mysql.exe"，执行副本文件中的 SQL 命令。使用 mysql.exe 工具执行副本文件中的 SQL 命令，有两种语法格式。

语法 1：mysql.exe 工具执行副本文件中的 SQL 命令（携带 "-u" 和 "-p" 参数），语法格式如下。

```
mysql -u 用户名 -p [其他选项参数] database_name < bak.sql
```

以"将 c:/bak1.sql 的表结构、表记录，恢复到 test 数据库中"为例，大致步骤如下。

（1）打开 MySQL 客户机，删除 test 数据库，并创建 test 数据库。

```
drop database if exists test;
create database if not exists test charset=gbk;
```

（2）进入"C:\Program Files\MySQL\MySQL Server 8.0\"目录，找到 bin 目录，按下 shift 键的同时用鼠标右击 bin 目录，在此处打开命令窗口，运行下列命令，接着手动输入 root 账户对应的密码（本书 root 账户的密码是 root），mysql.exe 工具将自动执行 bak1.sql 脚本文件中的 SQL 命令，即可将 choose 数据库恢复到 test 数据库中，执行结果如图 11-3 所示。

```
mysql -u root -p test < c:/bak1.sql
```

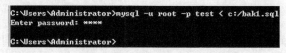

图 11-3　执行 SQL 脚本文件（携带"-u"和"-p"参数）

语法 2：mysql.exe 工具执行副本文件中的 SQL 命令（无须"-u"和"-p"参数），语法格式如下。

```
mysql --defaults-file=用户名密码配置文件 [其他选项参数] database_name > bak.sql
```

需要注意的是，使用语法 2 备份数据时，需要自行创建"用户名密码配置文件"。

以"将 c:/bak2.sql 的表结构、表记录，恢复到 test 数据库中"为例，大致步骤如下。

（1）在 MySQL 服务器主机 C 盘创建 mysql.ini 文件，并在该文件中输入如下代码。

```
[mysql]
user=root
password=root
```

（2）打开 MySQL 客户机，删除 test 数据库，并创建 test 数据库。

```
drop database if exists test;
create database if not exists test charset=gbk;
```

（3）进入"C:\Program Files\MySQL\MySQL Server 8.0\"目录，找到 bin 目录，按下 shift 键的同时用鼠标右击 bin 目录，在此处打开命令窗口，运行下列命令，无须手动输入 root 账户对应的密码，即可恢复数据库，执行结果如图 11-4 所示。

```
mysql --defaults-file=c:/mysql.ini test < c:/bak1.sql
```

```
C:\Users\Administrator>mysql --defaults-file=c:/mysql.ini test < c:/bak1.sql

C:\Users\Administrator>
```

图 11-4　执行 SQL 脚本文件（无须"-u"和"-p"参数）

如果需要恢复的数据中包含汉字，建议添加选项参数"--default-character-set=gbk"指定副本文件的字符集，例如，下面的 MySQL 命令。
```
mysql --defaults-file=c:/mysql.ini --default-character-set=gbk choose <
c:/bak.sql
```

恢复数据前，数据库管理员必须明白需要恢复哪些数据（表结构、表记录、存储过程和函数、触发器）。

实践任务　选课系统中的数据备份与数据恢复（选做）

1. 目的

（1）掌握数据备份与恢复技术；

（2）了解 PHP 调用 exe 可执行程序的方法。

2. 说明

本实训依赖于第 10 章案例实训。

3. 环境

MySQL 服务版本：8.0.15 或 5.7.26。

Apache 服务版本：2.4.4。

4. 环境准备

请参看"网上选课系统的系统实施"实践任务的环境准备；

务必将 mysql.exe 程序及 mysqldump.exe 程序所在的 bin 目录配置到 Path 环境变量中，具体方法参看 MySQL 基础知识章节内容；

浏览器、数据副本、MySQL 服务器、Apache 服务器，必须保证是同一台机器；

backup.php 程序负责将选课系统数据库中的数据备份到 choose 目录（choose 目录是选课系统所有 PHP 程序所在的目录，参看第 10 章内容）。

5. 差异化考核

参看第 10 章案例实训差异化考核。

6. 数据准备

在网上选课系统的 choose 目录中，新建 choose.ini 用户名密码配置文件，输入如下代码。

```
[mysql]
user=root
password=root
[mysqldump]
user=root
password=root
```

7. 实践步骤

（1）确定备份恢复策略。

数据库管理员只有做到知己知彼，才能完成数据库的备份和恢复工作。所谓"知己"，即数据库管理员必须清楚地知道，自己拥有哪些数据、需要备份哪些数据，将数据备份到哪里。所谓"知彼"，即数据库管理员必须清楚地知道，自己拥有哪些副本数据，这些副本数据存储在哪里，需要恢复哪些副本数据。

（2）选课系统数据备份策略。

开发选课系统期间，数据库开发人员拥有一份 choose.sql 脚本文件，该脚本文件包含的 SQL 语句如下。

- 删除 choose 数据库的 drop database 语句；
- 创建 choose 数据库的 create database 语句；
- 创建数据库表的 create 语句；
- 创建视图的 create 语句；
- 创建存储过程的 create 语句；

- 创建触发器的 create 语句；
- 创建 admin 表的 create 语句；
- 向 admin 表新增选课系统管理员账户的 insert 语句。

有了 choose.sql 脚本文件，就有了选课系统数据库的"框架"。对于选课系统而言，只需要备份业务数据即可，不备份表结构、存储过程、触发器、视图的定义，也不需要备份 admin 表的表结构和管理员账户数据。

以"将业务数据备份到 choose 目录"为例，选课系统 mysqldump 的备份命令格式大致如下。

```
mysqldump    --defaults-file=c:/mysqldump.ini    -t --ignore-table=choose.admin
--skip-triggers  --default-character-set=gbk  choose > c:/wamp/www/choose/bak.sql
```

（3）制作备份数据的 PHP 程序。

在 choose 目录下创建 backup.php 程序，使用记事本打开该程序，在该文件中输入下面的 PHP 代码。

```php
<?php
include_once("permission.php");
if(!is_admin()){
        $message =  "只有管理员才权限可以备份数据";
        header("Location:index.php?message=$message");
        return;
}
?>
<?php
//设置 PHP 程序的时区
date_default_timezone_set("Asia/Shanghai");
// 获取当前程序所在的绝对目录
$current_dir = dirname(__FILE__);
//获取用户名密码配置文件的目录
$ini_dir = $current_dir . "\\choose.ini";

$bakup_file_name = $current_dir ."\\bak" . date("_Y_m_d_H_i_s") .".sql";
$mysqldump_exec = "mysqldump  --defaults-file=$ini_dir  -t --ignore-table=choose.admin
--skip-triggers  --default-character-set=gbk  choose > $bakup_file_name";
exec($mysqldump_exec);
$message =  "备份成功! 备份文件是: ".$bakup_file_name;
header("Location:index.php?message=$message");
?>
```

只有选课系统管理员 admin 账户才有权限运行 backup.php 程序，备份业务数据。

mysqldump 命令使用了 choose 目录中的用户名密码配置文件，并且 mysqldump 命令将数据副本存放在 choose 目录中。在数据备份时，必须保证浏览器主机、Web 服务器主机、MySQL 服务器主机是同一台主机。

为了避免副本数据被覆盖，副本文件的文件名中包含了 Web 服务器的当前日期时间。

（4）测试数据库备份能否成功。

在浏览器地址栏中输入 http://localhost/choose，以管理员身份登录系统后，单击"数据备份"超链接，查看 choose 目录中是否生成名字诸如 "bak_2019_12_18_07_57_45.sql" 的 SQL 脚本文件。

 　backup.php 程序生成的副本文件，内容如果是空，请确保执行下列两个步骤。
- 务必将 mysqldump.exe 所在的 bin 目录配置到 Path 环境变量中。
- 重启 Apache 服务。

（5）选课系统数据恢复策略。

开发选课系统期间，开发人员拥有一份 choose.sql 脚本文件，该文件包含了创建选课系统数据库、数据库表结构、实体、存储过程、触发器的 SQL 语句，还包含了创建系统管理员 admin 表的 create 语句以及添加系统管理员 admin 的 insert 语句。

备份选课系统后，backup.php 程序生成了名字诸如 "bak_2019_12_18_07_57_45.sql" 的 SQL 脚本文件，该 SQL 脚本文件包含了 classes 表、teacher 表、course 表、student 表以及 choose 表所有记录的 insert 语句。

因此，恢复选课系统数据库的大致流程如下。
- 执行 choose.sql 脚本文件的所有命令。
- 执行名字诸如 "bak_2019_12_18_07_57_45.sql" 的 SQL 脚本文件（实际上是副本文件）中的所有 insert 语句，即可恢复选课系统数据库。

恢复选课系统数据的步骤大致如下。
- 执行 choose.sql 重建 choose 数据库及各个表，命令格式大致如下。

```
mysql --defaults-file=c:/mysql.ini --default-character-set=gbk choose < c:/choose.sql
```

- 执行 MySQL 命令，让其执行副本文件中的 insert 语句，命令格式如下。

```
mysql --defaults-file=c:/mysql.ini --default-character-set=gbk choose < c:/bak.sql
```

（6）制作恢复数据的 PHP 程序。

在 choose 目录下创建 restore.php 程序，使用记事本打开该程序，在该文件中输入下面的 PHP 代码。

```php
<?php
include_once("permission.php");
if(!is_admin()){
     $message =  "只有管理员才权限可以恢复数据";
     header("Location:index.php?message=$message");
     return;
}
?>
<form method="post">
选择已经备份的副本文件: <input type="file" name="bakup_file_name"/><br/>
<input type="submit" value="恢复数据"/>
</form>
<?php
if(isset($_POST['bakup_file_name'])){
     $bakup_file_name = $_POST['bakup_file_name'];
     // 获取当前程序所在的绝对目录
     $current_dir = dirname(__FILE__);
     //获取用户名密码配置文件的目录
     $ini_dir = $current_dir . "\\choose.ini";
     $choose_sql_dir = $current_dir . "\\choose.sql";
```

```
        $rebuild_database = "mysql --defaults-file=$ini_dir --default-character-set=gbk
choose < $choose_sql_dir";
        $restore_sql_dir = $current_dir . "\\" . $bakup_file_name;
        $restore_data = "mysql --defaults-file=$ini_dir --default-character-set=gbk
choose < $restore_sql_dir";
        exec($rebuild_database);
        $message = "成功重建 choose 数据库、表、存储过程、触发器、视图，以及 admin 表！<br/>";
        $message = $message . "本次恢复数据，使用的备份文件是："..$bakup_file_name."<br/>";
        exec($restore_data);
        $message = $message . "成功恢复 choose 数据库数据！<br/>";
        header("Location:index.php?message=$message");
    }
    ?>
```

只有选课系统管理员 admin 账户才有权限运行 restore.php 程序。

restore.php 程序两次使用 exec()函数调用 MySQL 命令。

第一次调用 MySQL 命令，执行 choose.sql 脚本文件的 SQL 语句，重建 choose 数据库。

第二次调用 MySQL 命令，执行数据副本的 insert 语句，恢复数据库表的所有记录。

restore.php 程序没有提供"数据副本"文件上传的功能，因此数据恢复时，必须保证浏览器主机、Web 服务器主机、MySQL 服务器主机是同一台主机。

（7）测试。

执行下列命令，首先删除 choose 数据库，接着重新创建 choose 数据库。

drop database if exists choose;

create database if not exists choose charset=gbk;

由于只有选课系统管理员 admin 账户才有权限运行 restore.php 程序，执行下列命令，创建管理员表，并添加管理员账户，用于系统管理员登录。

create table admin(

admin_no char(10) primary key,

password char(32) not null,

admin_name char(10)

)engine=InnoDB charset=gbk;

insert into admin values('admin',md5('admin'),'管理员');

最后，在浏览器地址栏中输入 http://localhost/choose，以管理员身份登录系统后，单击"数据恢复"超链接，选择 choose 目录中名字诸如 "bak_2019_12_18_07_57_45.sql" 的 SQL 脚本文件，单击"恢复数据"按钮，测试选课系统数据库恢复是否成功。

如果选课系统数据库恢复失败，请确保执行下列两个步骤。

● 务必将 mysql.exe 所在的 bin 目录配置到 Path 环境变量中。

● 重启 Apache 服务。

参考文献

［1］孔祥盛. PHP 编程基础与实例教程［M］. 2 版. 北京：人民邮电出版社，2016.

［2］孔祥盛. MySQL 数据库基础与实例教程［M］. 北京：人民邮电出版社，2014.

［3］孔祥盛. MySQL 核心技术与最佳实践［M］. 北京：人民邮电出版社，2014.

［4］唐汉明，翟振兴，兰丽华，等. 深入浅出 MySQL 数据库开发、优化与管理维护［M］. 北京：人民邮电出版社，2008.

［5］姜承尧. MySQL 技术内幕：InnoDB 存储引擎［M］. 北京：机械工业出版社，2013.

［6］简朝阳. MySQL 性能调优与架构设计［M］. 北京：电子工业出版社，2009.

［7］Baron Schwartz，Peter Zaitsev，Vadim Tkachenko. 高性能 MySQL［M］. 宁海元，周振兴，彭立勋，等译. 北京：电子工业出版社，2013.

［8］刘增杰，张少军. MySQL 5.5 从零开始学［M］. 北京：清华大学出版社，2012.

［9］Charles A. Bell. 深入理解 MySQL［M］. 杨涛，王建桥，杨晓云，译. 北京：人民邮电出版社，2010.

［10］白尚旺，党伟超. PowerDesigner 软件工程技术［M］. 北京：电子工业出版社，2004.

［11］黄缙华. MySQL 入门很简单［M］. 北京：清华大学出版社，2004.

［12］Russell J. T. Dyer. MySQL 核心技术手册［M］. 李红军，李冬梅，译. 北京：机械工业出版社，2009.

［13］Luke Welling，Laura Thomson. PHP 和 MySQL Web 开发［M］. 武欣，译. 北京：机械工业出版社，2009.

［14］Ed Lecky-Thompson，Steven D. Nowicki，Thomas Myer. PHP 6 高级编程［M］. 刘志忠，杨明军，译. 北京：清华大学出版社，2010.

［15］王珊，萨师煊. 数据库系统概论［M］. 北京：高等教育出版社，2006.

［16］Leszek A. Maciaszek. 需求分析与系统设计［M］. 马素霞，王素琴，谢萍，等译. 北京：机械工业出版社，2009.